Python应用编程丛书

Python 数据分析与应用：
从数据获取到可视化

黑马程序员　编著

中国铁道出版社有限公司
CHINA RAILWAY PUBLISHING HOUSE CO., LTD.

内 容 简 介

本书采用理论与案例相结合的形式，以 Anaconda 为主要开发工具，系统、全面地介绍了 Python 数据分析的相关知识。全书共分为 9 章，第 1 章介绍了数据分析的基本概念，以及开发工具的安装和使用；第 2~6 章介绍了 Python 数据分析的常用库及其应用，涵盖了科学计算库 NumPy、数据分析库 Pandas、数据可视化库 Matplotlib、Seaborn 与 Bokeh；第 7、8 章主要介绍了时间序列和文本数据的分析；第 9 章结合之前所学的技术开发了一个综合案例，演示如何在项目中运用所学的知识。除了第 1 章外，其他章节都包含了很多示例和综合案例，通过动手操作和练习，可以帮助读者更好地理解和掌握所学的知识。

本书适合作为高等院校计算机相关专业的大数据技术类课程教材，也可以作为大数据技术爱好者入门用书。

图书在版编目（CIP）数据

Python 数据分析与应用:从数据获取到可视化/黑马程序员编著 .—北京：中国铁道出版社，2019.1（2024.1重印）
（Python 应用编程丛书）
ISBN 978-7-113-25145-1

Ⅰ . ① P… Ⅱ . ①黑… Ⅲ . ①软件工具 – 程序设计
Ⅳ . ① TP311.561

中国版本图书馆 CIP 数据核字 (2018) 第 301026 号

书　　名：Python 数据分析与应用：从数据获取到可视化
作　　者：黑马程序员

策　　划：秦绪好　翟玉峰		编辑部电话：（010）51873135
责任编辑：翟玉峰　贾淑媛		
封面设计：王　哲		
封面制作：刘　颖		
责任校对：张玉华		
责任印制：樊启鹏		

出版发行：中国铁道出版社有限公司（100054，北京市西城区右安门西街 8 号）
网　　址：http://www.tdpress.com/51eds/
印　　刷：中煤（北京）印务有限公司
版　　次：2019 年 1 月第 1 版　2024 年 1 月第 13 次印刷
开　　本：787 mm×1 092 mm　1/16　印张：17　字数：409 千
印　　数：92 001 ～ 100 000 册
书　　号：ISBN 978-7-113-25145-1
定　　价：52.00 元

前言

随着大数据时代的到来，数据已经成为与物质资产和人力资本同样重要的基础生产要素，如何从数据里面发现并挖掘有价值的信息成为一个热门的研究课题。基于这种需求，数据分析技术应运而生。数据分析是有目的地收集、整理、加工和分析数据，提炼出有价值信息的一个过程，它可以帮助企业或个人预测未来趋势和行为，规避风险，使得商务和生产活动具有前瞻性。

Python 在数据分析、探索性计算、数据可视化等方面都有非常成熟的库和活跃的社区，从 21 世纪开始，在行业应用和学术研究中使用 Python 进行数据分析的势头越来越猛，对于要往数据分析方向发展的读者而言，学习 Python 数据分析是一个不错的选择。

为什么学习本书

本书站在初学者的角度，循序渐进地介绍了学习数据分析必备的基础知识，以及一些比较优秀的数据分析工具，帮助读者具备数据分析的相关技能，能够独立编写项目，以胜任 Python 数据分析工程师相关岗位的工作。

本书在讲解时，采用需求引入的方式，循序渐进地介绍了数据分析工具的基本使用，同时对一些比较特殊的时间序列和文本数据的分析进行了拓展讲解，提高了读者的开发兴趣和开发能力。

作为开发人员，要想真正掌握一门技术，离不开多动手练习，所以本书在绘声绘色讲解知识的同时，不断地增加案例，有针对某个知识点的示例程序，也有针对某章的案例，最大程度地帮助读者真正掌握 Python 数据分析的核心技术。

根据党的二十大精神，以二维码形式加入思政案例，引导学生树立正确的世界观、人生观和价值观，进一步提升学生的职业素养，落实德才兼备的高素质卓越工程师和高素质技术技能人才的培养要求；此外，编者依据书中的内容提供了线上学习的视频资源，体现现代信息技术与教育教学的深度融合，进一步推动教育数字化发展。

如何使用本书

本书基于 Python 3，系统全面地讲解了 Python 数据分析的基础知识，全书共 9 章，具体章节内容如下。

第 1 章主要是带领大家了解数据分析，包括数据分析产生背景、什么是数据分析、数据分析的应用场景、数据分析的流程、开发工具的基本使用及常见数据分析工具等。通过本章的学习，希望大家能够对数据分析有一个初步的认识，并为后续章节的学习准备好开发环境。

第 2 章主要针对科学计算库 NumPy 进行讲解，包括创建数组、数据类型、数组运算、索引和切片操作、转置和轴对称、通用函数、使用数组处理数据、线性代数模块及随机数模块等，并结合酒鬼漫步的案例，讲解如何使用 NumPy 数组参与简单的运算。希望读者能熟练使用 NumPy 包，为后面章节的学习奠定基础。

第 3 章主要介绍 Pandas 的基础功能，包括数据结构分析、索引操作、算术运算与数据对齐、数据排序、统计计算与描述、层次化索引和读写操作，并结合北京高考分数线的分析案例，讲解如何使用 Pandas 操作数据。通过对本章的学习，希望大家可以用 Pandas 实现简单的操作，为后续深入学习打好扎实的基础。

第 4 章进一步介绍了 Pandas 的数据预处理，包括数据清洗、数据合并、数据重塑和数据转换，并结合预处理部分地区信息的案例，讲解了如何利用 Pandas 预处理数据。数据预处理是数据分析中必不可少的环节，希望大家要多加练习，并能够在实际场景中选择合理的方式对数据进行预处理操作，另外，还可以参考官网提供的文档深入学习。

第 5 章继续介绍了 Pandas 的聚合与分组运算，包括分组聚合的原理、分组操作、数据聚合及其他分组级运算，并结合运动员基本信息的案例，讲解如何在项目中应用分组与聚合运算。大家在学习与理解的同时，要多加练习，可根据具体情况选择合理的技术进行运用即可。

第 6 章主要介绍了几个数据可视化工具，包括 Python 2D 绘图库 Matplotlib、绘制统计数据的库 Seaborn 和交互式可视化的库 Bokeh，并结合某年旅游景点的案例，讲解如何使用 Matplotlib 库绘制图表辅助分析。希望通过本章的学习，读者可以体会到在数据分析中运用可视化工具的好处。

第 7 章围绕着时间序列数据分析进行了介绍，包括创建时间序列、时间序列的索引和切片操作、固定频率的时间序列、时间周期与计算、重采样、滑动窗口及时序模型 ARIMA，并结合预测股票收盘价的案例，讲解了在项目中如何用时序模型对时间序列数据进行预测分析。通过对本章内容的学习，读者应该掌握处理时间序列数据的一些技巧，并灵活加以运用。

第 8 章主要针对文本数据分析进行讲解，包括文本数据分析的工具、文本预处理、文本情感分析、文本相似度和文本分类，并结合商品评价分析的案例，讲解了如何利用 NLTK 与 jieba 预处理和分析文本数据。希望通过对本章知识的学习，读者可以理解文本数据分析的原理，以便后续能基于机器学习更深入地去探索。

第 9 章是一个完整的实战项目，用于统计分析当前北京租房的信息，包括数据收集、预处理数据、数据分析，以及利用图表展现数据。希望通过对本章的学习，读者能够灵活地运用数据分析的技术，具备开发简单项目的能力。

在学习过程中，读者一定要亲自实践本书中的案例代码。如果不能完全理解书中所讲知识，读者可以登录博学谷平台，通过平台中的教学视频进行深入学习。学习完一个知识点后，要及时在博学谷平台上进行测试，以巩固学习内容。

另外，如果读者在理解知识点的过程中遇到困难，建议不要纠结于某个地方，可以先往后学习。通常来讲，通过逐渐深入的学习，前面不懂和疑惑的知识点也就能够理解了。在学习编程的过程中，一定要多动手实践，如果在实践的过程中遇到问题，建议多思考，理清思路，认真分析问题发生的原因，并在问题解决后总结出经验。

致　谢

本书的编写和整理工作由传智播客教育科技股份有限公司完成，主要参与人员有吕春林、高美云、王晓娟、孙东等。全体人员在近一年的编写过程中付出了很多辛勤的汗水，在此一并表示衷心的感谢。

意见反馈

尽管我们付出了最大的努力，但书中难免会有不妥之处，欢迎各界专家和读者朋友们来信给予宝贵意见，我们将不胜感激。您在阅读本书时，如发现任何问题或有不认同之处，可以通过电子邮件与我们取得联系。

请发送电子邮件至：itcast_book@vip.sina.com。

黑马程序员

2023 年 7 月 28 日于北京

目 录

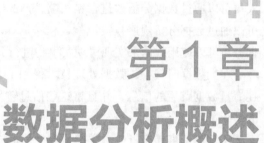

第1章
数据分析概述

学习目标

◆ 了解数据分析的背景及应用场景。

◆ 掌握什么是数据分析以及数据分析的流程。

◆ 会创建 Python 环境，会使用 Anaconda 管理 Python 包。

◆ 会简单使用 Jupyter Notebook。

◆ 认识常见的数据分析工具。

我国计算机
发展史

近些年，随着网络信息技术与云计算技术的快速发展，网络数据得到了爆发性的增长，人们每天都生活在庞大的数据群体中，这一切标志着人们进入了大数据时代。在大数据环境的作用下，能够从数据里面发现并挖掘有价值的信息变得愈发重要，数据分析技术应运而生。

数据分析可以通过计算机工具和数学知识处理数据，并从中发现规律性的信息，以做出具有针对性的决策。由此可见，数据分析在大数据技术中扮演着不可估量的角色，接下来，我们就正式进入数据分析的学习吧！

1.1 数据分析的背景

半个世纪以来，随着计算机技术全面地融入社会生活，信息爆炸已经积累到一个开始引发变革的程度，它不仅使得世界上充斥着比以往更多的信息，而且增长速度也在逐步加快，驱使着人们进入了一个崭新的大数据时代。互联网（社交、搜索、电商）、移动互联网（微博）、物联网（传感器、智慧地球）、车联网、GPS、医学影像、安全监控、金融（银行、股市、保险）、电信（通信、短信）都在疯狂产生着数据。到目前为止，无论是线下的大超市还是线上的商城，每天都会产生 TB 级以上的数据量。

以前，人们得不到想要的数据，是因为数据库中没有相关的数据，然而，现在人们依旧得不到想要的数据，主要的原因就是数据库里面的数据太多了，而缺乏一些可以快速地从数据库中获取利于决策的有价值数据的操作方法。世界知名的数据仓库专家阿尔夫·金博尔说过："我们花了多年的时间将数据放入数据库，如今是该将它们拿出来的时候了。"

数据分析就可以从海量数据中获得潜藏的有价值的信息，帮助企业或个人预测未来的趋势和行为，使得商务和生产活动具有前瞻性。例如，创业者可以通过数据分析来优化产品，营销人员可以通过数据分析改进营销策略，产品经理可以通过数据分析洞察用户习惯，金融从业者可以通过数据分析规避投资风险，程序员可以通过数据分析进一步挖掘出数据价值。总之，数据分析可以使用数据来实现对现实事物进行分析和识别的能力。

在大数据时代中，数据处理技术得到了突飞猛进的发展，我们终于拥有了发现及挖掘隐藏在海量数据背后的信息，并且将这些信息转化为知识及智慧的能力，数据开始了从量变到质变的转化过程。

不管你从事什么行业，掌握了数据分析能力，往往在岗位上更有竞争力。

1.2　什么是数据分析

数据分析的数学基础在 20 世纪早期就已确立，但直到计算机的出现才使得实际操作成为可能，并使数据分析得以推广。

数据分析，是指使用适当的统计分析方法（如聚类分析、相关分析等）对收集来的大量数据进行分析，从中提取有用信息和形成结论，并加以详细研究和概括总结的过程。

数据分析的目的在于，将隐藏在一大批看似杂乱无章的数据信息中的有用数据集提炼出来，以找出所研究对象的内在规律。在统计学领域中，数据分析可以划分为如下三类：

（1）描述性数据分析：从一组数据中可以摘要并且描述这份数据的集中和离散情形。

（2）探索性数据分析：从海量数据中找出规律，并产生分析模型和研究假设。

（3）验证性数据分析：验证科研假设测试所需的条件是否达到，以保证验证性分析的可靠性。

其中，描述性数据分析隶属于初级数据分析，常见的分析方法有对比分析法、平均分析法、交叉分析法，而探索性和验证性数据分析属于高级数据分析，常见的分析方法有相关分析、因子分析、回归分析等。

1.3　数据分析的应用场景

随着大数据的应用越来越广泛，应用的行业也越来越多，我们每天都可以看到一些关于数据分析的新鲜应用，从而帮助人们获取有价值的信息。例如，网购时经常发现电商平台向我们推荐商品，往往这类商品都是我们最近浏览的，之所以电商平台能够如此了解用户的需求，主要是根据用户上网行为轨迹的相关数据进行分析，以达到精准营销的目的。接下来，我们一起来看看数据分析在一些领域中的应用。

1. 营销方面的应用

据杜克大学的一项研究显示，是习惯而非有意识的决策促成了我们每天 45% 的选择，这意味着只要了解了习惯的形式，就可以更简单地控制它们。通过分析消费者的购物行为，便能够精准地预测下一步的消费，塔吉特公司便是一个最成功的例子。塔吉特公司给每名顾客分配了一个顾客码——利用它密切关注顾客所购买的物品，并且通过会员卡和购买方式获得个人信息。通过对消费者的购买信息进一步研究其购买习惯，发现各类有价值的目标群体，确认顾客人生中的特殊时刻，因为这时他们的购物习惯会变得特别灵活，适时地广告或优惠券将使他们开始全新的购物方式。

2. 医疗方面的应用

数据分析应用的计算能力可以让我们能够在几分钟内就可以解码整个 DNA，并且让我们可以制定出最新的治疗方案，同时可以更好地去预测疾病，就好比人们戴上智能手表就可以产生数据一样。数据分析同样可以帮助病人及早预防和预测疾病的发生，做到早治疗、早康复。大数据技术目前已经在医院应用监视早产婴儿和患病婴儿的情况，通过记录和分析婴儿的心跳，医生针对婴儿的身体可能会出现的不适症状做出预测，这样可以帮助医生更好地救助患儿。

3. 零售方面的应用

在美国零售业曾经有这样一个传奇故事，某家商店将纸尿裤和啤酒并排放在一起销售，结果纸尿裤和啤酒的销量双双增长！为什么看起来风马牛不相及的两种商品搭配在一起，能取到如此惊人的效果呢？后来经过分析发现，这些购买者多数是已婚男士，这些男士在为小孩购买纸尿裤的同时，会给自己购买一些啤酒。发现这个秘密后，沃尔玛超市就大胆地将啤酒摆放在纸尿裤旁边，这样顾客购买起来更方便，销量自然也会大幅上升。之所以讲"啤酒 – 纸尿裤"这个例子，其实是想告诉大家，挖掘数据潜在的价值，是零售业竞争的核心竞争力。

4. 网络安全方面的应用

传统的网络安全主要依靠静态防御及处理病毒的流程发现威胁、分析威胁和处理威胁。这种情况下，往往在威胁发生以后才能做出反应。新型的病毒防御系统可以使用数据分析技术，建立潜在攻击识别分析模型，监测大量网络活动数据和相应的访问行为，识别可能进行入侵的可疑模式，做到未雨绸缪。

5. 交通物流方面的应用

物流是指物品从供应地流向接受地的活动，包括运输、搬运、储存、保管、包装、装卸、流通加工和物流信息处理等基本功能，以满足社会的需求。用户可以通过业务系统和 GPS 定位系统获得数据，使用数据构建交流状况预测分析模型，有效预测实时路况、物流状况、车流量、客流量和货物吞吐量，进而提前补货，制定库存管理策略。

1.4　数据分析的流程

数据分析是基于商业目的，有目的地进行收集、整理、加工和分析数据，提炼出有价值的信息的一个过程。整个过程大致可分为五个阶段，具体如图 1–1 所示。

图 1–1　数据分析的过程

关于图 1-1 中流程的相关说明具体如下。

1. 明确目的和思路

在进行数据分析之前，我们必须要搞清楚几个问题，比如：数据对象是谁？要解决什么业务问题？并基于对项目的理解，整理出分析的框架和思路。例如，减少新客户的流失、优化活动效果、提高客户响应率等，不同的项目对数据的要求是不一样的，使用的分析手段也是不一样的。

2. 数据收集

数据收集是按照确定的数据分析思路和框架内容，有目的地收集、整合相关数据的一个过程，它是数据分析的基础。

3. 数据处理

数据处理是指对收集到的数据进行清洗、加工、整理，以便开展数据分析，它是数据分析前必不可少的阶段。这个过程是数据分析整个过程中是最耗时的，也在一定程度上保证了分析数据的质量。

4. 数据分析

数据分析是指通过分析手段、方法和技巧对准备好的数据进行探索、分析，从中发现因果关系、内部联系和业务规划，为商业提供决策参考。

到了这个阶段，要想驾驭数据开展数据分析，就要涉及工具和方法的使用，其一是要熟悉常规数据分析方法及原理，其二是要熟悉专业数据分析工具的使用，比如 Pandas、Maltlab 等，以便进行一些专业的数据统计、数据建模等。

5. 数据展现

俗话说：字不如表，表不如图。通常情况下，数据分析的结果都会通过图表方式进行展现，常用的图表包括饼图、折线图、条形图、散点图等。借助图表这种展现数据的手段，可以更加直观地让数据分析师表述想要呈现的信息、观点和建议。

▍1.5　为什么选择 Python 做数据分析

近年来，数据分析正在改变我们的工作方式，数据分析的相关工作也越来越受到人们的青睐。很多编程语言都可以做数据分析，比如 Python、R、Matlab 等，Python 凭借着自身无可比拟的优势，被广泛地应用到数据科学领域中，并逐渐衍生为主流语言。选择 Python 做数据分析，主要考虑的是 Python 具有以下优势：

1. 语法简单精练，适合初学者入门

比起其他编程语言，Python 的语法非常简单，代码的可读性很高，非常有利于初学者的学习。例如，在处理数据的时候，如果希望将用户性别数据数值化，也就是变成计算机可以运算的数字形式，这时便可以直接用一行列表推导式完成，十分简洁。

2. 拥有一个巨大且活跃的科学计算社区

Python 在数据分析、探索性计算、数据可视化等方面都有非常成熟的库和活跃的社区，这使得 Python 成为数据处理的重要解决方案。在科学计算方面，Python 拥有 Numpy、Pandas、

Matplotlib、Scikit-learn、IPython 等一系列非常优秀的库和工具，特别是 Pandas 在处理中型数据方面可以说有着无与伦比的优势，并逐渐成为各行业数据处理任务的首选库。

3. 拥有强大的通用编程能力

Python 的强大不仅体现在数据分析方面，而且在网络爬虫、Web 等领域也有着广泛的应用，对于公司来说，只需要使用一种开发语言就可以使完成全部业务成为可能。例如，我们可以使用爬虫框架 Scrapy 收集数据，然后交给 Pandas 库做数据处理，最后使用 Web 框架 Django 给用户做展示，这一系列的任务可以全部用 Python 完成，大大地提高了公司的技术效率。

4. 人工智能时代的通用语言

在人工智能领域中，Python 已经成为了最受欢迎的编程语言，这主要得益于其语法简洁、具有丰富的库和社区，使得大部分深度学习框架都优先支持 Python 语言编程。比如当今最火热的深度学习框架 TensorFlow，它虽然是使用 C++ 语言编写的，但是对 Python 语言支持最好。

5. 方便对接其他语言

Python 作为一门胶水语言，能够以多种方式与其他语言（比如 C 或 Java 语言）的组件"黏连"在一起，可以轻松地操作其他语言编写的库，这就意味着用户可以根据需要给 Python 程序添加功能，或者在其他环境系统中使用 Python 语言。

1.6　创建新的 Python 环境——Anaconda

Python 的开发环境中拥有诸如 NumPy、Pandas、Matplotlib 等功能齐全的库，能够为数据分析工作提供极大的便利，不过，库的管理及版本问题不能让数据分析人员专注于数据分析，而是将大量的时间花费在解决包配置与包冲突等问题上。

基于上述需求，可以使用 Anaconda 进行开发，它是一个集成了大量常用扩展包的环境，能够避免包配置或兼容等各种问题。

1.6.1　Anaconda 发行版本概述

Anaconda 是一个可以便捷获取和管理包，同时对环境进行统一管理的发行版本，它包含了 conda、Python 在内的超过 180 个科学包及其依赖项。

Anaconda 发行版本具有以下特点：

（1）包含了众多流行的科学、数学、工程和数据分析的 Python 库。

（2）完全开源和免费。

（3）额外的加速和优化是收费的，但对于学术用途，可以申请免费的 License。

（4）全平台支持 Linux、Windows、Mac OS X，支持 Python 2.6、2.7、3.4、3.5、3.6，可以自由切换。

在此，我们推荐数据分析的初学者安装 Anaconda 进行学习。

1.6.2　在 Windows 系统中安装 Anaconda

以 Windows 系统为例，向读者介绍如何从 Anaconda 官方网站下载合适的安装包，并成功安装到计算机上。在浏览器的地址栏中输入 https://www.anaconda.com/download/ 进入 Anaconda 的官方网站，如图 1-2 所示。

图 1-2　Anaconda 官网首页

图 1-2 的首页中展示了适合 Windows 平台下载的版本，大家选择合适的版本单击下载即可。这里，我们下载 "Python 3.6 版本" 下的 "64 位图形安装程序（631 MB）"。

下载完以后，就可以进行安装了。Anaconda 的安装是比较简单的，直接按照提示选择下一步即可。为了避免不必要的麻烦，建议采用默认安装路径，在指定完安装路径后，继续单击"Next"按钮，窗口会提示是否勾选如下复选框选项，如图 1-3 所示。

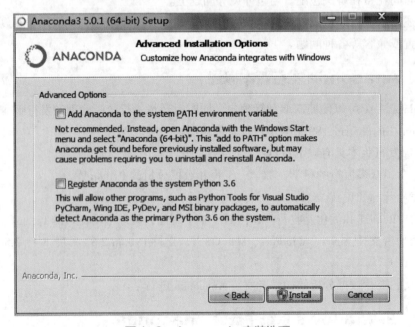

图 1-3　Anaconda 安装选项

在图 1-3 中，第 1 个复选框表示是否允许将 Anaconda 添加到系统路径环境变量中，第 2 个复选框表示 Anaconda 使用的 Python 版本是否为 3.6。勾选两个复选框，单击"Install"按钮，直至提示安装成功。

安装完以后，在系统左下角的"开始"菜单→"所有程序"中找到 Anaconda3 文件夹，可以看到该目录下包含了多个组件，如图 1-4 所示。

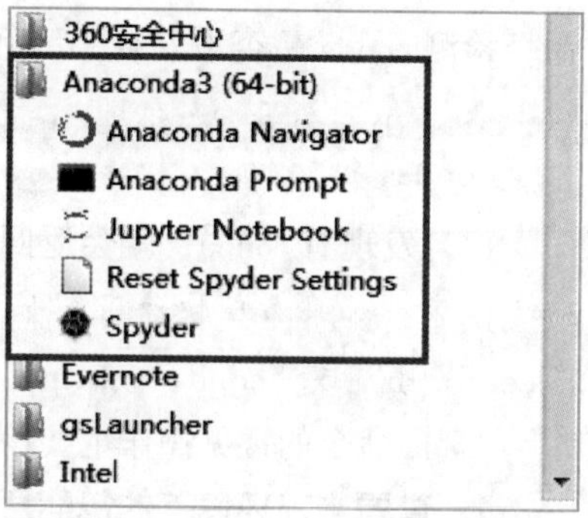

关于图 1-4 中 Anaconda3 目录下的组件说明如下：

（1）Anaconda Navigator：用于管理工具包和环境的图形用户界面，后续涉及的众多管理命令也可以在 Navigator 中手动实现。

图 1-4　Anaconda3 的目录结构

（2）Anaconda Prompt：Anaconda 自带的命令行。

（3）Jupyter Notebook：基于 Web 的交互式计算环境，可以编辑易于人们阅读的文档，用于展示数据分析的过程。

（4）Spyder：一个使用 Python 语言、跨平台的科学运算集成开发环境。

单击图 1-4 中的"Anaconda Navigator"图标，若能够成功启动 Anaconda Navigator，则说明安装成功，否则说明安装失败。Anaconda Navigator 成功打开后的首页界面如图 1-5 所示。

图 1-5　打开 Anaconda Navigator

1.6.3　通过 Anaconda 管理 Python 包

Anaconda 集成了常用的扩展包，能够方便地对这些扩展包进行管理，比如安装和卸载包，这些操作都需要依赖 conda。conda 是一个在 Windows、Mac OS 和 Linux 上运行的开源软件包管理系统和环境管理系统，可以快速地安装、运行和更新软件包及其依赖项。

在 Windows 系统下，用户可以打开 Anaconda Prompt 工具，然后在 Anaconda Prompt 中通过命令检测 conda 是否被安装，示例命令如下。

```
>>> (base) C:\Users\admin>conda --version
conda 4.5.4
```

一旦发现有 conda，就会返回其当前的版本号。

注意：如果希望快速了解如何使用 conda 命令管理包，则可以在 Anaconda Prompt 中输入"conda –h"或"conda --help"命令来查看帮助文档。

conda 命令的常见操作主要可以分为以下几种：

1. 查看当前环境下的包信息

使用 list 命令可以获取当前环境中已经安装的包信息，命令格式如下。

```
conda list
```

执行上述命令后，终端会显示当前环境下已安装的包名及版本号。

2. 查找包

使用 search 命令可以查找可供安装的包，命令格式如下。

```
conda search --full-name 包的全名
```

上述命令中，--full-name 为精确查找的参数，后面紧跟的是包的全名。例如，查找全名为"python"的包有哪些版本可供安装，示例命令如下。

```
conda search --full-name python
```

3. 安装包

使用 install 命令可以安装包。如果希望在指定的环境中进行安装，则可以在 install 命令的后面显式地指定环境名称，命令格式如下。

```
conda install --name env_name package_name
```

上述命令中，env_name 参数表示包安装的环境名称，package_name 表示将要安装的包名称。例如，在 Python 3 环境中安装 pandas 包，示例命令如下。

```
conda install --name python3 pandas
```

如果要在当前的环境中安装包，则可以直接使用 install 命令进行安装，命令格式如下。

```
conda install package_name
```

执行上述命令，会在当前的环境下安装 package_name 包。

若无法使用 conda install 命令进行安装时，则可以使用 pip 命令进行安装。值得一提的是，pip 只是包管理器，它无法对环境进行管理，所以要想在指定的环境中使用 pip 安装包，需要先切换到指定环境中使用 pip 命令进行安装。pip 命令格式如下。

```
pip install package_name
```

例如，使用 pip 命令安装名称为 see 的包，示例如下。

```
pip install see
```

4. 卸载包

如果要在指定的环境中卸载包，则可以在指定环境下使用 remove 命令进行移除，命令格式如下。

```
conda remove --name env_name package_name
```

例如，卸载 Python3 环境下的 pandas 包，示例命令如下。

```
conda remove --name python3 pandas
```

同样，如果要卸载当前环境中的包，可以直接使用 remove 命令进行卸载，命令格式如下。

```
conda remove package_name
```

5. 更新包

更新当前环境下所有的包，可使用如下命令完成。

```
conda update --all
```

如果只想更新某个包或某些包，则直接在 update 命令的后面加上包名即可，多个包之间使用空格隔开，示例命令如下。

```
conda update numpy          # 更新 numpy 包
conda update pandas numpy matplotlib   # 更新 pandas、numpy、matplotlib 包
```

注意：Miniconda 是最小的 conda 安装环境，只包含最基本的 Python 与 conda 以及相关的必需依赖项。对于空间要求严格的用户，Miniconda 是一种选择，它只包含了最基本的库，其他的库需要自己手动安装。

1.7　启用 Jupyter Notebook

Jupyter Notebook（交互式笔记本）是一个支持实时代码、数学方程、可视化和 Markdown 的 Web 应用程序，它支持 40 多种编程语言。对于数据分析来说，Jupyter Notebook 最大的优点是可以重现整个分析过程，并将说明文字、代码、图表、公式和结论都整合在一个文档中，用户可以通过电子邮件、Dropbox、GitHub 和 Jupyter Notebook Viewer 将分析结构分享给其他人。接下来，本节将针对 Jupyter Notebook 工具的启动和使用进行详细的讲解。

1.7.1　启动 Anaconda 自带的 Jupyter Notebook

只要当前的系统中安装了 Anaconda 环境，则默认就已经拥有了 Jupyter Notebook，不需要再另行下载和安装。在 Windows 系统的"开始"菜单中，打开 Anaconda3 目录，找到并单击"Jupyter Notebook"，会弹出图 1-6 所示的启动窗口。

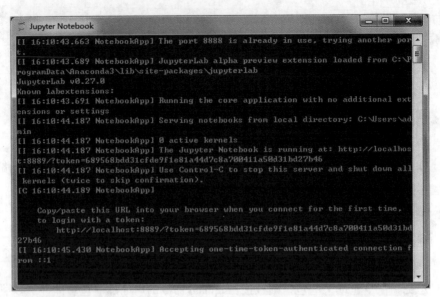

图 1-6　启动 Jupyter Notebook

同时，系统默认的浏览器会弹出图 1-7 所示的页面。

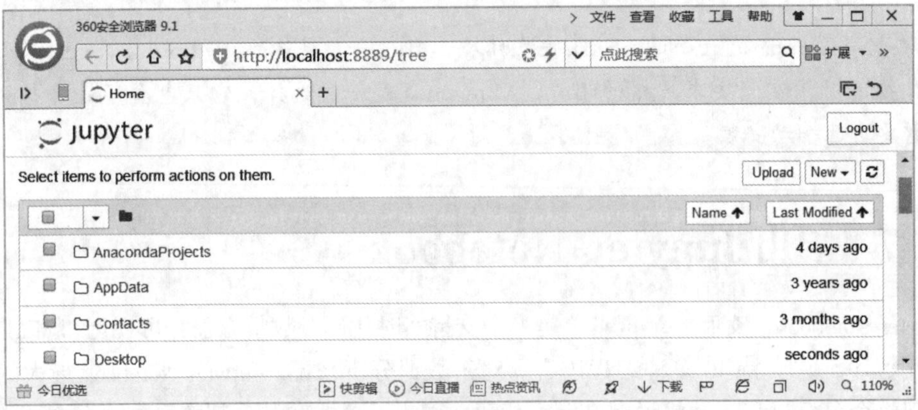

图 1-7　打开 Jupyter Notebook 主界面

图 1-7 是浏览器中打开的 Jupyter Notebook 主界面，默认打开和保存的目录为 C:\Users\ 当前用户名。

除了上述的启动方式外，还可以用命令行打开，这种方式可以控制 Jupyter Notebook 的显示和保存路径，是推荐的启动方式。在命令提示符中先使用命令进入对应的目录，然后在此目录下输入 "Jupyter Notebook" 后按【Enter】键打开，这样一来，显示工程目录和保存 ipynb 文件都将在此目录下进行。

1.7.2　Jupyter Notebook 界面详解

在 Jupyter Notebook 的主界面中，单击 "Anaconda Projects" 进入该目录下，继续单击右上方的下拉按钮 "New"，打开图 1-8 所示的下拉列表。

图1-8 打开新建文件的下拉列表

图1-8中的下拉列表中，显示了可供选择的新建类型。其中，"Python 3"表示Python运行脚本，"Text File"表示纯文本文件，"Folder"表示文件夹，而灰色文字则表示不可用项目。

这里我们选择"Python 3"，创建一个基于Python 3的笔记本，如图1-9所示。

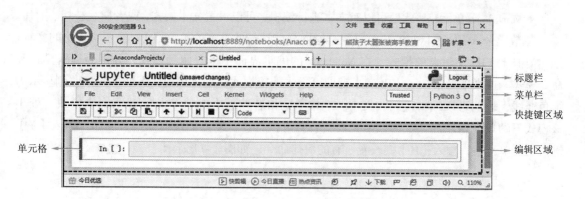

图1-9 打开新建的笔记本

图1-9显示的Notebook界面由以下几部分组成。

1. 标题栏

位于最上方的是标题栏，它显示Jupyter的名称、文件的名称及当前文件所处的状态。图1-9中的Untitled表示文件未命名，且代码因没有任何变化而提示未保存，即"unsaved changes"。

2. 菜单栏

位于标题栏下方的是菜单栏，它主要包括一些常用的功能菜单。例如，包含下载功能的"File"菜单，包含删除单元格功能的"Edit"菜单，以及包含插入单元格功能的"Insert"菜单等。这些菜单的功能都比较容易理解，大家可以单击查看每个菜单的具体功能，这里就不再一一列举了。

3. 快捷键按钮

位于菜单栏下方的是一排快捷键按钮，如图1-10所示。

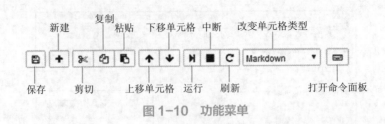

图 1-10　功能菜单

图 1-10 中，每个按钮的功能从左到右依次是保存、新建、剪切、复制、粘贴、上移单元格、下移单元格、运行、中断、刷新。在刷新按钮的右侧还有一个下拉框，用来指定单元格的形式，位于其右侧的按钮用于打开命令面板，其内部提供了一些内置的快捷命令，比如将单元格改为 code 的命令是 "Y" 等。

4.　编辑区域

位于最下方的是编辑区域，它是由一系列单元格组成的，每个单元格共有如下两种形式：

◆ Code 单元格：此处是用户编写代码的地方，可以使用【Shift+Enter】组合键运行单元格内的代码，其运行的结果会显示在该单元格的下方。此类型的单元格是以 "In[序号]:" 开头的。

◆ Markdown 单元格：此处可以对文本进行编辑，可以设置文本格式，或者插入链接、图片、数学公式。使用【Shift+Enter】组合键同样能运行此类型的单元格，以显示格式化的文本。

类似于 VIM 编辑器的模式，在 Notebook 的编辑界面中也有两种模式，分别为编辑模式和命令模式。选中单元格按下【Enter】键即可进入编辑模式，处于该模式下的单元格左侧显示为绿色竖线，表明可以编辑代码和文本。选中单元格若按下【Esc】键即可进入命令模式，处于该模式下的单元格左侧显示为蓝色竖线，表明可执行键盘输入的快捷命令。例如，输入【Y】键可切换单元格，输入【H】键查看所有的快捷命令，如图 1-11 所示。

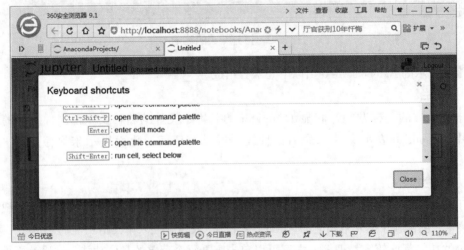

图 1-11　查看所有的快捷命令

单击 "Close" 按钮，即可关闭弹出的帮助窗口。

1.7.3　Jupyter Notebook 的基本使用

打开 Jupyter Notebook 的编辑界面，默认已经有一个单元格。接下来，我们使用 Jupyter Notebook 工具来演示一些简单的操作，包括编辑和运行代码、设置标题、导出功能。

1. 编辑和运行代码

选中单元格，按下【Enter】键进入单元格的编辑模式，此时可以输入任意代码并执行。例如，在单元格中输入"1+2"，然后通过【Shift + Enter】组合键或单击"运行"按钮运行单元格，此时的编辑界面如图 1-12 所示。

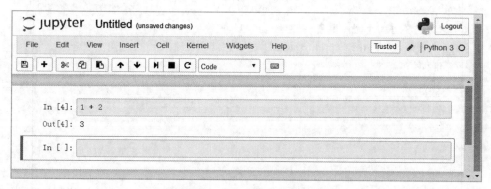

图 1-12　运行第一行单元格

从图 1-12 的编辑界面可以看出，单元格中的代码执行了加法运算，并将计算的结果显示到其下方，且左侧以"Out[序号]:"开头。另外，光标会移动到一个新的单元格中。由图可知，通过绿色边框可以轻松地识别出当前工作的单元格。

接着，在新的单元格中输入如下代码：

```
for i in range(5):
    print(i)
```

再次运行后，笔记本的编辑界面如图 1-13 所示。

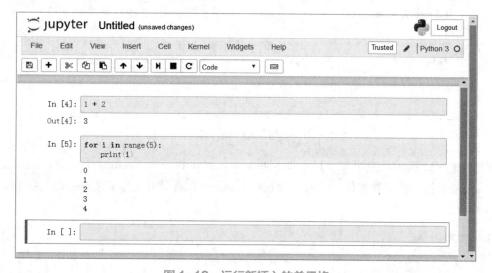

图 1-13　运行新插入的单元格

同样，在选中的单元格下方显示出了打印结果，并且光标再次移动到新的单元格中。不过，这次运行结果的左侧并没有出现"Out[2]:"的标注，这是因为输出的结果已经调用 print() 函数打印出来了，没有返回任何的值。

除此之外，还可以修改之前的单元格，对其重新运行。例如，把光标移回第一个单元格，并将单元格的内容修改为"2+3"，之后重新运行该单元格，可以看到计算结果立即更新为"5"，如图 1-14 所示。

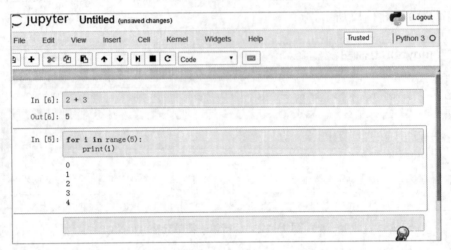

图 1-14　重新运行第一行单元格

2. 设置标题

选中最上面的单元格，单击"Insert"→"Insert Cell Above"，在单元格的上方插入一个新的单元格。在快捷键按钮区域中找到设置单元格类型的下拉框，单击打开下拉列表，选择"Heading"，将单元格变为标题单元格，随后弹出图 1-15 所示的窗口。

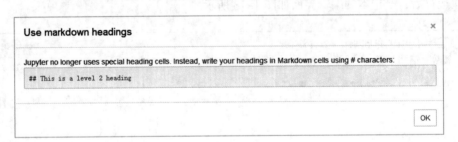

图 1-15　提醒使用 markdown 标题

根据图 1-15 提示信息可知，Jupyter Notebook 已经不再使用 Heading 单元格了，而是使用 Markdown 单元格替代，直接使用"#"字符作为标记写标题即可。为了区分标题的级别，可分为以下标注方式：

```
#　：一级标题
##　：二级标题
###　：三级标题
...
```

在 Markdown 单元格中，以一个 # 字符开头的文本表示一级标题，以两个 # 字符开头的文本表示二级标题，依此类推。例如，在刚刚插入的单元格中添加两行标题：一级标题和二级标题，插入的代码如下。

```
# 第一个标题
## 简单示例
```

运行单元格，Notebook 编辑界面的单元格上方成功添加了两个标题，具体如图 1-16 所示。

图 1-16　运行 Markdown 单元格

3. 导出功能

Jupyter Notebook 还有另一个强大的功能，就是导出功能，它可以将笔记本导出为多种格式，比如 HTML（.html）、PDF（.pdf）、Notebook（.ipynb）、Python（.py）等。导出功能可以通过"File"→"Download as"级联菜单实现，如图 1-17 所示，在打开的详情列表中选择想要的格式即可。

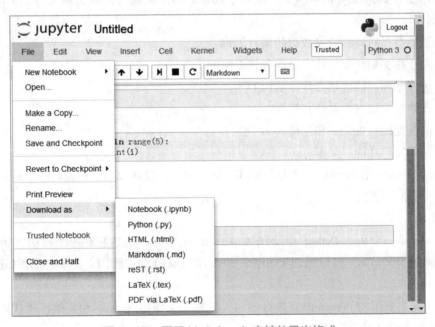

图 1-17　展开 Notebook 支持的导出格式

▎1.8　常见的数据分析工具

Python 本身的数据分析功能并不强，需要安装一些第三方的扩展库来增强它的能力。我们课程用到的库包括 NumPy、Pandas、Matplotlib、Seaborn、NLTK 等，接下来将针对相关库做一个简单的介绍，方便后面章节的学习。

1. NumPy 库

NumPy 是 Python 开源的数值计算扩展工具，它提供了 Python 对多维数组的支持，能够支持高级的维度数组与矩阵运算。此外，针对数组运算也提供了大量的数学函数库。NumPy 是大部分 Python 科学计算的基础，它具有以下功能：

（1）快速高效的多维数据对象 ndarray。

（2）高性能科学计算和数据分析的基础包。

（3）多维数组（矩阵）具有矢量运算能力，快速且节省空间。

（4）矩阵运算。无需循环即可完成类似 Matlab 中的矢量运算。

（5）线性代数、随机数生成以及傅里叶变换功能。

2. Pandas 库

Pandas 是一个基于 NumPy 的数据分析包，它是为了解决数据分析任务而创建的。Pandas 中纳入了大量库和标准的数据模型，提供了高效地操作大型数据集所需的函数和方法，使用户能快速便捷地处理数据。

Pandas 作为强大而高效的数据分析环境中的重要因素之一，具有以下特点：

（1）一个快速高效的 DataFrame 对象，具有默认和自定义的索引。

（2）用于在数据结构和不同文件格式中读取和写入数据，比如文本文件、Excel 文件及 SQLite 数据库。

（3）智能数据对齐和缺失数据的集成处理。

（4）基于标签切片和花式索引获取数据集的子集。

（5）可以删除或插入来自数据结构的列。

（6）按数据分组进行聚合和转换。

（7）高性能的数据合并和连接。

（8）时间序列功能。

Python 与 Pandas 在各种学术和商业领域中都有应用，包括金融、神经科学、经济学、统计学、广告、网络分析等。

3. Matplotlib 库

Matplotlib 是一个用在 Python 中绘制数组的 2D 图形库，虽然它起源于模仿 Matlab 图形命令，但它独立于 Matlab，可以通过 Pythonic 和面向对象的方式使用，是 Python 中最出色的绘图库。

Matplotlib 主要用纯 Python 语言进行编写，但它大量使用 NumPy 和其他扩展代码，即使对大型数组也能提供良好的性能。

4. Seaborn 库

Seaborn 是 Python 中基于 Matplotlib 的数据可视化工具，它提供了很多高层封装的函数，帮助数据分析人员快速绘制美观的数据图形，从而避免了许多额外的参数配置问题。

注意：上面介绍的这些库都已经在安装 Anaconda 时进行了下载，后期可以直接使用 import 导入使用。

5. NLTK 库

NLTK 被称为"使用 Python 进行教学和计算语言学工作的绝佳工具"，以及"用自然语言进行游戏的神奇图书馆"。

NLTK 是一个领先的平台，用于构建使用人类语言数据的 Python 程序，它为超过 50 个语料库和词汇资源（如 WordNet）提供了易于使用的接口，还提供了一套文本处理库，用于分类、标记化、词干化、解析和语义推理、NLP 库的包装器和一个活跃的讨论论坛。

小　结

作为本书的第 1 章，本章首先介绍了数据分析的背景、用途、流程以及为什么选择 Python 做数据分析；然后带领大家认识了一个新的 Python 环境 Anaconda，教大家安装和管理 Python 包；接着教大家启用 Jupyter Notebook，并演示基本使用；最后带领大家认识了一些常见的数据分析工具。通过本章的学习，希望读者能对数据分析有一个初步了解，并为后续章节的学习准备好开发环境。

习　题

一、填空题

1. _____的目的是将隐藏在一大批看似杂乱无章的数据信息中的有用数据集提炼出来。

2. _____中包含了 conda、Python 在内的超过 180 个科学包及其依赖项。

3. Jupyter Notebook 是一个支持_____代码、数学方程、可视化和 Markdown 的 Web 应用程序。

二、判断题

1. 数据分析是一个有目的地收集和整合数据的过程。　　　　　　　　　　　　（　　）

2. Python 是一门胶水语言，可以轻松地操作其他语言编写的库。　　　　　　　（　　）

3. 如果要卸载指定环境中的包，则直接使用 remove 命令移除即可。　　　　　（　　）

三、选择题

1. 下列选项中，用于搭建数据仓库和保证数据质量的是（　　　）。

　　A. 数据收集　　　　　　　　　B. 数据处理

　　C. 数据分析　　　　　　　　　D. 数据展现

2. 关于 Anaconda 的说法中，下列描述错误的是（　　　）。

　　A. Anaconda 是一个可以对包和环境进行统一管理的发行版本

    B. Anaconda 包含了 conda、Python 在内的超过 180 个科学包及其依赖项

    C. Anaconda 是完全开源的、付费的

    D. Anaconda 避免了单独安装包时需要配置或兼容等各种问题

3. 关于 Anaconda 的组件中，可以编辑文档且展示数据分析过程的是（　　　）。

    A. Anaconda Navigator　　　　　　　　B. Anaconda Prompt

    C. Spyder　　　　　　　　　　　　　　D. Jupyter Notebook

4. 下面列出的数据分析库中，用于绘制数组的 2D 图形的是（　　　）。

    A. NumPy　　　　B. Pandas　　　　C. Matplotlib　　　　D. NLTK

四、简答题

1. 什么是数据分析？

2. 请简述数据分析的基本过程。

3. Python 做数据分析有哪些优势？

第2章
科学计算库 NumPy

学习目标

◆认识 NumPy 数组对象，会创建 NumPy 数组。

◆熟悉 ndarray 对象的数据类型，并会转换数据类型。

◆掌握数组运算方式。

◆掌握数组的索引和切片。

◆会使用数组进行数据处理。

◆熟悉线性代数模块和随机数模块的使用。

NumPy 作为高性能科学计算和数据分析的基础包，是本书介绍的其他重要数据分析工具的基础，掌握 NumPy 的功能及其用法，将有助于后续其他数据分析工具的学习。接下来，本章将带领大家学习 NumPy 的基本用法。

2.1 认识 NumPy 数组对象

NumPy 中最重要的一个特点就是其 N 维数组对象，即 ndarray（别名 array）对象，该对象具有矢量算术能力和复杂的广播能力，可以执行一些科学计算。不同于 Python 标准库，ndarray 对象拥有对高维数组的处理能力，这也是数值计算中缺一不可的重要特性。

ndarray 对象中定义了一些重要的属性，具体如表 2-1 所示。

表 2-1　ndarray 对象的常用属性

属　　性	具　体　说　明
ndarray.ndim	维度个数，也就是数组轴的个数，比如一维、二维、三维等
ndarray.shape	数组的维度，这是一个整数的元组，表示每个维度上数组的大小。例如，一个 n 行和 m 列的数组，它的 shape 属性为 (n,m)

续表

属　性	具　体　说　明
ndarray.size	数组元素的总个数，等于 shape 属性中元组元素的乘积
ndarray.dtype	描述数组中元素类型的对象，既可以使用标准的 Python 类型创建或指定，也可以使用 NumPy 特有的数据类型来指定，比如 numpy.int32、numpy.float64 等
ndarray.itemsize	数组中每个元素的字节大小。例如，元素类型为 float64 的数组有 8（64/8）个字节，这相当于 ndarray.dtype.itemsize

值得一提的是，ndarray 对象中存储元素的类型必须是相同的。

为了让读者更好地理解 ndarray，接下来，通过一些示例来演示 ndarray 对象的使用，具体代码如下。

```
In [1]: import numpy as np              # 导入 NumPy 工具包
In [2]: data=np.arange(12).reshape(3, 4)    # 创建一个 3 行 4 列的数组
In [3]: data
Out[3]:
array([[ 0,  1,  2,  3],
       [ 4,  5,  6,  7],
       [ 8,  9, 10, 11]])
In [4]: type(data)
Out[4]: numpy.ndarray
In [5]: data.ndim       # 数组维度的个数，输出结果 2，表示二维数组
Out[5]: 2
In [6]: data.shape      # 数组的维度，输出结果（3，4），表示 3 行 4 列
Out[6]: (3, 4)
In [7]: data.size       # 数组元素的个数，输出结果 12，表示总共有 12 个元素
Out[7]: 12
In [8]: data.dtype      # 数组元素的类型，输出结果 dtype('int64')，
                        # 表示元素类型都是 int64
Out[8]: dtype('int64')
```

上述示例中，第 1 行代码使用 import...as 语句导入 numpy 库，并将其取别名为 np，表示后续会用 np 代替 numpy 执行操作。

第 2 行代码使用 arange() 和 reshape() 函数，创建了一个 3 行 4 列的数组 data。其中，arange() 函数的功能类似于 range()，只不过 arange() 函数生成的是一系列数字元素的数组；reshape() 函数的功能是重组数组的行数、列数和维度。

第 4 行代码使用 type() 函数查看了数组的类型，输出结果为 numpy.ndarray。

第 5 行代码获取了数组的维度个数，返回结果为 2，表示二维数组。

第 6 行代码获取了数组的维度，返回结果为 (3,4)，表示数组有 3 行 4 列。

第 7 行代码获取了数组中元素的总个数，返回结果为 12，表示数组中一共有 12 个元素。

第 8 行代码获取了元素的具体类型，返回结果为 dtype('int64')，表示元素的类型为 int64。

2.2　创建 NumPy 数组

创建 ndarray 对象的方式有若干种，其中最简单的方式就是使用 array() 函数，在调用该函数时传入一个 Python 现有的类型即可，比如列表、元组。例如，通过 array() 函数分别创建一个一维数组和二维数组，具体代码如下。

```
In [9]: import numpy as np
In [10]: data1=np.array([1, 2, 3])              # 创建一个一维数组
In [11]: data1
Out[11]: array([1, 2, 3])
In [12]: data2=np.array([[1, 2, 3], [4, 5, 6]]) # 创建一个二维数组
In [13]: data2
Out[13]:
array([[1, 2, 3],
       [4, 5, 6]])
```

除了可以使用 array() 函数创建 ndarray 对象外，还有其他创建数组的方式，具体分为以下几种：

（1）通过 zeros() 函数创建元素值都是 0 的数组，示例代码如下。

```
In [14]: np.zeros((3, 4))
Out[14]:
array([[0., 0., 0., 0.],
       [0., 0., 0., 0.],
       [0., 0., 0., 0.]])
```

（2）通过调用 ones() 函数创建元素值都为 1 的数组，示例代码如下。

```
In [15]: np.ones((3, 4))
Out[15]:
array([[1., 1., 1., 1.],
       [1., 1., 1., 1.],
       [1., 1., 1., 1.]])
```

（3）通过 empty() 函数创建一个新的数组，该数组只分配了内存空间，它里面填充的元素都是随机的，且数据类型默认为 float64，示例代码如下。

```
In [16]: np.empty((5, 2))
Out[16]:
array([[-2.00000000e+000, -2.00390463e+000],
       [ 2.37663529e-312,  2.56761491e-312],
       [ 8.48798317e-313,  9.33678148e-313],
       [ 8.70018275e-313,  2.12199581e-314],
       [ 0.00000000e+000,  6.95335581e-309]])
```

（4）通过 arange() 函数可以创建一个等差数组，它的功能类似于 range()，只不过 arange() 函数返回的结果是数组，而不是列表，示例代码如下。

```
In [17]: np.arange(1, 20, 5)
Out[17]: array([ 1,  6, 11, 16])
```

大家可能注意到，有些数组元素的后面会跟着一个小数点，而有些元素后面没有，比如 1

和 1.，产生这种现象，主要是因为元素的数据类型不同所导致的。

值得一提的是，在创建 ndarray 对象时，我们可以显式地声明数组元素的类型，示例代码如下。

```
In [18]: np.array([1, 2, 3, 4], float)
Out[18]: array([1., 2., 3., 4.])
In [19]: np.ones((2, 3), dtype='float64')
Out[19]:
array([[1., 1., 1.],
       [1., 1., 1.]])
```

关于 ndarray 对象数据类型的更多介绍，将会在 2.3 小节中进行讲解。

2.3　ndarray 对象的数据类型

NumPy 支持比 Python 更多的数据类型。本节将为大家介绍一些常用的数据类型，以及这些数据类型之间的转换。

2.3.1　查看数据类型

如前面所述，通过 "ndarray.dtype" 可以创建一个表示数据类型的对象。要想获取数据类型的名称，则需要访问 name 属性进行获取，示例代码如下。

```
In [20]: data_one=np.array([[1, 2, 3], [4, 5, 6]])
In [21]: data_one.dtype.name
Out[21]: 'int32'
```

注意：在默认情况下，64 位 Windows 系统输出的结果为 int32，64 位 Linux 或 Mac OS 系统输出结果为 int64，当然也可以通过 dtype 来指定数据类型的长度。

上述代码中，使用 dtype 属性查看 data_one 对象的类型，输出结果是 int32。从数据类型的命名方式上可以看出，NumPy 的数据类型是由一个类型名（如 int、float）和元素位长的数字组成。

如果在创建数组时，没有显式地指明数据的类型，则可以根据列表或元组中的元素类型推导出来。默认情况下，通过 zeros()、ones()、empty() 函数创建的数组中数据类型为 float64。

表 2-2 罗列了 NumPy 中常用的数据类型。

表 2-2　NumPy 中常用的数据类型

数 据 类 型	含　义
bool	布尔类型，值为 True 或 False
int8、uint8	有符号和无符号的 8 位整数
int16、uint16	有符号和无符号的 16 位整数
int32、uint32	有符号和无符号的 32 位整数
int64、uint64	有符号和无符号的 64 位整数

续表

数 据 类 型	含　义
float16	半精度浮点数（16 位）
float32	半精度浮点数（32 位）
float64	半精度浮点数（64 位）
complex64	复数，分别用两个 32 位浮点数表示实部和虚部
complex128	复数，分别用两个 64 位浮点数表示实部和虚部
object	Python 对象
string_	固定长度的字符串类型
unicode	固定长度的 unicode 类型

每一个 NumPy 内置的数据类型都有一个特征码，它能唯一标识一种数据类型，具体如表 2–3 所示。

表 2–3　NumPy 内置特征码

特　征　码	含　义	特　征　码	含　义
b	布尔型	i	有符号整型
u	无符号整型	f	浮点型
c	复数类型	O	Python 对象
S, a	字节字符串	U	unicode 字符串
V	原始数据		

2.3.2　转换数据类型

ndarray 对象的数据类型可以通过 astype() 方法进行转换，示例代码如下：

```
In [22]: data=np.array([[1, 2, 3], [4, 5, 6]])
In [23]: data.dtype
Out[23]: dtype('int64')
In [24]: float_data=data.astype(np.float64) # 数据类型转换为 float64
In [25]: float_data.dtype
Out[25]: dtype('float64')
```

上述示例中，将数据类型 int64 转换为 float64，即整型转换为浮点型。若希望将数据的类型由浮点型转换为整型，则需要将小数点后面的部分截掉，具体示例代码如下。

```
In [26]: float_data=np.array([1.2, 2.3, 3.5])
In [27]: float_data
Out[27]: array([1.2, 2.3, 3.5])
In [28]: int_data=float_data.astype(np.int64) # 数据类型转换为 int64
In [29]: int_data
Out[29]: array([1, 2, 3], dtype=int64)
```

如果数组中的元素是字符串类型的，且字符串中的每个字符都是数字，则也可以使用 astype() 方法将字符串转换为数值类型，具体示例如下。

```
In [30]: str_data=np.array(['1', '2', '3'])
In [31]: int_data=str_data.astype(np.int64)
In [32]: int_data
Out[32]: array([1, 2, 3], dtype=int64)
```

2.4　数组运算

NumPy 数组不需要循环遍历，即可对每个元素执行批量的算术运算操作，这个过程叫做矢量化运算。不过，如果两个数组的大小（ndarray.shape）不同，则它们进行算术运算时会出现广播机制。除此之外，数组还支持使用算术运算符与标量进行运算，本节将针对数组运算的内容进行详细的介绍。

2.4.1　矢量化运算

在 NumPy 中，大小相等的数组之间的任何算术运算都会应用到元素级，即只用于位置相同的元素之间，所得的运算结果组成一个新的数组。接下来，通过一张示意图来描述什么是矢量化运算，具体如图 2–1 所示。

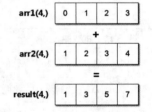

图 2–1　形状相同的数组运算

由图 2–1 可知，数组 arr1 与 arr2 对齐以后，会让相同位置的元素相加得到一个新的数组 result。其中，result 数组中的每个元素为操作数相加的结果，并且结果的位置跟操作数的位置是相同的。

大小相等的数组之间的算术运算，示例代码如下。

```
In [33]: import numpy as np
In [34]: data1=np.array([[1, 2, 3], [4, 5, 6]])
In [35]: data2=np.array([[1, 2, 3], [4, 5, 6]])
In [36]: data1+data2          # 数组相加
Out[36]:
array([[ 2,  4,  6],
       [ 8, 10, 12]])
In [37]: data1*data2          # 数组相乘
Out[37]:
array([[ 1,  4,  9],
       [16, 25, 36]])
In [38]: data1-data2          # 数组相减
Out[38]:
array([[0, 0, 0],
       [0, 0, 0]])
In [39]: data1/data2          # 数组相除
Out[39]:
array([[1., 1., 1.],
       [1., 1., 1.]])
```

2.4.2 数组广播

数组在进行矢量化运算时，要求数组的形状是相等的。当形状不相等的数组执行算术运算的时候，就会出现广播机制，该机制会对数组进行扩展，使数组的 shape 属性值一样，这样就可以进行矢量化运算了。下面来看一个例子。

```
In [40]: import numpy as np
In [41]: arr1=np.array([[0], [1], [2], [3]])
In [42]: arr1.shape
Out[42]: (4, 1)
In [43]: arr2=np.array([1, 2, 3])
In [44]: arr2.shape
Out[44]: (3,)
In [45]: arr1 + arr2
Out[45]:
array([[1, 2, 3],
       [2, 3, 4],
       [3, 4, 5],
       [4, 5, 6]])
```

上述代码中，数组 arr1 的 shape 是（4，1），arr2 的 shape 是（3，），这两个数组要是进行相加，按照广播机制会对数组 arr1 和 arr2 都进行扩展，使得数组 arr1 和 arr2 的 shape 都变成（4，3）。

下面通过一张图来描述广播机制扩展数组的过程，具体如图 2-2 所示。

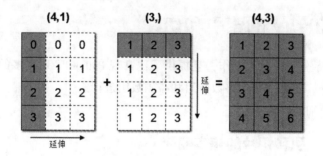

图 2-2 数组广播机制

注意：广播机制实现了对两个或两个以上数组的运算，即使这些数组的 shape 不是完全相同的，只需要满足如下任意一个条件即可。

（1）数组的某一维度等长。

（2）其中一个数组的某一维度为 1。

广播机制需要扩展维度小的数组，使得它与维度最大的数组的 shape 值相同，以便使用元素级函数或者运算符进行运算。

2.4.3 数组与标量间的运算

大小相等的数组之间的任何算术运算都会将运算应用到元素级，同样，数组与标量的算术运算也会将那个标量值传播到各个元素。当数组进行相加、相减、乘以或除以一个数字时，这些称为标量运算。标量运算会产生一个与数组具有相同数量的行和列的新矩阵，其原始矩阵的每个元素都被相加、相减、相乘或者相除。

数组和标量之间的运算，示例代码如下：

```
In [46]: import numpy as np
In [47]: data1=np.array([[1, 2, 3], [4, 5, 6]])
In [48]: data2=10
In [49]: data1 + data2            # 数组相加
Out[49]:
array([[11, 12, 13],
       [14, 15, 16]])
In [50]: data1*data2             # 数组相乘
Out[50]:
array([[10, 20, 30],
       [40, 50, 60]])
In [51]: data1-data2             # 数组相减
Out[51]:
array([[-9, -8, -7],
       [-6, -5, -4]])
In [52]: data1 / data2            # 数组相除
Out[52]:
array([[ 0.1,  0.2,  0.3],
       [ 0.4,  0.5,  0.6]])
```

▎2.5　ndarray 的索引和切片

ndarray 对象支持索引和切片操作，且提供了比常规 Python 序列更多的索引功能，除了使用整数进行索引以外，还可以使用整数数组和布尔数组进行索引。接下来，本节将针对 NumPy 的索引和切片进行详细的讲解。

2.5.1　整数索引和切片的基本使用

ndarray 对象的元素可以通过索引和切片来访问和修改，就像 Python 内置的容器对象一样。下面是一个一维数组，从表面上来看，该数组使用索引和切片的方式与 Python 列表的功能相差不大，具体代码如下。

```
In [53]: import numpy as np
In [54]: arr=np.arange(8)             # 创建一个一维数组
In [55]: arr
Out[55]: array([0, 1, 2, 3, 4, 5, 6, 7])
In [56]: arr[5]                       # 获取索引为 5 的元素
Out[56]: 5
In [57]: arr[3:5]                     # 获取索引为 3~5 的元素，但不包括 5
Out[57]: array([3, 4])
In [58]: arr[1:6:2]                   # 获取索引为 1~6 的元素，步长为 2
Out[58]: array([1, 3, 5])
```

不过，对于多维数组来说，索引和切片的使用方式与列表就大不一样了。在二维数组中，每个索引位置上的元素不再是一个标量了，而是一个一维数组，具体示例代码如下。

```
In [59]: import numpy as np
In [60]: arr2d=np.array([[1, 2, 3],[4, 5, 6],[7, 8, 9]])  # 创建二维数组
In [61]: arr2d
Out[61]:
array([[1, 2, 3],
       [4, 5, 6],
       [7, 8, 9]])
In [62]: arr2d[1]                    # 获取索引为 1 的元素
Out[62]: array([4, 5, 6])
```

此时，如果我们想通过索引的方式来获取二维数组的单个元素，就需要通过形如 "arr[x, y]"，以逗号分隔的索引来实现。其中，x 表示行号，y 表示列号。示例代码如下。

```
In [63]: arr2d[0, 1]                # 获取位于第 0 行第 1 列的元素
Out[63]: 2
```

接下来，通过一张图来描述数组 arr2d 的索引方式，如图 2-3 所示。从图 2-3 中可以看出，arr2d 是一个 3 行 3 列的数组，如果我们想获取数组的单个元素，必须同时指定这个元素的行索引和列索引。例如，获取索引位置为第 1 行第 1 列的元素，我们可以通过 arr2d[1,1] 来实现。

	第0列	第1列	第2列
第0行	0,0	0,1	0,2
第1行	1,0	1,1	1,2
第2行	2,0	2,1	2,2

图 2-3　arr2d 的索引方式

相比一维数组，多维数组的切片方式花样更多，多维数组的切片是沿着行或列的方向选取元素的，我们可以传入一个切片，也可以传入多个切片，还可以将切片与整数索引混合使用。

传入一个切片的示例代码：

```
In [64]: arr2d[:2]
Out[64]:
array([[1, 2, 3],
       [4, 5, 6]])
```

传入两个切片的示例代码：

```
In [65]: arr2d[0:2, 0:2]
Out[65]:
array([[1, 2],
       [4, 5]])
```

切片与整数索引混合使用的示例代码：

```
In [66]: arr2d[1, :2]
Out[66]: array([4, 5])
```

上述多维数组切片操作的相关示意图，如图 2-4 所示。

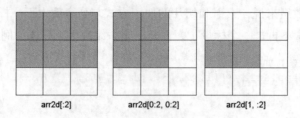

arr2d[:2]　　　　arr2d[0:2, 0:2]　　　　arr2d[1, :2]

图 2-4　多维数组切片图示

2.5.2　花式（数组）索引的基本使用

花式索引是 NumPy 的一个术语，是指将整数数组或列表作为索引，然后根据索引数组或索引列表的每个元素作为目标数组的下标再进行取值。

当使用一维数组或列表作为索引时，如果使用索引要操作的目标对象是一维数组，则获取的结果是对应下标的元素；如果要操作的目标对象是一个二维数组，则获取的结果就是对应下标的一行数据。

例如，创建一个 4 行 4 列的二维数组，示例代码如下。

```
In [67]: import numpy as np
In [68]: demo_arr=np.empty((4, 4))         # 创建一个空数组
for i in range(4):
        demo_arr[i]=np.arange(i, i+4)      # 动态地为数组添加元素
In [69]: demo_arr
Out[69]:
array([[ 0.,   1.,   2.,   3.],
       [ 1.,   2.,   3.,   4.],
       [ 2.,   3.,   4.,   5.],
       [ 3.,   4.,   5.,   6.]])
```

将 [0,2] 作为索引，分别获取 demo_arr 中索引 0 对应的一行数据以及索引 2 对应的一行数据，示例代码如下。

```
In [70]: demo_arr[[0, 2]]                   # 获取索引为 [0,2] 的元素
Out[70]:
array([[ 0.,   1.,   2.,   3.],
       [ 2.,   3.,   4.,   5.]])
```

上述操作的相关示意图如图 2-5 所示。

如果使用两个花式索引操作数组时，即两个列表或数组，则会将第 1 个作为行索引，第 2 个作为列索引，通过二维数组索引的方式，选取其对应位置的元素，示例代码如下。

```
In [71]: demo_arr[[1, 3], [1, 2]]          # 获取索引为 (1,1) 和 (3,2) 的元素
Out[71]:
array([ 2.,   5.])
```

上述操作的相关示意图如图 2-6 所示。

图 2-5　花式索引图示（一个数组当索引）

图 2-6　花式索引图示（两个数组当索引）

2.5.3　布尔型索引的基本使用

布尔型索引指的是将一个布尔数组作为数组索引，返回的数据是布尔数组中 True 对应位置的值。

假设现在有一组存储了学生姓名的数组，以及一组存储了学生各科成绩的数组，存储学生成绩的数组中，每一行成绩对应的是一个学生的成绩。如果我们想筛选某个学生对应的成绩，可以通过比较运算符，先产生一个布尔型数组，然后利用布尔型数组作为索引，返回布尔值 True 对应位置的数据。示例代码如下：

```
In [72]:  # 存储学生姓名的数组
          student_name=np.array(['Tom', 'Lily', 'Jack', 'Rose'])
In [73]:  student_name
Out[73]:  array(['Tom', 'Lily', 'Jack', 'Rose'], dtype='<U4')
In [74]:  # 存储学生成绩的数组
          student_score = np.array([[79, 88, 80], [89, 90, 92],
                                    [83, 78, 85], [78, 76, 80]])
In [75]:  student_score
Out[75]:
array([[79, 88, 80],
       [89, 90, 92],
       [83, 78, 85],
       [78, 76, 80]])
In [76]:  # 对 student_name 和字符串 "Jack" 通过运算符产生一个布尔型数组
          student_name=='Jack'
Out[76]:  array([False, False,  True, False])
In [77]:  # 将布尔数组作为索引应用于存储成绩的数组 student_score,
          # 返回的数据是 True 值对应的行
          student_score[student_name=='Jack']
Out[77]:  array([[83, 78, 85]])
```

布尔索引的相关示意图如图 2-7 所示。

需要注意的是，布尔型数组的长度必须和被索引的轴长度一致。

此外，我们还可以将布尔型数组跟切片混合使用，示例代码如下：

```
In [78]:  student_score[student_name=='Jack', :1]
Out[78]:  array([[83]])
```

student_score[True]

图 2-7　布尔索引图示

值得一提的是，使用布尔型索引获取值的时候，除了可以使用 "=="运算符，还可以使用诸如 "!="和 "-"来进行否定，也可以使用 "&"和 "|"等符号来组合多个布尔条件。

▌ 2.6 数组的转置和轴对称

数组的转置指的是将数组中的每个元素按照一定的规则进行位置变换。NumPy 提供了 transpose() 方法和 T 属性两种实现形式。其中，简单的转置可以使用 T 属性，它其实就是进行轴对换而已。例如，现在有个 3 行 4 列的二维数组，那么使用 T 属性对数组转置后，形成的是一个 4 行 3 列的新数组，示例代码如下。

```
In [79]: arr=np.arange(12).reshape(3, 4)
In [80]: arr
Out[80]:
array([[ 0,  1,  2,  3],
       [ 4,  5,  6,  7],
       [ 8,  9, 10, 11]])
In [81]: arr.T          # 使用 T 属性对数组进行转置
Out[81]:
array([[ 0,  4,  8],
       [ 1,  5,  9],
       [ 2,  6, 10],
       [ 3,  7, 11]])
```

对于高维度的数组而言，transpose() 方法需要得到一个由轴编号组成的元组，才能对这些轴进行转置。假设现在有个数组 arr，具体代码如下：

```
In [82]: arr=np.arange(16).reshape((2, 2, 4))
In [83]: arr
Out[83]:
array([[[ 0,  1,  2,  3],
        [ 4,  5,  6,  7]],

       [[ 8,  9, 10, 11],
        [12, 13, 14, 15]]])
In [84]: arr.shape
Out[84]: (2, 2, 4)
```

上述数组 arr 的 shape 是 (2,2,4)，表示是一个三维数组，也就是说有三个轴，每个轴都对应着一个编号，分别为 0、1、2。

如果希望对 arr 进行转置操作，就需要对它的 shape 中的顺序进行调换。也就是说，当使用 transpose() 方法对数组的 shape 进行变换时，需要以元组的形式传入 shape 的编号，比如 (1,2,0)。如果调用 transpose() 方法时传入 "(0,1,2)"，则数组的 shape 不会发生任何变化。

下面是 arr 调用 transpose(1,2,0) 的示例，具体代码如下。

```
In [85]: arr.transpose(1, 2, 0)   # 使用 transpose() 方法对数组进行转置
Out[85]:
array([[[ 0,  8],
        [ 1,  9],
        [ 2, 10],
```

```
       [ 3, 11]],

      [[ 4, 12],
       [ 5, 13],
       [ 6, 14],
       [ 7, 15]]])
```

如果我们不输入任何参数，直接调用 transpose() 方法，则其执行的效果就是将数组进行转置，作用等价于 transpose(2,1,0)。接下来，通过一张图比较使用所述两种方式的转置操作，具体如图 2-8 所示。

```
[In [36]: arr.transpose()        │  [In [38]: arr.transpose(2,1,0)
Out[36]:                         │  Out[38]:
array([[[ 0,  8],                │  array([[[ 0,  8],
        [ 4, 12]],               │          [ 4, 12]],

       [[ 1,  9],                │         [[ 1,  9],
        [ 5, 13]],               │          [ 5, 13]],

       [[ 2, 10],                │         [[ 2, 10],
        [ 6, 14]],               │          [ 6, 14]],

       [[ 3, 11],                │         [[ 3, 11],
        [ 7, 15]]])              │          [ 7, 15]]])
```

图 2-8　transpose() 方法传参对比

在某些情况下，我们可能只需要转换其中的两个轴，这时我们可以使用 ndarray 提供的 swapaxes() 方法实现，该方法需要接收一对轴编号，示例代码如下。

```
In [86]: arr
Out[86]:
array([[[ 0,  1,  2,  3],
        [ 4,  5,  6,  7]],
       [[ 8,  9, 10, 11],
        [12, 13, 14, 15]]])
In [87]: arr.swapaxes(1, 0)        # 使用 swapaxes 方法插入一对小括号对数组进行转置
Out[87]:
array([[[ 0,  1,  2,  3],
        [ 8,  9, 10, 11]],
       [[ 4,  5,  6,  7],
        [12, 13, 14, 15]]])
```

多学一招：轴编号

在 NumPy 中维度 (dimensions) 叫做轴 (axes)，轴的个数叫做秩 (rank)。例如，3D 空间中有个点的坐标 [1, 2, 1] 是一个秩为 1 的数组，因为它只有一个轴。这个轴有 3 个元素，所以我们说它的长度为 3。

在下面的示例中，数组有 2 个轴，第一个轴的长度为 2，第二个轴的长度为 3。

```
array([[ 1., 0., 0.],
       [ 0., 1., 2.]])
```

高维数据执行某些操作（如转置）时，需要指定维度编号，这个编号是从 0 开始的，然后依次递增 1。其中，位于纵向的轴（y 轴）的编号为 0，位于横向的轴（x 轴）的编号为 1，以此类推。

维度编号示意图如图 2-9 所示。

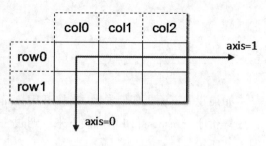

图 2-9　维度编号图示

▌2.7　NumPy 通用函数

在 NumPy 中，提供了诸如"sin"、"cos"和"exp"等常见的数学函数，这些函数叫做通用函数（ufunc）。通用函数是一种针对 ndarray 中的数据执行元素级运算的函数，函数返回的是一个新的数组。通常情况下，我们将 ufunc 中接收一个数组参数的函数称为一元通用函数，而接收两个数组参数的则称为二元通用函数。表 2-4 和表 2-5 列举了一些常见的一元和二元通用函数。

表 2-4　常见一元通用函数

函　　数	描　　述
abs、fabs	计算整数、浮点数或复数的绝对值
sqrt	计算各元素的平方根
square	计算各元素的平方
exp	计算各元素的指数 e^x
log、log10、log2、log1p	分别为自然对数（底数为 e），底数为 10 的 log，底数为 2 的 log，log(1+x)
sign	计算各元素的正负号：1（正数）、0（零）、–1（负数）
ceil	计算各元素的 ceilling 值，即大于或者等于该值的最小整数
floor	计算各元素的 floor 值，即小于等于该值的最大整数
rint	将各元素四舍五入到最接近的整数
modf	将数组的小数和整数部分以两个独立数组的形式返回
isnan	返回一个表示"哪些值是 NaN"的布尔型数组
isfinite、isinf	分别返回表示"哪些元素是有穷的"或"哪些元素是无穷"的布尔型数组
sin、sinh、cos、cosh、tan、tanh	普通型和双曲型三角函数
arcos、arccosh、arcsin	反三角函数

表 2–5　常见二元通用函数

函　　数	描　　述
add	将数组中对应的元素相加
subtract	从第一个数组中减去第二个数组中的元素
multiply	数组元素相乘
divide，floor_divide	除法或向下整除法（舍去余数）
maximum、fmax	元素级的最大值计算
minimum、fmin	元素级的最小值计算
mod	元素级的求模计算
copysign	将第二个数组中的值的符号赋值给第一个数组中的值
greater、greater_equal、less、less_equal、equal、not_equal、logical_and、logical_or、logical_xor	执行元素级的比较运算，最终产生布尔型数组，相当于运算符 >、≥、<、≤、==、!=

　　为了让读者更好地理解，接下来，通过一些示例代码来演示上述部分函数的用法。有关一元通用函数的示例代码如下。

```
In [88]: arr=np.array([4, 9, 16])
# 计算数组元素的平方根
In [89]: np.sqrt(arr)
Out[89]: array([2., 3., 4.])
# 计算数组元素的绝对值
In [90]: np.abs(arr)
Out[90]: array([ 4,  9, 16])
# 计算数组元素的平方
In [91]: np.square(arr)
Out[91]: array([ 16,  81, 256])
```

有关二元通用函数的示例代码如下。

```
In [92]: x=np.array([12, 9, 13, 15])
In [93]: y=np.array([11, 10, 4, 8])
# 计算两个数组的和
In [94]: np.add(x, y)
Out[94]: array([23, 19, 17, 23])
# 计算两个数组的乘积
In [95]: np.multiply(x, y)
Out[95]: array([132,  90,  52, 120])
# 两个数组元素级最大值的比较
In [96]: np.maximum(x, y)
Out[96]: array([12, 10, 13, 15])
# 执行元素级的比较操作
In [97]: np.greater(x, y)
Out[97]: array([ True, False,  True,  True])
```

▍2.8 利用 NumPy 数组进行数据处理

NumPy 数组可以将许多数据处理任务转换为简洁的数组表达式，它处理数据的速度要比内置的 Python 循环快了至少一个数量级，所以，我们把数组作为处理数据的首选。接下来，本节将讲解如何利用数组来处理数据，包括条件逻辑、统计、排序、检索数组元素以及唯一化。

2.8.1 将条件逻辑转为数组运算

NumPy 的 where() 函数是三元表达式 x if condition else y 的矢量化版本。

假设有两个数值类型的数组和一个布尔类型的数组，具体如下：

```
In [98]: arr_x=np.array([1, 5, 7])
In [99]: arr_y=np.array([2, 6, 8])
In [100]: arr_con=np.array([True, False, True])
```

现在提出一个需求，即当 arr_con 的元素值为 True 时，从 arr_x 数组中获取一个值，否则从 arr_y 数组中获取一个值。使用 where() 函数实现的方式如下所示。

```
In [101]: result=np.where(arr_con, arr_x, arr_y)
In [102]: result
Out[102]: array([1, 6, 7])
```

上述代码中调用 np.where() 时，传入的第 1 个参数 arr_con 表示判断条件，它可以是一个布尔值，也可以是一个数组，这里传入的是一个布尔数组。

当满足条件（从 arr_con 中取出的元素为 True）时，则会获取 arr_x 数组中对应位置的值。由于 arr_con 中索引为 0、2 的元素为 True，所以取出 arr_x 中相应位置的元素 1、7。

当不满足条件（从 arr_con 中取出的元素为 False）时，则会获取 arr_y 数组中对应位置的值。由于 arr_con 中索引为 1 的元素为 False，所以取出 arr_y 中相应位置的元素 6。

从输出结果可以看出，使用 where() 函数进行数组运算后，返回了一个新的数组。

2.8.2 数组统计运算

通过 NumPy 库中的相关方法，我们可以很方便地运用 Python 进行数组的统计汇总，比如计算数组极大值、极小值以及平均值等。表 2-6 列举了 NumPy 数组中与统计运算相关的方法。

表 2-6　NumPy 数组中与统计运算相关的方法

方　　法	描　　述
sum	对数组中全部或某个轴向的元素求和
mean	算术平均值
min	计算数组中的最小值
max	计算数组中的最大值
argmin	表示最小值的索引
argmax	表示最大值的索引

续表

方　　法	描　　述
cumsum	所有元素的累计和
cumprod	所有元素的累计积

需要注意的是，当使用 ndarray 对象调用 cumsum() 和 cumprod() 方法后，产生的结果是一个由中间结果组成的数组。

为了能让读者更好地理解，接下来，通过一些示例来演示上述方法的具体用法，代码如下。

```
In [103]: arr=np.arange(10)
In [104]: arr.sum()        # 求和
Out[104]: 45
In [105]: arr.mean()       # 求平均值
Out[105]: 4.5
In [106]: arr.min()        # 求最小值
Out[106]: 0
In [107]: arr.max()        # 求最大值
Out[107]: 9
In [108]: arr.argmin()     # 求最小值的索引
Out[108]: 0
In [109]: arr.argmax()     # 求最大值的索引
Out[109]: 9
In [110]: arr.cumsum()     # 计算元素的累计和
Out[110]: array([ 0,  1,  3,  6, 10, 15, 21, 28, 36, 45])
In [111]: arr.cumprod()    # 计算元素的累计积
Out[111]: array([0, 0, 0, 0, 0, 0, 0, 0, 0, 0])
```

2.8.3　数组排序

如果希望对 NumPy 数组中的元素进行排序，可以通过 sort() 方法实现，示例代码如下。

```
In [112]: arr=np.array([[6, 2, 7], [3, 6, 2], [4, 3, 2]])
In [113]: arr
Out[113]:
array([[6, 2, 7],
       [3, 6, 2],
       [4, 3, 2]])
In [114]: arr.sort()
In [115]: arr
Out[115]:
array([[2, 6, 7],
       [2, 3, 6],
       [2, 3, 4]])
```

从上述代码可以看出，当调用 sort() 方法后，数组 arr 中数据按行从小到大进行排序。需要注意的是，使用 sort() 方法排序会修改数组本身。

如果希望对任何一个轴上的元素进行排序，只需要将轴的编号作为 sort() 方法的参数传入即可。示例代码如下。

```
In [116]: arr=np.array([[6, 2, 7], [3, 6, 2], [4, 3, 2]])
In [117]: arr
Out[117]:
array([[6, 2, 7],
       [3, 6, 2],
       [4, 3, 2]])
In [118]: arr.sort(0)          # 沿着编号为 0 的轴对元素排序
In [119]: arr
Out[119]:
array([[3, 2, 2],
       [4, 3, 2],
       [6, 6, 7]])
```

2.8.4 检索数组元素

在 NumPy 中，all() 函数用于判断整个数组中的元素的值是否全部满足条件，如果满足条件返回 True，否则返回 False。any() 函数用于判断整个数组中的元素至少有一个满足条件就返回 True，否则返回 False。

使用 all() 和 any() 函数检索数组元素的示例代码如下。

```
In [120]: arr=np.array([[1, -2, -7], [-3, 6, 2], [-4, 3, 2]])
In [121]: arr
Out[121]:
array([[ 1, -2, -7],
       [-3,  6,  2],
       [-4,  3,  2]])
In [122]: np.any(arr>0)        # arr 的所有元素是否有一个大于 0
Out[122]: True
In [123]: np.all(arr>0)        # arr 的所有元素是否都大于 0
Out[123]: False
```

2.8.5 唯一化及其他集合逻辑

针对一维数组，NumPy 提供了 unique() 函数来找出数组中的唯一值，并返回排序后的结果，示例代码如下。

```
In [124]: arr=np.array([12, 11, 34, 23, 12, 8, 11])
In [125]: np.unique(arr)
Out[125]: array([ 8, 11, 12, 23, 34])
```

除此之外，还有一个 in1d() 函数用于判断数组中的元素是否在另一个数组中存在，该函数返回的是一个布尔型的数组，示例代码如下。

```
In [126]: np.in1d(arr, [11, 12])
Out[126]: array([ True,  True, False, False,  True, False,  True])
```

NumPy 提供的有关集合的函数还有很多，表 2-7 列举了数组集合运算的常见函数。

表 2-7　数组集合运算的常见函数

函　　数	描　　述
unique(x)	计算 x 中的唯一元素，并返回有序结果
intersect1d(x,y)	计算 x 和 y 中的公共元素，并返回有序结果
union1d(x,y)	计算 x 和 y 的并集，并返回有序结果
in1d(x,y)	得到一个表示"x 的元素是否包含 y"的布尔型数组
setdiff1d(x,y)	集合的差，即元素在 x 中且不在 y 中
setxor1d(x,y)	集合的对称差，即存在于一个数组中但不同时存在于两个数组中的元素

2.9　线性代数模块

线性代数是数学运算中的一个重要工具，它在图形信号处理、音频信号处理中起非常重要的作用。numpy.linalg 模块中有一组标准的矩阵分解运算以及诸如逆和行列式之类的东西。例如，矩阵相乘，如果通过"*"对两个数组相乘，得到的是一个元素级的积，而不是一个矩阵点积。

NumPy 中提供了一个用于矩阵乘法的 dot() 方法，该方法的用法示例如下。

```
In [127]: arr_x=np.array([[1, 2, 3], [4, 5, 6]])
In [128]: arr_y=np.array([[1, 2], [3, 4], [5, 6]])
In [129]: arr_x.dot(arr_y)    # 等价于np.dot(arr_x, arr_y)
Out[129]:
array([[22, 28],
       [49, 64]])
```

矩阵点积的条件是矩阵 A 的列数等于矩阵 B 的行数，假设 A 为 $m×p$ 的矩阵，B 为 $p×n$ 的矩阵，那么矩阵 A 与 B 的乘积就是一个 $m×n$ 的矩阵 C，其中矩阵 C 的第 i 行第 j 列的元素可以表示为：

$$(A,B)_{ij}=\sum_{k=1}^{p}a_{ik}b_{kj}=a_{i1}b_{1j}+a_{i2}b_{2j}+\cdots+a_{jp}b_{pj}$$

上述矩阵 arr_x 与 arr_y 的乘积如图 2-10 所示。

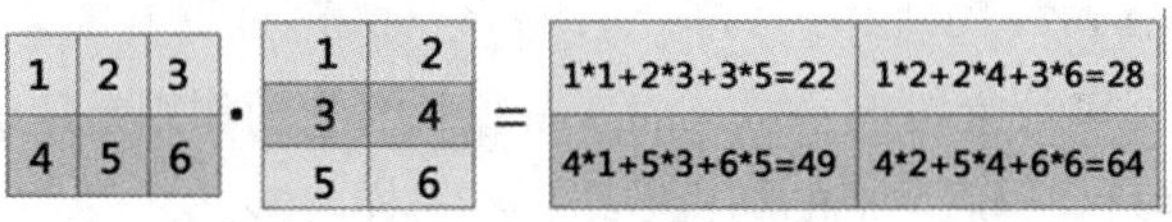

图 2-10　矩阵 arr_x 与 arr_y 的乘积

除此之外，linalg 模块中还提供了其他很多有用的函数，具体如表 2-8 所示。

表 2-8　linalg 模块的常见函数

函　　数	描　　述
dot	矩阵乘法
diag	以一维数组的形式返回方阵的对角线，或将一维数组转为方阵

续表

函　　数	描　　述
trace	计算对角线元素和
det	计算矩阵的行列式
eig	计算方阵的特征值和特征向量
inv	计算方阵的逆
qr	计算 qr 分解
svd	计算奇异值（SVD）
solve	解线性方程组 Ax=b，其中 A 是一个方阵
lstsq	计算 Ax=b 的最小二乘解

2.10　随机数模块

与 Python 的 random 模块相比，NumPy 的 random 模块功能更多，它增加了一些可以高效生成多种概率分布的样本值的函数。例如，通过 NumPy 的 random 模块随机生成一个 3 行 3 列的数组，示例代码如下。

```
In [130]: import numpy as np
In [131]: np.random.rand(3, 3)        # 随机生成一个二维数组
Out[131]:
array([[0.84507246, 0.69417139, 0.8596695 ],
       [0.65997549, 0.47116919, 0.82989148],
       [0.74321602, 0.06350157, 0.20833566]])
In [132]: np.random.rand(2, 3, 3) # 随机生成一个三维数组
Out[132]:
array([[[0.22736271, 0.57997499, 0.86616374],
        [0.19391042, 0.28925198, 0.66538324],
        [0.06265588, 0.27002459, 0.71791743]],

       [[0.67455806, 0.28524676, 0.26747945],
        [0.56214369, 0.32784243, 0.29093133],
        [0.56041467, 0.74910071, 0.99467489]]])
```

上述代码中，rand() 函数隶属于 numpy.random 模块，它的作用是随机生成 N 维浮点数组。需要注意的是，每次运行代码后生成的随机数组都不一样。

除此之外，random 模块中还包括了可以生成服从多种概率分布随机数的其他函数。表 2-9 列举了 numpy.random 模块中用于生成大量样本值的函数。

表 2-9　random 模块的常见函数

函　　数	描　　述
seed	生成随机数的种子
rand	产生均匀分布的样本值

续表

函　　数	描　　述
randint	从给定的上下限范围内随机选取整数
normal	产生正态分布的样本值
beta	产生 Beta 分布的样本值
uniform	产生在 [0,1] 中的均匀分布的样本值

在表 2-9 罗列的函数中，seed( ) 函数可以保证生成的随机数具有可预测性，也就是说产生的随机数相同，它的语法格式如下：

```
numpy.random.seed(seed=None)
```

上述函数中只有一个 seed 参数，用于指定随机数生成时所用算法开始的整数值。当调用 seed() 函数时，如果传递给 seed 参数的值相同，则每次生成的随机数都是一样的。如果不传递这个参数值，则系统会根据时间来自己选择值，此时每次生成的随机数会因时间差异而不同。

使用 seed() 函数的示例代码如下。

```
In [133]: import numpy as np
In [134]: np.random.seed(0)      # 生成随机数的种子
In [135]: np.random.rand(5)      # 随机生成包含 5 个元素的浮点数组
Out[135]:
array([ 0.5488135 ,  0.71518937,  0.60276338,  0.54488318,  0.4236548 ])
In [136]: np.random.seed(0)
In [137]: np.random.rand(5)
Out[137]:
array([ 0.5488135 ,  0.71518937,  0.60276338,  0.54488318,  0.4236548 ])
In [138]: np.random.seed()
In [139]: np.random.rand(5)
Out[139]:
array([0.9641088 , 0.75298789, 0.34224099, 0.43557176, 0.16201295])
```

由此可见，seed() 函数使得随机数具有预见性。当传递的参数值不同或者不传递参数时，则该函数的作用跟 rand() 函数相同，即多次生成随机数且每次生成的随机数都不同。

2.11　案例——酒鬼漫步

通过前面对 NumPy 的学习，相信大家一定对 NumPy 这个科学计算包有了一定的了解，接下来，本节将通过酒鬼漫步的案例来介绍如何运用 NumPy 随机数模块与数据处理。

下面先为大家描述一下场景，在一片空旷的平地上（一个二维地面上）有一个酒鬼，他最初停留在原点的位置，这个酒鬼每走一步时，方向是不确定的，在经过时间 t 之后，我们希望计算出这个酒鬼与原点的距离。

例如，这个酒鬼走了 2 000 步（每步为 0.5 米），向前走一步记为 1，向后走一步记为 -1，当计算距原点的距离时，就是将所有的步数进行累计求和。因此，使用 random 模块来随机生成 2 000 个"掷硬币值"（两个结果任选一个），具体代码如下：

```
In [140]: # 导入 numpy 包
          import numpy as np
          steps=2000
          draws=np.random.randint(0, 2, size=steps)
          # 当元素为 1 时，direction_steps 为 1，
          # 当元素为 0 时，direction_steps 为 -1
          direction_steps=np.where(draws>0, 1, -1)
          # 使用 cumsum() 计算步数累计和
          distance=direction_steps.cumsum()
```

有了步数的累计和之后，可以尝试计算酒鬼距离原点最远的距离，即分别调用 max() 与 min() 计算向前走与向后走的最大值，具体代码如下。

```
In [141]: # 使用 max() 计算向前走的最远距离
          distance.max()
Out[141]: 12
In [142]: # 使用 min() 计算向后走的最远距离
          distance.min()
Out[142]: -31
```

从两次输出的结果中可以看出，这个酒鬼走的最远的距离是朝后方距离原点 15.5（31×0.5）米的位置。值得一提的是，由于这里使用的是随机数，所以每次运行的结果是随机的。

当酒鬼距原点的距离大于或等于 15 米时，如果希望计算他总共走了多少步，则可以使用数学方程 "$|x \times 0.5| \geq 15$" 完成，其中 x 表示步数。要想计算一个数的绝对值，则需要调用 abs() 函数实现，不过该函数返回的是一个布尔数组，即不满足条件的值均为 False，满足条件的值均为 True。为了从满足条件的结果中返回最大值的索引，则还需要通过调用 argmax() 方法来实现，具体代码如下。

```
In [143]: # 15 米换算成步数
          steps=15/0.5
          (np.abs(distance)>=steps).argmax()
Out[143]: 877
```

从计算结果可以看出，当酒鬼走到 877 步时，此时距离原点的长度是大于或等于 15 米的。

小　结

本章主要针对科学计算库 NumPy 进行了介绍，包括 ndarry 数组对象的属性和数据类型、数组的运算、索引和切片操作、数组的转置和轴对称、NumPy 通用函数、线性代数模块、随机数模块，以及使用数组进行数据处理的相关操作。通过本章的学习，希望大家能熟练使用 NumPy 包，为后面章节的学习奠定基础。

习　题

一、填空题

1. 在 NumPy 中，可以使用数组对象_____执行一些科学计算。

2. 如果 ndarray.ndim 执行的结果为 2，则表示创建的是_____维数组。

3. NumPy 的数据类型是由一个类型名和元素_____的数字组成。

4. 如果两个数组的大小（ndarray.shape）不同，则它们进行算术运算时会出现_____机制。

5. 花式索引是 NumPy 的一个术语，是指用整数_____进行索引。

二、判断题

1. 通过 empty() 函数创建的数组，该数组中没有任何的元素。　　　　　　（　　　）

2. 如果没有明确地指明数组中元素的类型，则默认为 float64。　　　　　（　　　）

3. 数组之间的任何算术运算都会将运算应用到元素级。　　　　　　　　　（　　　）

4. 多维数组操作索引时，可以将切片与整数索引混合使用。　　　　　　　（　　　）

5. 当通过布尔数组索引操作数组时，返回的数据是布尔数组中 False 对应位置的值。（　　　）

三、选择题

1. 下列选项中，用来表示数组维度的属性是（　　　　）。

　　A. ndim　　　　　　　　B. shape　　　　　　　　C. size　　　　　　　　D. dtype

2. 下面代码中，创建的是一个 3 行 3 列数组的是（　　　　）。

　　A.　arr = np.array([1, 2, 3])　　　　　　B.　arr = np.array([[1, 2, 3], [4, 5, 6]])

　　C.　arr = np.array([[1, 2], [3, 4]])　　　　D.　np.ones((3, 3))

3. 请阅读下面一段程序：

```
arr_2d=np.array([[11, 20, 13],[14, 25, 16],[27, 18, 9]])
print(arr_2d[1, :1])
```

执行上述程序后，最终输出的结果为（　　　　）。

　　A.　[14]　　　　　　B.　[25]　　　　　　C.　[14, 25]　　　　　　D.　[20, 25]

4. 请阅读下面一段程序：

```
arr=np.arange(6).reshape(1, 2, 3)
print(arr.transpose(2, 0, 1))
```

执行上述程序后，最终输出的结果为（　　　　）。

```
A.                 B.                 C.                 D.
[[[2 5]]           [[[1 4]]           [[[0 3]]           [[[0]
 [[0 3]]            [[0 3]]            [[1 4]]             [3]]
 [[1 4]]]           [[2 5]]]           [[2 5]]]           [[1]
                                                          [4]]
                                                         [[2]
                                                          [5]]]
```

5. 下列函数或方法中，用来表示矢量化三元表达式的是（　　　　）。

　　A. where()　　　　　　B. cumsum()　　　　　　C. sort()　　　　　　D. unique()

四、简答题

1. 什么是矢量化运算？

2. 实现数组广播机制需要满足哪些条件？

五、程序题

1. 创建一个数组，数组的 shape 为 (5,0)，元素都是 0。

2. 创建一个表示国际象棋棋盘的 8×8 数组，其中，棋盘白格用 0 填充，棋盘黑格用 1 填充。

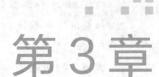

第 3 章
数据分析工具 Pandas

学习目标

◆掌握 Pandas 的两种数据结构。

◆掌握 Pandas 索引的相关操作。

◆掌握 Pandas 的常见操作，包括算术运算、排序、统计计算。

◆认识层次化索引，掌握层次化索引的操作。

◆掌握 Pandas 读写数据的方式。

科技创新，
引领未来

Pandas 是一个基于 NumPy 的 Python 库，专门为了解决数据分析任务而创建的，它不仅纳入了大量的库和一些标准的数据模型，而且提供了高效操作大型数据集所需的工具，被广泛地应用到很多领域中，包括经济、统计、分析等学术和商业领域。

Pandas 是本书的重点内容，本章只为大家介绍一些 Pandas 的基础功能，更多高级的功能会在后续的章节中进行介绍。

3.1 Pandas 的数据结构分析

要想学好 Pandas，前提是要对 Pandas 的数据结构有所了解。Pandas 中有两个主要的数据结构：Series 和 DataFrame，其中 Series 是一维的数据结构，DataFrame 是二维的、表格型的数据结构。接下来，我们具体来了解一下这两种数据结构的特点，以及如何创建和使用它们。

3.1.1 Series

Series 是一个类似于一维数组的对象，它能够保存任何类型的数据，比如整数、字符串、浮点数等，主要由一组数据和与之相关的索引两部分构成。接下来，通过一张图来描述 Series 的结构，具体如图 3-1 所示。

Series

index	element
0	1
1	2
2	3
3	4
4	5

图 3-1 Series 对象结构示意图

图 3–1 展示的是 Series 结构表现形式，其索引位于左边，数据位于右边。

Pandas 的 Series 类对象可以使用以下构造方法创建：

```
class pandas.Series（data=None, index=None, dtype=None,
                     name=None, copy=False, fastpath=False）
```

上述构造方法中常用参数的含义如下：

（1）data：传入的数据，可以是 ndarray、list 等。

（2）index：索引，必须是唯一的，且与数据的长度相同。如果没有传入索引参数，则默认会自动创建一个从 0~N 的整数索引。

（3）dtype：数据的类型。

（4）copy：是否复制数据，默认为 False。

接下来，通过传入一个列表来创建一个 Series 类对象，示例代码如下。

```
In [1]: import pandas as pd                 # 导入 pandas 库
        ser_obj=pd.Series([1, 2, 3, 4, 5])  # 创建 Series 类对象
        ser_obj
Out[1]:
0    1
1    2
2    3
3    4
4    5
dtype: int64
```

上述代码中，使用构造方法创建了一个 Series 类对象。从输出结果可以看出，左边一列是索引，索引是从 0 开始递增的，右边一列是数据，数据的类型是根据传入的列表参数中元素的类型推断出来的，即 int64。

当然，我们也可以在创建 Series 类对象的时候，为数据指定索引，示例代码如下。

```
In [2]: # 创建 Series 类对象，并指定索引
        ser_obj=pd.Series([1, 2, 3, 4, 5],
                          index=['a', 'b', 'c', 'd', 'e'])
        ser_obj
Out[2]:
a    1
b    2
c    3
d    4
e    5
dtype: int64
```

除了使用列表构建 Series 类对象外，还可以使用 dict 进行构建，具体示例代码如下。

```
In [3]: year_data={2001: 17.8, 2002: 20.1, 2003: 16.5}
        ser_obj2=pd.Series(year_data)    # 创建 Series 类对象
        ser_obj2
Out[3]:
2001    17.8
2002    20.1
```

```
2003    16.5
dtype: float64
```

为了能方便地操作 Series 对象中的索引和数据，所以该对象提供了两个属性 index 和 values 分别进行获取。例如，获取刚刚创建的 ser_obj 对象的索引和数据，代码如下。

```
In [4]: ser_obj.index          # 获取 ser_obj 的索引
Out[4]: Index(['a', 'b', 'c', 'd', 'e'], dtype='object')
In [5]: ser_obj.values          # 获取 ser_obj 的数据
Out[5]: array([1, 2, 3, 4, 5], dtype=int64)
```

上述示例中，通过 index 属性得到了一个 Index 类的对象，该对象是一个索引对象，后面会针对这个类型进行介绍。

当然，我们也可以直接使用索引来获取数据。例如，获取 ser_obj 对象中索引位置为 3 的元素，具体代码如下。

```
In [6]: ser_obj[3]              # 获取位置索引 3 对应的数据
Out[6]: 4
```

需要注意的是，索引和数据的对应关系仍保持在数组运算的结果中，也就是说，当某个索引对应的数据进行运算以后，其运算的结果仍然与这个索引保持着对应的关系，具体示例代码如下。

```
In [7]: ser_obj*2
Out[7]:
a     2
b     4
c     6
d     8
e    10
dtype: int64
```

3.1.2 DataFrame

DataFrame 是一个类似于二维数组或表格（如 Excel）的对象，它每列的数据可以是不同的数据类型。与 Series 的结构相似，DataFrame 的结构也是由索引和数据组成的，不同的是，DataFrame 的索引不仅有行索引，还有列索引，其结构的示意图如图 3-2 所示。

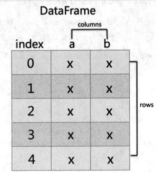

图 3-2 展示的是 DataFrame 结构表现形式，其行索引位于最左边一列，列索引位于最上面一行，并且数据可以有多列。与 Series 的索引相似，DataFrame 的索引也是自动创建的，默认是从 0~N 的整数类型索引。

图 3-2 DataFrame 对象结构示意图

Pandas 的 DataFrame 类对象可以使用以下构造方法创建：

```
pandas.DataFrame(data=None, index=None, columns=None,
                 dtype=None, copy=False )
```

上述构造方法中常用参数所表示的含义如下：

（1）index：行标签。如果没有传入索引参数，则默认会自动创建一个从 0~N 的整数索引。

（2）columns：列标签。如果没有传入索引参数，则默认会自动创建一个从 0~N 的整数索引。

为了能够让读者更好地理解，下面通过一个示例来演示如何创建 DataFrame 类对象，具体代码如下。

```
In [8]: import numpy as np
        import pandas as pd
        demo_arr=np.array([['a', 'b', 'c'], ['d', 'e', 'f']])
                                        # 创建数组
        df_obj = pd.DataFrame(demo_arr)
                                    # 基于数组创建 DataFrame 对象
        df_obj
Out[8]:
   0  1  2
0  a  b  c
1  d  e  f
```

上述示例中，创建了一个 2 行 3 列的数组 demo_arr，然后通过 demo_arr 构建了一个 DataFrame 对象 df_obj。从输出结果可以看出，df_obj 对象的行索引和列索引都是自动从 0 开始的。

如果在创建 DataFrame 类对象时，为其指定了列索引，则 DataFrame 的列会按照指定索引的顺序进行排列，示例代码如下。

```
In [9]: # 创建 DataFrame 对象，指定列索引
        df_obj = pd.DataFrame(demo_arr, columns=['No1', 'No2', 'No3'])
        df_obj
Out[9]:
  No1 No2 No3
0  a   b   c
1  d   e   f
```

为了便于获取每列的数据，我们既可以使用列索引的方式进行获取，也可以通过访问属性的方式来获取列数据，返回的结果是一个 Series 对象，该对象拥有与原 DataFrame 对象相同的行索引。例如，获取列索引为"No2"的一列数据，具体代码如下。

```
In [10]: element=df_obj['No2']       # 通过列索引的方式获取一列数据
         element
Out[10]:
0    b
1    e
Name: No2, dtype: object
In [11]: type(element)                # 查看返回结果的类型
Out[11]: pandas.core.series.Series
```

上述示例在输出列数据的同时，又输出了列索引的名称和数据类型，分别为 No2 和 object。下面使用访问属性的方式，获取属性为 No2 的一列数据，具体代码如下。

```
In [12]: element=df_obj.No2          # 通过属性获取列数据
         element
```

```
Out[12]:
0    b
1    e
Name: No2, dtype: object
In [13]: type(element)              # 查看返回结果的类型
Out[13]: pandas.core.series.Series
```

注意：在获取 DataFrame 的一列数据时，推荐使用列索引的方式完成，主要是因为在实际使用中，列索引的名称中很有可能带有一些特殊字符（如空格），这时使用"点字符"进行访问就显得不太合适了。

要想为 DataFrame 增加一列数据，则可以通过给列索引或者列名称赋值的方式实现，类似于给字典增加键值对的操作。不过，新增列的长度必须与其他列的长度保持一致，否则会出现 ValueError 异常，示例代码如下。

```
In [14]: df_obj['No4']=['g', 'h']        # 增加 No4 一列数据
          df_obj
Out[14]:
   No1 No2 No3 No4
0   a   b   c   g
1   d   e   f   h
```

要想删除某一列数据，则可以使用 del 语句实现，示例代码如下。

```
In [15]: del df_obj['No3']               # 删除 No3 一列数据
          df_obj
Out[15]:
   No1 No2 No4
0   a   b   g
1   d   e   h
```

3.2　Pandas 索引操作及高级索引

3.2.1　索引对象

Pandas 中的索引都是 Index 类对象，又称为索引对象，该对象是不可以进行修改的，以保障数据的安全。例如，创建一个 Series 类对象，为其指定索引，然后再对索引重新赋值后会提示"索引不支持可变操作"的错误信息，示例代码如下。

```
In [16]:  import pandas as pd
          ser_obj=pd.Series(range(5),index=['a','b','c','d','e'])
          ser_index=ser_obj.index
          ser_index
Out[16]: Index(['a', 'b', 'c', 'd', 'e'], dtype='object')
In [17]: ser_index['2']='cc'
-------------------------------------------------------------------------
TypeError  Traceback (most recent call last)
<ipython-input-46-8ab20ca0bde2> in <module>()
----> 1 ser_index['2'] = 'cc'
```

```
... 省略 N 行 ...
TypeError: Index does not support mutable operations
```

Index 类对象的不可变特性是非常重要的，正因如此，多个数据结构之间才能够安全地共享 Index 类对象。例如，创建两个共用同一个 Index 对象的 Series 类对象，具体代码如下。

```
In [18]: ser_obj1=pd.Series(range(3), index=['a','b','c'])
         ser_obj2=pd.Series(['a','b','c'], index=ser_obj1.index)
         ser_obj2.index is ser_obj1.index
Out[18]: True
```

除了泛指的 Index 对象以外，Pandas 还提供了很多 Index 的子类，常见的有如下几种：

（1）Int64Index：针对整数的特殊 Index 对象。

（2）MultiIndex：层次化索引，表示单个轴上的多层索引。

（3）DatetimeIndex：存储纳秒寄时间戳。

有关层次化索引和时间戳索引的使用，后续会分别在本章第 3.6 小节和第 7 章进行详细地介绍。

3.2.2 重置索引

Pandas 中提供了一个重要的方法是 reindex()，该方法的作用是对原索引和新索引进行匹配，也就是说，新索引含有原索引的数据，而原索引数据按照新索引排序。如果新索引中没有原索引数据，那么程序不仅不会报错，而且会添加新的索引，并将值填充为 NaN 或者使用 fill_vlues() 填充其他值。

reindex() 方法的语法格式如下：

```
DataFrame.reindex (labels=None, index=None, columns=None,
                   axis=None, method=None, copy=True, level=None,
                   fill_value=nan, limit=None, tolerance=None )
```

上述方法的部分参数含义如下：

（1）index：用作索引的新序列。

（2）method：插值填充方式。

（3）fill_value：引入缺失值时使用的替代值。

（4）limit：前向或者后向填充时的最大填充量。

为了能让大家更好地理解，接下来，通过一个简单的示例来演示重新索引的使用，具体代码如下。

```
In [19]: import pandas as pd
         ser_obj=pd.Series([1, 2, 3, 4, 5], index=['c', 'd', 'a', 'b', 'e'])
         ser_obj
Out[19]:
c    1
d    2
a    3
b    4
e    5
```

```
dtype: int64
# 重新索引
In [20]: ser_obj2=ser_obj.reindex(['a', 'b', 'c', 'd', 'e', 'f'])
         ser_obj2
Out[20]:
a    3.0
b    4.0
c    1.0
d    2.0
e    5.0
f    NaN
dtype: float64
```

上述示例中，创建了一个 ser_obj 对象，并为其指定索引为"c、d、a、b、e"，接着又调用了 reindex() 方法对索引重新排列，变为"a、b、c、d、e、f"，由于索引"f"对应的值不存在，所以使用 NaN 对缺失的数据进行填充。

如果不想填充为 NaN，则可以使用 fill_value 参数来指定缺失值，具体示例代码如下。

```
In [21]: # 重新索引时指定填充的缺失值
         ser_obj2=ser_obj.reindex(['a', 'b', 'c', 'd', 'e', 'f'],
                             fill_value=6)
         ser_obj2
Out[21]:
a    3
b    4
c    1
d    2
e    5
f    6
dtype: int64
```

fill_value 参数会让所有的缺失数据都填充为同一个值。如果期望使用相邻的元素值（前边或者后边元素的值）进行填充，则可以使用 method 参数。method 参数对应的值有多个，表 3-1 列举了 method 参数可以使用的值。

下面的示例代码演示了 method 参数的使用。

表 3-1　method 参数的可用值

参　　数	说　　明
ffill 或 pad	前向填充值
bfill 或 backfill	后向填充值
nearest	从最近的索引值填充

```
In [22]: # 创建 Series 对象，并为其指定索引
         ser_obj3 = pd.Series([1, 3, 5, 7], index=[0, 2, 4, 6])
         ser_obj3
Out[22]:
         0    1
         2    3
         4    5
         6    7
         dtype: int64
In [23]: ser_obj3.reindex(range(6), method='ffill') # 重新索引，前向填充值
Out[23]:
```

```
          0    1
          1    1
          2    3
          3    3
          4    5
          5    5
dtype: int64
In [24]: ser_obj3.reindex(range(6), method='bfill')# 重新索引，后向填充值
Out[24]:
          0    1
          1    3
          2    3
          3    5
          4    5
          5    7
          dtype: int64
```

上述示例中，创建了一个 ser_obj3 对象，并为其指定索引为 "0、2、4、6"，接着又调用了 reindex() 方法对索引重新排列，变为 "0、1、2、3、4、5"。

当 method 参数的值设为 "ffill" 时，则表示会使用前一个索引对应的数据填充到缺失的位置。因此，索引 "1" 会填充索引 "0" 对应的数据 "1"，索引 "3" 会填充索引 "2" 对应的数据 "3"，依此类推。

当 method 参数的值改为 "bfill" 时，则表示会使用后一个索引对应的数据填充到缺失的位置。因此，索引 "1" 会填充索引 "2" 对应的数据 "3"，索引 "3" 会填充索引 "4" 对应的数据 "5"，依此类推。

3.2.3 索引操作

Series 类对象属于一维结构，它只有行索引，而 DataFrame 类对象属于二维结构，它同时拥有行索引和列索引。由于它们的结构有所不同，所以它们的索引操作也会有所不同。接下来，分别为大家介绍 Series 和 DataFrame 的相关索引操作，具体内容如下。

1. Series 的索引操作

Series 有关索引的用法类似于 NumPy 数组的索引，只不过 Series 的索引值不只是整数。如果我们希望获取某个数据，既可以通过索引的位置来获取，也可以使用索引名称来获取，示例代码如下。

```
In [25]: import pandas as pd
         ser_obj=pd.Series([1, 2, 3, 4, 5], index=['a', 'b', 'c', 'd', 'e'])
         ser_obj[2]              # 使用索引位置获取数据
Out[25]: 3
In [26]: ser_obj['c']           # 使用索引名称获取数据
Out[26]: 3
```

当然，Series 也可以使用切片来获取数据。不过，如果使用的是位置索引进行切片，则切片结果和 list 切片类似，即包含起始位置但不包含结束位置；如果使用索引名称进行切片，则切片结果是包含结束位置的，示例代码如下。

```
In [27]: ser_obj[2: 4]                # 使用位置索引进行切片
Out[27]:
        c    3
        d    4
        dtype: int64
In [28]: ser_obj['c': 'e']            # 使用索引名称进行切片
Out[28]:
        c    3
        d    4
        e    5
        dtype: int64
```

如果希望获取的是不连续的数据，则可以通过不连续索引来实现，具体示例代码如下。

```
In [29]: ser_obj[[0, 2, 4]]          # 通过不连续位置索引获取数据集
Out[29]:
        a    1
        c    3
        e    5
        dtype: int64
In [30]: ser_obj[['a', 'c', 'd']]    # 通过不连续索引名称获取数据集
Out[30]:
        a    1
        c    3
        d    4
        dtype: int64
```

布尔型索引同样适用于 Pandas，具体的用法跟数组的用法一样，将布尔型的数组索引作为模板筛选数据，返回与模板中 True 位置对应的元素，具体代码如下。

```
In [31]: ser_bool=ser_obj>2          # 创建布尔型 Series 对象
        ser_bool
Out[31]: a    False
        b    False
        c    True
        d    True
        e    True
dtype: bool
In [32]: ser_obj[ser_bool]           # 获取结果为 True 的数据
Out[32]:
        c    3
        d    4
        e    5
        dtype: int64
```

2. DataFrame 的索引操作

DataFrame 结构既包含行索引，也包含列索引。其中，行索引是通过 index 属性进行获取的，列索引是通过 columns 属性进行获取的，索引的结构如图 3-3 所示。

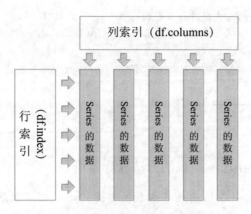

图 3-3　DataFrame 索引示意图

通过图 3-3 可以看出，DataFrame 中每列的数据都是一个 Series 对象，我们可以使用列索引进行获取。例如，创建一个 3 行 4 列的 DataFrame 对象，并获取其中的 1 列数据，具体代码如下。

```
In [33]: arr=np.arange(12).reshape(3, 4)
         # 创建 DataFrame 对象，并为其指定列索引
         df_obj = pd.DataFrame(arr, columns=['a', 'b', 'c', 'd'])
         df_obj
Out[33]:
   a  b   c   d
0  0  1   2   3
1  4  5   6   7
2  8  9  10  11
In [34]: df_obj['b']                        # 获取 b 列的数据
Out[34]:
0    1
1    5
2    9
Name: b, dtype: int32
In [35]: type(df_obj['b'])
Out[35]: pandas.core.series.Series
```

如果要从 DataFrame 中获取多个不连续的 Series 对象，则同样可以使用不连续索引进行实现，具体示例代码如下。

```
In [36]: df_obj[['b', 'd']]                 # 获取不连续的 Series 对象
Out[36]:
   b   d
0  1   3
1  5   7
2  9  11
In [37]: df_obj[: 2]                        # 使用切片获取第 0~1 行的数据
Out[37]:
   a  b  c  d
0  0  1  2  3
1  4  5  6  7
```

```
In [38]:  # 使用多个切片先通过行索引获取第 0~2 行的数据，
          # 再通过不连续列索引获取第 b、d 列的数据
          df_obj[: 3][['b', 'd']]
Out[38]:
    b   d
0   1   3
1   5   7
2   9   11
```

☕ **多学一招：使用 Pandas 提供的方法操作索引**

虽然 DataFrame 操作索引能够满足基本数据查看请求，但是仍然不够灵活。为此，Pandas 库中提供了操作索引的方法来访问数据，具体包括：

◆ loc：基于标签索引（索引名称，如 a、b 等），用于按标签选取数据。当执行切片操作时，既包含起始索引，也包含结束索引。

◆ iloc：基于位置索引（整数索引，从 0 到 length−1），用于按位置选取数据。当执行切片操作时，只包含起始索引，不包含结束索引。

iloc 方法主要使用整数来索引数据，而不能使用字符标签来索引数据。而 loc 方法恰恰相反，它只能使用字符标签来索引数据，而不能使用整数来索引数据。不过，当 DataFrame 对象的行索引或列索引使用的是整数时，则其就可以使用整数来索引。

假设，现在有一个 DataFrame 对象，具体代码如下。

```
In [39]:  arr=np.arange(16).reshape(4, 4)
          dataframe_obj=pd.DataFrame(arr, columns=['a', 'b', 'c', 'd'])
          dataframe_obj
Out[39]:
    a   b   c   d
0   0   1   2   3
1   4   5   6   7
2   8   9   10  11
3   12  13  14  15
```

接下来，我们通过一段示例程序来演示如何使用上述方法来获取 DataFrame 中多列的数据，具体代码如下。

```
In [40]:  dataframe_obj.loc[:, ["c", "a"]]
In [41]:  dataframe_obj.iloc[:, [2, 0]]
```

它们两个输出的结果一样，具体如下：

```
    c   a
0   2   0
1   6   4
2   10  8
3   14  12
```

还可以通过 loc 方法和 iloc 方法使用花式索引来访问数据，具体代码如下。

```
In [43]:  dataframe_obj.loc[1:2, ['b','c']]
In [44]:  dataframe_obj.iloc[1:3, [1, 2]]
```

它们两个输出的结果也是一样的，具体如下：

```
    b   c
1   5   6
2   9   10
```

3.3 算术运算与数据对齐

Pandas 执行算术运算时，会先按照索引进行对齐，对齐以后再进行相应的运算，没有对齐的位置会用 NaN 进行补齐。其中，Series 是按行索引对齐的，DataFrame 是按行索引、列索引对齐的。

假设有两个 Series 对象，创建它们的示例代码如下。

```
In [45]: obj_one=pd.Series(range(10, 13), index=range(3))
         obj_one
Out[45]:
0    10
1    11
2    12
dtype: int64
In [46]: obj_two=pd.Series(range(20, 25), index=range(5))
         obj_two
Out[46]:
0    20
1    21
2    22
3    23
4    24
dtype: int32
```

上述示例中创建了两个 Series 对象：obj_one 和 obj_two，从输出结果可以看出，obj_one 比 obj_two 少两行数据。

如果要对 obj_one 与 obj_two 进行加法运算，则会将它们按照索引先进行对齐，对齐的位置进行加法运算，没有对齐的位置使用 NAN 值进行填充，具体代码如下。

```
In [47]: obj_one + obj_two      # 执行相加运算
Out[47]:
0    30.0
1    32.0
2    34.0
3     NaN
4     NaN
dtype: float64
```

如果希望不使用 NAN 填充缺失数据，则可以在调用 add 方法时提供 fill_value 参数的值，fill_value 将会使用对象中存在的数据进行补充，具体示例代码如下。

```
In [48]: obj_one.add(obj_two, fill_value=0)     # 执行加法运算，补充缺失值
Out[48]:
```

```
0      30.0
1      32.0
2      34.0
3      23.0
4      24.0
dtype: float64
```

当然其他的算术运算也是类似的，这里就不再过多赘述了。

3.4 数据排序

在数据处理中，数据的排序也是常见的一种操作。由于 Pandas 中存放的是索引和数据的组合，所以它既可以按索引进行排序，也可以按数据进行排序。接下来，本节将针对排序功能进行介绍。

3.4.1 按索引排序

Pandas 中按索引排序使用的是 sort_index() 方法，该方法可以用行索引或者列索引进行排序。sort_index() 方法的语法格式如下：

```
sort_index(axis=0, level=None, ascending=True, inplace=False,
  kind ='quicksort', na_position='last', sort_remaining=True )
```

上述方法中常用参数的说明如下：

（1）axis：轴索引（排序的方向），0 表示 index（按行），1 表示 columns（按列）。

（2）level：若不为 None，则对指定索引级别的值进行排序。

（3）ascending：是否升序排列，默认为 True，表示升序。

（4）inplace：默认为 False，表示对数据表进行排序，不创建新的实例。

（5）kind：选择排序算法。

默认情况下，Pandas 对象是按照升序排列，当然也可以通过参数 ascending=False 改为降序排列。

接下来，通过一些简单的示例来演示如何按索引对 Series 和 DataFrame 分别进行排序，具体代码如下。

```
In [49]:   import pandas as pd
           ser_obj=pd.Series(range(10, 15), index=[5, 3, 1, 3, 2])
           ser_obj
Out[49]:
5      10
3      11
1      12
3      13
2      14
dtype: int64
In [50]: ser_obj.sort_index()                          # 按索引进行升序排列
Out[50]:
```

```
1     12
2     14
3     11
3     13
5     10
dtype: int64
In [51]: ser_obj.sort_index(ascending=False)          # 按索引进行降序排列
Out[51]:
5     10
3     11
3     13
2     14
1     12
dtype: int64
```

对 DataFrame 的索引进行排序，示例代码如下。

```
In [52]:   import pandas as pd
           import numpy as np
           df_obj=pd.DataFrame(np.arange(9).reshape(3, 3), index=[4, 3, 5])
           df_obj
Out[52]:
     0  1  2
4    0  1  2
3    3  4  5
5    6  7  8
In [53]: df_obj.sort_index()                           # 按行索引升序排列
Out[53]:
     0  1  2
3    3  4  5
4    0  1  2
5    6  7  8
In [54]: df_obj.sort_index(ascending=False)            # 按行索引降序排列
Out[54]:
     0  1  2
5    6  7  8
4    0  1  2
3    3  4  5
```

需要注意的是，当对 DataFrame 进行排序操作时，要注意轴的方向。如果没有指定 axis 参数的值，则默认会按照行索引进行排序；如果指定 axis=1，则会按照列索引进行排序。

3.4.2　按值排序

Pandas 中用来按值排序的方法为 sort_values()，该方法的语法格式如下。

```
sort_values(by, axis=0, ascending=True, inplace=False, kind='quicksort',
            na_position='last')
```

上述方法的参数与 sort_index() 的参数几乎一样。其中，by 参数表示排序的列，na_position 参数只有两个值：first 和 last，若设为 first，则会将 NaN 值放在开头；若设为 False，则会将 NaN 值放在最后。

按值的大小对 Series 进行排序的示例代码如下。

```
In [55]: ser_obj=pd.Series([4, np.nan, 6, np.nan, -3, 2])
         ser_obj
Out[55]:
0    4.0
1    NaN
2    6.0
3    NaN
4   -3.0
5    2.0
dtype: float64
In [56]: ser_obj.sort_values()      # 按值升序排列
Out[56]:
4   -3.0
5    2.0
0    4.0
2    6.0
1    NaN
3    NaN
dtype: float64
```

需要注意的是，当 Series 对象调用 sort_values() 方法按值进行排序时，所有缺失值默认都会放在末尾。

在 DataFrame 中，sort_values() 方法可以根据一个或多个列中的值进行排序，但是需要在排序时将一个或多个列的索引传递给 by 参数才行，示例代码如下：

```
In [57]: df_obj=pd.DataFrame([[0.4, -0.1, -0.3, 0.0],
                              [0.2, 0.6, -0.1, -0.7],
                              [0.8, 0.6, -0.5, 0.1]])
         df_obj
Out[57]:
     0     1     2     3
0   0.4  -0.1  -0.3   0.0
1   0.2   0.6  -0.1  -0.7
2   0.8   0.6  -0.5   0.1
In [58]: df_obj.sort_values(by=2)    # 对列索引为 2 的数据进行排序
Out[58]:
     0     1     2     3
2   0.8   0.6  -0.5   0.1
0   0.4  -0.1  -0.3   0.0
1   0.2   0.6  -0.1  -0.7
```

▌ 3.5 统计计算与描述

Pandas 提供了很多跟数学和统计相关的方法，其中大部分都属于汇总统计，用来从 Series 中获取某个值（如 max 或 min），或者从 DataFrame 的列中提取一列数据（如 sum）。接下来，本节将针对统计计算与描述进行详细讲解。

3.5.1 常用的统计计算

Pandas 为我们提供了非常多的描述性统计分析的指标方法，比如总和、均值、最小值、最大值等。接下来，通过一张表来罗列常用的描述性统计方法，以及它们的具体说明，如表3-2所示。

表 3-2 常用描述性统计方法及说明

函 数 名 称	说 明	函 数 名 称	说 明
sum	计算和	std	样本值的标准差
mean	计算平均值	skew	样本值的偏度（三阶矩）
median	获取中位数	kurt	样本值的峰度（四阶矩）
max、min	获取最大值和最小值	cumsum	样本值的累积和
idxmax、idxmin	获取最大和最小索引值	cummin、cummax	样本值的累积最小值和累积最大值
count	计算非 NaN 值的个数	cumprod	样本值的累计积
head	获取前 N 个值	describe	对 Series 和 DataFrame 列计算汇总统计
var	样本值的方差		

下面通过一些示例来演示上述部分方法的使用。例如，创建一个3行4列的 DataFrame 对象，它的列索引为"a、b、c、d"，具体代码如下。

```
In [59]: df_obj = pd.DataFrame(np.arange(12).reshape(3, 4),
                               columns=['a', 'b', 'c', 'd'])
         df_obj
Out[59]:
    a  b   c   d
0   0  1   2   3
1   4  5   6   7
2   8  9  10  11
```

然后，让 DataFrame 对象依次调用 sum()、max() 和 min() 方法，分别执行求和、求最大值和最小值的运算，具体代码如下。

```
In [60]: df_obj.sum()          # 计算每列的和
Out[60]:
a    12
b    15
c    18
d    21
dtype: int64
In [61]: df_obj.max()          # 获取每列的最大值
Out[61]:
a     8
b     9
c    10
```

```
d     11
dtype: int32
In [62]: df_obj.min(axis=1)      # 沿着横向轴，获取每行的最小值
Out[62]:
0    0
1    4
2    8
dtype: int32
```

通过结果可以看出，DataFrame 默认优先以纵向轴进行计算，除非在调用这些统计方法时，显式地指明沿着横向轴方向，即 axis=1，才会对每行的数据进行计算。

3.5.2 统计描述

如果希望一次性输出多个统计指标，比如平均值、最大值、最小值、求和等，则我们可以调用 describe() 方法实现，而不用再单独地逐个调用相应的统计方法。describe() 方法的语法格式如下：

```
describe(percentiles=None, include=None, exclude=None)
```

上述方法中常用参数的含义如下：

◆ percentiles：输出中包含的百分数，位于 [0,1] 之间。如果不设置该参数，则默认为 [0.25,0.5,0.75]，返回 25%，50%，75% 分位数。

◆ include，exclude：指定返回结果的形式。

例如，创建一个 DataFrame 对象来描述它的多个统计指标，具体代码如下。

```
In [63]: df_obj = pd.DataFrame([[12, 6, -11, 19],
                                [-1, 7, 50, 36],
                                [5, 9, 23, 28]])
         df_obj
Out[63]:
    0   1    2    3
0  12   6  -11   19
1  -1   7   50   36
2   5   9   23   28
In [64]: df_obj.describe()        # 输出多个统计指标
Out[64]:
               0          1          2          3
count   3.000000   3.000000   3.000000   3.000000
mean    5.333333   7.333333  20.666667  27.666667
std     6.506407   1.527525  30.566867   8.504901
min    -1.000000   6.000000 -11.000000  19.000000
25%     2.000000   6.500000   6.000000  23.500000
50%     5.000000   7.000000  23.000000  28.000000
75%     8.500000   8.000000  36.500000  32.000000
max    12.000000   9.000000  50.000000  36.000000
```

▎3.6　层次化索引

某公司使用图表绘制了 2014 年每月的销售额，其中，图 3-4 为该公司 2014 年销售额的三维柱状图，图 3-5 为该公司 2014 年销售额的二维柱状图。经过比较可以发现，两者都能够很好地反映出每个月份的销售成本、销售金额与盈利，不过，三维的数据要比二维数据操作更麻烦一些。

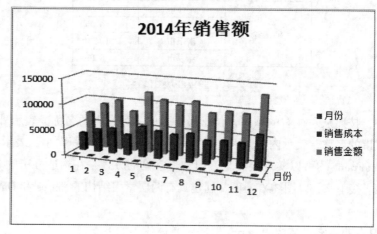

图 3-4　三维柱状图

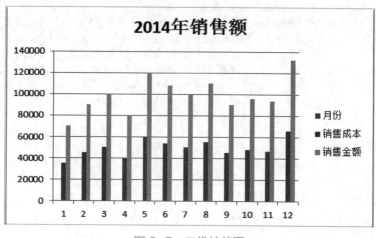

图 3-5　二维柱状图

像上述这种情况，我们更希望能够以低维度的形式来展示多维度数据的效果，而 Pandas 中的层次化索引恰好是此类问题的解决方案。接下来，本节将针对层次化索引进行详细的讲解。

3.6.1　认识层次化索引

前面所涉及的 Pandas 对象都只有一层索引结构（行索引、列索引），又称为单层索引，层次化索引可以理解为单层索引的延伸，即在一个轴方向上具有多层索引。

对于两层索引结构来说，它可以分为内层索引和外层索引。以某些省市的面积表格为例，我们来认识一下什么是层次化索引，具体如图 3-6 所示。

单位：平方千米

河北省	石家庄市	15 848
	唐山市	13 472
	邯郸市	12 073.8
	秦皇岛市	7 813
河南省	郑州市	7 446
	开封市	6 444
	洛阳市	15 230
	新乡市	8 269

图 3-6　层次化索引图示

在图 3-6 中，按照从左往右的顺序，位于最左边的一列是省的名称，表示外层索引，位于中间的一列是城市的名称，表示内层索引，位于最右边的一列是面积大小，表示数据。

Series 和 DataFrame 均可以实现层次化索引，最常见的方式是在构造方法的 index 参数中传入一个嵌套列表。接下来，以图 3-6 为例，创建具有两层索引结构的 Series 和 DataFrame 对象，具体如下：

（1）创建具有两层索引结构的 Series 对象，具体代码如下。

```
In [65]: import numpy as np
         import pandas as pd
         mulitindex_series = pd.Series([15848,13472,12073.8,
             7813,7446,6444,15230,8269],
               index=[['河北省','河北省','河北省','河北省',
                      '河南省','河南省','河南省','河南省'],
                      ['石家庄市','唐山市','邯郸市','秦皇岛市',
                      '郑州市','开封市','洛阳市','新乡市']])
         mulitindex_series
Out[65]:
河北省    石家庄市      15848.0
       唐山市       13472.0
       邯郸市       12073.8
       秦皇岛市       7813.0
河南省    郑州市        7446.0
       开封市        6444.0
       洛阳市       15230.0
       新乡市        8269.0
```

上述示例中，在使用构造方法创建 Series 对象时，index 参数接收了一个嵌套列表来设置索引的层级，其中，嵌套的第一个列表会作为外层索引，而嵌套的第二个列表会作为内层索引。

（2）创建具有两层索引结构的 DataFrame 对象，具体代码如下。

```
In [66]: import pandas as pd
         from pandas import DataFrame, Series
         # 占地面积为增加的列索引
```

```
          mulitindex_df = DataFrame({'占地面积':[15848, 13472, 12073.8,
                              7813, 7446, 6444, 15230, 8269]},
                    index=[['河北省','河北省','河北省','河北省',
                            '河南省','河南省','河南省','河南省'],
                           ['石家庄市','唐山市','邯郸市','秦皇岛市',
                            '郑州市','开封市','洛阳市','新乡市']])
          mulitindex_df
Out[66]:
                          占地面积
河北省      石家庄市      15848.0
         唐山市       13472.0
         邯郸市       12073.8
         秦皇岛市       7813.0
河南省      郑州市        7446.0
         开封市        6444.0
         洛阳市       15230.0
         新乡市        8269.0
```

使用 DataFrame 生成层次化索引的方式与 Series 生成层次化索引的方式大致相同，都是对参数 index 进行设置。

需要注意的是，在创建层次化索引对象时，嵌套函数中两个列表的长度必须是保持一致的，否则将会出现 ValueError 错误。

除了使用嵌套列表的方式构造层次化索引以外，还可以通过 MultiIndex 类的方法构建一个层次化索引。MultiIndex 类提供了 3 种创建层次化索引的方法，具体如下：

◆ MultiIndex.from_tuples()：将元组列表转换为 MultiIndex。

◆ MultiIndex.from_arrays()：将数组列表转换为 MultiIndex。

◆ MultiIndex.from_product()：从多个集合的笛卡儿乘积中创建一个 MultiIndex。

使用上面的任一种方法，都可以返回一个 MultiIndex 类对象。在 MultiIndex 类对象中有三个比较重要的属性，分别是 levels、labels 和 names，其中，levels 表示每个级别的唯一标签，labels 表示每一个索引列中每个元素在 levels 中对应的第几个元素，names 可以设置索引等级名称。

为了让读者更好地理解，接下来，分别使用上面介绍的三种方法来创建 MultiIndex 对象，具体内容如下。

1. 通过 from_tuples() 方法创建 MultiIndex 对象

from_tuples() 方法可以将包含若干个元组的列表转换为 MultiIndex 对象，其中元组的第一个元素作为外层索引，元组的第二个元素作为内层索引，示例代码如下。

```
In [67]: from pandas import MultiIndex
         # 创建包含多个元组的列表
         list_tuples = [('A','A1'), ('A','A2'), ('B','B1'),
                        ('B','B2'), ('B','B3')]
         # 根据元组列表创建一个 MultiIndex 对象
         multi_index = MultiIndex.from_tuples(tuples=list_tuples,
                                 names=['外层索引','内层索引'])
         multi_index
```

```
Out[67]:
MultiIndex(levels=[['A', 'B'], ['A1', 'A2', 'B1', 'B2', 'B3']],
          labels=[[0, 0, 1, 1, 1], [0, 1, 2, 3, 4]],
          names=['外层索引', '内层索引'])
```

上述示例中，通过 from_tuples() 方法创建了一个 MultiIndex 对象，其中，传入的 tuples 参数是一个包含多个元组的列表，这表示元组的第一个元素会是外层索引，第二个元素会是内层索引，传入的 names 参数是一个包含两个字符串的列表，代表着两层索引的名称。

接下来，创建一个 DataFrame 对象，把刚刚创建的 multi_index 传递给 index 参数，让该对象具有两层索引结构，示例代码如下。

```
In [68]: # 导入所需要的包
         import pandas as pd
         values=[[1, 2, 3], [8, 5, 7], [4, 7, 7], [5, 5, 4], [4, 9, 9]]
         df_indexs = pd.DataFrame(data=values, index=multi_index)
         df_indexs
Out[68]:
                        0  1  2
         外层索引   内层索引
          A       A1     1  2  3
                  A2     8  5  7
          B       B1     4  7  7
                  B2     5  5  4
                  B3     4  9  9
```

2. 通过 from_arrays() 方法创建 MultiIndex 对象

from_arrays() 方法是将数组列表转换为 MultiIndex 对象，其中嵌套的第一个列表将作为外层索引，嵌套的第二个列表将作为内层索引，示例代码如下。

```
In [69]: from pandas import MultiIndex
         # 根据列表创建一个 MultiIndex 对象
         multi_array = MultiIndex.from_arrays(arrays=
                       [['A', 'B', 'A', 'B', 'B'],
                        ['A1', 'A2', 'B1', 'B2', 'B3']],
                       names=['外层索引','内层索引'])
         multi_array
Out[69]:
MultiIndex(levels=[['A', 'B'], ['A1', 'A2', 'B1', 'B2', 'B3']],
          labels=[[0, 1, 0, 1, 1], [0, 1, 2, 3, 4]],
          names=['outer_index', 'inner_index'])
```

上述代码中，在创建 MultiIndex 对象时，arrays 参数接收了一个嵌套列表，表示多层索引的标签。需要注意的是，参数 arrays 既可以接收列表，也可以接收数组，不过每个列表或数组的长度必须是相同的。

接下来，创建一个 DataFrame 对象，把刚刚创建的 multi_array 传递给 index 参数，让该对象具有层级索引结构，示例代码如下。

```
In [70]: # 导入所需要的包
         import pandas as pd
```

```
         import numpy as np
         values=np.array([[1, 2, 3], [8, 5, 7], [4, 7, 7],
                          [5, 5, 4], [4, 9, 9]])
         df_array=pd.DataFrame(data=values, index=multi_array)
         df_array
Out[70]:
                     0   1   2
外层索引   内层索引
   A        A1       1   2   3
   B        A2       8   5   7
   A        B1       4   7   7
   B        B2       5   5   4
            B3       4   9   9
```

3. 通过 from_product() 方法创建 MultiIndex 对象

from_product() 方法表示从多个集合的笛卡儿乘积中创建一个 MultiIndex 对象，示例代码如下。

```
In [71]: from pandas import MultiIndex
         import pandas as pd
         numbers=[0, 1, 2]
         colors=['green', 'purple']
         multi_product=pd.MultiIndex.from_product(
                      iterables=[numbers, colors],
                      names=['number', 'color'])
         multi_product
Out[71]:
MultiIndex(levels=[[0, 1, 2], ['green', 'purple']],
          labels=[[0, 0, 1, 1, 2, 2], [0, 1, 0, 1, 0, 1]],
          names=['number', 'color'])
```

接下来，创建一个 DataFrame 对象，把刚刚创建的 multi_product 传递给 index 参数，让该对象具有两层索引结构，示例代码如下。

```
In [72]: # 导入所需要的包
         import pandas as pd
         # 使用变量 values 接收 DataFrame 对象的值
         values=np.array([[7, 5], [6, 6], [3, 1], [5, 5], [4, 5], [5, 3]])
         df_product=pd.DataFrame(data=values, index=multi_product)
         df_product
Out[72]:
                     0   1
number     color
   0       green     7   5
           purple    6   6
   1       green     3   1
           purple    5   5
   2       green     4   5
           purple    5   3
```

☕ 多学一招: 笛卡儿乘积

在数学中, 两个集合 X 和 Y 的笛卡儿积, 又称直积, 表示为 X × Y, 第一个对象是 X 的成员, 而第二个对象是 Y 的所有可能有序对的其中一个成员 。

假设集合 A={a, b}, 集合 B={0, 1, 2}, 则两个集合的笛卡儿积为 {(a, 0), (a, 1), (a, 2), (b, 0), (b, 1), (b, 2)}。

3.6.2　层次化索引的操作

有关层次化索引的常用操作包括选取子集操作、交换分层顺序和排序分层。其中, 交换分层顺序是指外层索引与内层索引互换。接下来, 我们来一一介绍这三种操作。

1. 选取子集操作

假设某商城在 3 月份统计了书籍的销售情况, 并记录在如图 3-7 所示的表格 (部分) 中。

单位: 本

小说	《平凡的世界》	50
	《骆驼祥子》	60
	《狂人日记》	40
散文随笔	《皮囊》	94
	《浮生六记》	63
	《自在独行》	101
传记	《曾国藩》	200
	《老舍自传》	56
	《知行合一王阳明》	45

图 3-7　某商城图书的月销售情况

图 3-7 的表格中, 从左边数第 1 列的数据表示书籍的类别, 第 2 列的数据表示书籍的名称, 第 3 列的数据表示书籍的销售数量。其中, 第 1 列内容作为外层索引使用, 第 2 列内容作为内层索引使用。

如果商城管理员需要统计小说类图书销售的情况, 则可以从表中筛选出外层索引标签为小说的子集, 具体代码如下。

```
In [73]: from pandas import Series
         ser_obj=Series([50, 60, 40, 94, 63, 101, 200, 56, 45],
                   index=[['小说', '小说', '小说',
                           '散文随笔', '散文随笔', '散文随笔',
                           '传记', '传记', '传记'],
                          ['平凡的世界', '骆驼祥子', '狂人日记',
                           '皮囊', '浮生六记', '自在独行',
                           '曾国藩', '老舍自传', '知行合一王阳明']])
         ser_obj
Out[73]:
小说              平凡的世界                    50
                骆驼祥子                    60
```

```
                          狂人日记                    40
       散文随笔            皮囊                      94
                          浮生六记                  63
                          自在独行                  101
       传记                曾国藩                    200
                          老舍自传                  56
                          知行合一王阳明            45
dtype: int64
In [74]: ser_obj[' 小说 ']                   # 获取所有外层索引为"小说"的子集
Out[74]:
平凡的世界          50
骆驼祥子            60
狂人日记            40
dtype: int64
```

假设当前知道书籍的名称为"自在独行"，但其所属的类别和销售数量并不清楚，此时我们可以通过对象名 [:,' 书籍名称 '] 方式获取，示例代码如下。

```
In [75]: ser_obj[:,' 自在独行 ']            # 获取内层索引对应的子集
Out[75]:
散文随笔      101
```

2. 交换分层顺序

交换分层顺序是指交换外层索引和内层索引的位置。假设将图 3-7 中的表格进行交换分层操作，则交换前后的结果如图 3-8 所示。

小说	《平凡的世界》	50		《平凡的世界》	小说	50
	《骆驼祥子》	60		《骆驼祥子》	小说	60
	《狂人日记》	40		《狂人日记》	小说	40
散文随笔	《皮囊》	94		《皮囊》	散文随笔	94
	《浮生六记》	63		《浮生六记》	散文随笔	63
	《自在独行》	101		《自在独行》	散文随笔	101
传记	《曾国藩》	200		《曾国藩》	传记	200
	《老舍自传》	56		《老舍自传》	传记	56
	《知行合一王阳明》	45		《知行合一王阳明》	传记	45

交换索引前　　　　　　　　　　　　　交换索引后

图 3-8 交换层次化索引的顺序

在 Pandas 中，交换分层顺序的操作可以使用 swaplevel() 方法来完成。接下来，我们通过 swaplevel() 方法来完成图 3-8 所示的效果，交换外层索引和内层索引的顺序，具体示例代码如下。

```
In [76]: ser_obj.swaplevel()                 # 交换外层索引与内层索引位置
Out[76]:
平凡的世界          小说          50
骆驼祥子            小说          60
```

```
狂人日记          小说            40
皮囊            散文随笔          94
浮生六记          散文随笔          63
自在独行          散文随笔          101
曾国藩           传记            200
老舍自传          传记            56
知行合一王阳明       传记            45
dtype: int64
```

通过结果可以看出，外层索引和内层索引完成了交换，而且交换后它们对应的数据没有发生任何变化。

3. 排序分层

要想按照分层索引对数据排序，则可以通过 sort_index() 方法实现，该方法的语法格式如下：

```
sort_index(axis=0, level=None, ascending=True, inplace=False,
           kind='quicksort', na_position='last',
           sort_remaining=True, by=None )
```

上述方法的部分参数含义如下：

（1）by：表示按指定的值排序。

（2）ascending：布尔值，表示是否升序排列，默认为 True。

在使用 sort_index() 方法排序时，会优先选择按外层索引进行排序，然后再按照内层索引进行排序。假设有一个具有两层索引的表格，它按照索引排序前与排序后的效果如图 3-9 所示。

图 3-9　按外层索引排序

接下来，我们通过一段示例程序来演示如何对具有多层索引结构的 Pandas 对象进行排序，具体内容如下。

首先，我们使用 DataFrame 类创建一个与图 3-9 左侧表格结构相同的对象，具体示例代码如下。

```
In [77]: from pandas import DataFrame
         df_obj=DataFrame({'word':['a','b','d','e','f','k','d','s','l'],
```

```
                        'num':[1, 2, 4, 5, 3, 2, 6, 2, 3]},
                index=[['A', 'A', 'A', 'C', 'C', 'C', 'B', 'B', 'B'],
                       [1, 3, 2, 3, 1, 2, 4, 5, 8]])
            df_obj
Out[77]:
        word   num
A   1    a     1
    3    b     2
    2    d     4
C   3    e     5
    1    f     3
    2    k     2
B   4    d     6
    5    s     2
    8    l     3
```

然后，调用 sort_index() 方法按照索引对 df_obj 进行排序，具体代码如下：

```
In [78]: df_obj.sort_index()          # 按索引排序
Out[78]:
        word   num
A 1      a     1
  2      d     4
  3      b     2
B 4      d     6
  5      s     2
  8      l     3
C 1      f     3
  2      k     2
  3      e     5
```

通过比较排序前和排序后输出的结果可以看出，外层索引按字母表顺序进行排列，内层索引按照从小到大的顺序进行升序排序，且每行对应的数据均随着索引的位置而发生移动。

如果希望按照 num 一列进行排序，则可以在调用 sort_index() 方法时传入 by 参数，示例代码如下：

```
In [79]: # 按 num 列降序排列
         df_obj.sort_index(by = ['num'], ascending = False)
Out[79]:
        word   num
B 4      d     6
C 3      e     5
A 2      d     4
C 1      f     3
B 8      l     3
A 3      b     2
C 2      k     2
B 5      s     2
A 1      a     1
```

▍3.7　读写数据操作

在对数据进行分析时，通常不会将需要分析的数据直接写入到程序中，这样不仅造成程序代码臃肿，而且可用率很低。常用的方法是将需要分析的数据存储到本地中，之后再对存储文件进行读取。针对不同的存储文件，Pandas 读取数据的方式是不同的。接下来，本节将针对常用存储格式文件的读写进行介绍。

3.7.1　读写文本文件

CSV 文件是一种纯文本文件，可以使用任何文本编辑器进行编辑，它支持追加模式，节省内存开销。因为 CSV 文件具有诸多的优点，所以在很多时候会将数据保存到 CSV 文件中。

Pandas 中提供了 read_csv() 函数与 to_csv() 方法，分别用于读取 CSV 文件和写入 CSV 文件，关于他们的具体介绍如下：

1. 通过 to_csv() 方法将数据写入 CSV 文件

to_csv() 方法的功能是将数据写入到 CSV 文件中，其语法格式如下：

```
to_csv(path_or_buf=None,sep=',',na_rep='',float_format=None,
    columns=None,header=True, index=True, index_label=None, mode='w',
    encoding=None, compression=None,quoting=None,quotechar='"',
    line_terminator='\n',chunksize=None, tupleize_cols=None,
    date_format=None, doublequote=True, escapechar=None, decimal='.')
```

上述方法中常用参数表示的含义如下：

（1）path_or_buf：文件路径。

（2）index：布尔值，默认为 True。若设为 False，则将不会显示索引。

（3）sep：分隔符，默认用“.”隔开。

如果指定的路径下文件不存在，则会新建一个文件来保存数据；如果文件已经存在，则会将文件中的内容进行覆盖。

为了能够让大家更好地理解 to_csv() 方法的使用，接下来，通过一段示例代码来演示如何将 DataFrame 对象中的数据写入到 CSV 文件中，具体代码如下。

```
In [80]: import pandas as pd
        df = pd.DataFrame({'one_name':[1,2,3],
                          'two_name':[4,5,6]})
        # 将 df 对象写入到 csv 格式的文件中
        df.to_csv(r'E:\数据分析\itcast.csv', index=False)
        '写入完毕'
Out[80]:'写入完毕'
```

上述示例中，创建了一个 3 行 2 列的 df 对象，然后通过 to_csv() 方法将 df 对象中的数据写入到 E 盘指定的位置。为了提示程序执行结束，可以在末尾打印一句话“写入完毕”，提示程序是否执行完成。

代码执行成功后，会在 E 盘目录中生成一个名为“itcast.csv”的文件。使用 Excel 工具打开 itcast.csv 文件，可以看到写入的数据如图 3-10 所示。

	A	B	C	D
1	one_name	two_name		
2	1	4		
3	2	5		
4	3	6		
5				
6				

图 3-10　itcast.csv 文件

2. 通过 read_csv() 函数读取 CSV 文件的数据

read_csv() 函数的作用是将 CSV 文件的数据读取出来，并转换成 DataFrame 对象。read_csv() 函数的语法格式如下。

```
read_csv(filepath_or_buffer,sep=',', delimiter=None,
    header='infer', names=None, index_col=None, usecols=None,
    squeeze=False, prefix=None, mangle_dupe_cols=True, dtype=None ...)
```

上述函数中常用参数表示的含义如下：

（1）filepath_or_buffer：表示文件路径，可以为 URL 字符串。

（2）sep：指定使用的分隔符，如果不指定默认用"，"分隔。

（3）header：指定行数用来作为列名，如果读取的文件中没有列名，则默认为 0，否则设置为 None。

（4）names：用于结果的列名列表。如果文件不包含标题行，则应该将该参数设置为 None。

（5）index_col：用作行索引的列编号或者列名，如果给定一个序列，则表示有多个行索引。

需要注意的是，在读取文件时，如果传入的是文件的路径，而不是文件名，则会出现报错，具体的解决方法是先切换到该文件的目录下，使用 os 模块获取该文件的文件名。

接下来，使用 read_csv() 函数将存储在 E 盘目录下 "itcast.csv" 文件的内容读取出来，示例代码如下。

```
In [81]: import pandas as pd
         file = open(r'E:\数据分析\itcast.csv')
         # 读取指定目录下的csv格式的文件
         file_data=pd.read_csv(file)
         file_data
Out[81]:
          one_name  two_name
     0           1         4
     1           2         5
     2           3         6
```

Text 格式的文件也是比较常见的存储数据的方式，扩展名为".txt"，它与上面提到的 CSV 文件都属于文本文件。如果希望读取 Text 文件，既可以用前面提到的 read_csv() 函数，也可以使用 read_table() 函数。

假设现在有一个名称为"itcast.txt"的 Text 文件，打开文件后的内容如图 3-11 所示。

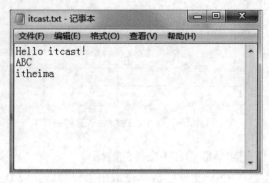

图 3-11　打开 itcast.txt 文件

接下来，使用 read_table() 函数读取 itcast.txt 文件中的数据，具体代码如下。

```
In [82]:   import pandas as pd
           file = open(r'E:\ 数据分析 \itcast.txt')
           data = pd.read_table(file)
           data
Out[82]:
      Hello itcast!
0              ABC
1          itheima
```

上述示例中，调用 read_table() 函数读取 itcast.txt 文件，默认读取时以"\t"为分隔符，并将数据转换成 data 对象展示。由于文本文件中只有三行内容，所以默认将文件中的第一行内容作为列索引。

注意：read_csv() 与 read_table() 函数的区别在于使用的分隔符不同，前者使用"，"作为分隔符，而后者使用"\t"作为分隔符。

3.7.2　读写 Excel 文件

Excel 文件也是比较常见的用于存储数据的方式，它里面的数据均是以二维表格的形式显示的，可以对数据进行统计、分析等操作。Excel 的文件扩展名有 .xls 和 .xlsx 两种。

Pandas 中提供了对 Excel 文件进行读写操作的方法，分别为 to_excel() 方法和 read_excel() 函数，关于它们的操作具体如下。

1. 使用 to_excel() 方法写入 Excel 文件

to_excel() 方法的功能是将 DataFrame 对象写入到 Excel 工作表中，该方法的语法格式如下：

```
to_excel(excel_writer,sheet_name='Sheet1',na_rep='',
    float_format=None, columns=None, header=True, index=True,
    index_label=None, startrow=0, startcol=0, engine=None,
    merge_cells=True, encoding=None, inf_rep='inf',
    verbose=True, freeze_panes=None)
```

上述方法中常用参数表示的含义如下：

（1）excel_writer：表示读取的文件路径。

（2）sheet_name：表示工作表的名称，可以接收字符串，默认为"Sheet1"。

（3）na_rep：表示缺失数据。

（4）index：表示是否写行索引，默认为 True。

为了能够让大家更好地理解，接下来，创建一个 2 行 2 列的 DataFrame 对象，之后将该对象写入到 itcast.xlsx 文件中，具体代码如下。

```
In [83]: import pandas as pd
         df1 = pd.DataFrame({'col1': ['传', '智'], 'col2': ['播', '客']})
         df1.to_excel(r'E:\ 数据分析 \itcast.xlsx','python 基础班 ')
         '写入完毕'
Out[83]: '写入完毕'
```

打开"E:\数据分析"目录下的 itcast.xlsx 文件，文件的内容如图 3-12 所示。

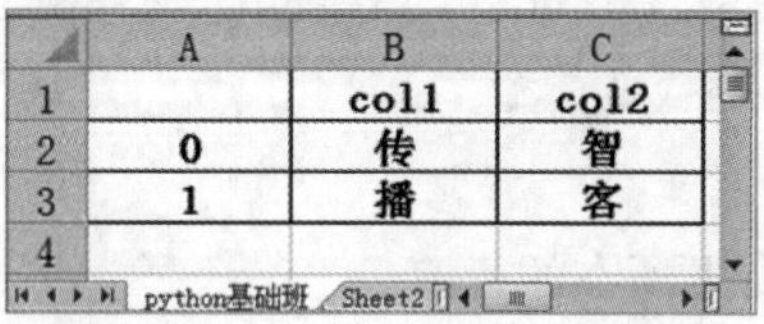

图 3-12　打开 itcast.xlsx 文件

值得一提的是，如果写入的文件不存在，则系统会自动创建一个文件，反之则会将原文中的内容进行覆盖。

2. 使用 read_excel() 函数读取 Excel 文件

read_excel() 函数的作用是将 Excel 文件中的数据读取出来，并转换成 DataFrame 对象，其语法格式如下：

```
pandas.read_excel(io,sheet_name=0,header=0,names=None,index_col=None,
   usecols=None,squeeze=False,dtype=None,engine=None,converters=None,
   true_values=None,false_values=None,skiprows=None,nrows=None,
   na_values=None,parse_dates=False,date_parser=None,
   thousands=None,comment=None,skipfooter=0,convert_float=True, **kwds)
```

上述函数中常用参数表示的含义如下：

（1）io：接收字符串，表示路径对象。

（2）sheet_name：指定要读取的工作表，可接收字符串或 int 类型，字符串指工作表名称，int 类型指工作表的索引。

（3）header：用于解析 DataFrame 的列标签。如果传入一个整数列表，则这些行会合并为一个 MultiIndex 对象。

（4）index_col：用作行索引的列编号或者列名，如果给定一个序列，则表示有多个行索引。

接下来，通过 read_excel() 函数将 itcast.xlsx 文件中的数据全部读取出来，示例代码如下。

```
In [84]:  import pandas as pd
          data=pd.read_excel(r'E:\ 数据分析 \itcast.xlsx')
```

```
        data
Out[84]:
    col1    col2
0    传      播
1    智      客
```

3.7.3 读取 HTML 表格数据

在浏览网页时，有些数据会在 HTML 网页中以表格的形式进行展示，对于这部分数据，我们可以使用 Pandas 中的 read_html() 函数进行读取，并返回一个包含多个 DataFrame 对象的列表。read_html() 函数的语法格式如下：

```
pandas.read_html(io, match='.+', flavor=None, header=None, index_col=None,
    skiprows=None, attrs=None, parse_dates=False, tupleize_cols=None,
    thousands=', ', encoding=None, decimal='.', converters=None,
    na_values=None, keep_default_na=True, displayed_only=True)
```

上述函数中常用参数表示的含义如下：

（1）io：表示路径对象。

（2）header：表示指定列标题所在的行。

（3）index_col：表示指定行标题对应的列。

（4）attrs：默认为 None，用于表示表格的属性值。

假设现在有一个 HTML 网页表格，该表格包含的数据如图 3-13 所示。

专业名称	专业代码	专业大类	专业小类	操作
哲学类	0101	哲学	哲学类	开设院校　加入对比
哲学	010101	哲学	哲学类	开设院校　加入对比
逻辑学	010102	哲学	哲学类	开设院校　加入对比
宗教学	010103	哲学	哲学类	开设院校　加入对比
伦理学	010104	哲学	哲学类	开设院校　加入对比
经济学类	0201	经济学	经济学类	开设院校　加入对比

图 3-13　网页表格数据

接下来，我们通过一个示例来演示如何使用 read_html() 函数读取 HTML 表格中的数据，具体代码如下：

```
In [85]: import pandas as pd
        import requests
        html_data=requests.get(
                'http://kaoshi.edu.sina.com.cn/college/majorlist/')
```

```
            html_table_data=pd.read_html(html_data.content,
                        encoding='utf-8')
            html_table_data[1]
    Out[85]:
                    0           1           2           3                    4
    0       专业名称        专业代码        专业大类        专业小类                 操作
    1       哲学类         0101        哲学          哲学类             开设院校 加入对比
    2       哲学          010101      哲学          哲学类             开设院校 加入对比
    3       逻辑学         010102      哲学          哲学类             开设院校 加入对比
    ···························部分数据省略···························
    18      金融工程        020302      经济学         金融学类            开设院校 加入对比
    19      保险学         020303      经济学         金融学类            开设院校 加入对比
```

值得一提的是，在使用read_html()函数读取网页中的表格数据时，需要注意网页的编码格式。

3.7.4　读写数据库

大多数情况下，海量的数据是使用数据库进行存储的，这主要是依赖于数据库的数据结构化、数据共享性、独立性等特点。因此，在实际生产环境中，绝大多数的数据都是存储在数据库中。Pandas 支持 MySQL、Oracle、SQLite 等主流数据库的读写操作。

为了高效地对数据库中的数据进行读取，这里需要引入 SQLAlchemy。SQLAlchemy 是使用 Python 编写的一款开源软件，它提供的 SQL 工具包和对象映射工具能够高效地访问数据库。在使用 SQLAlchemy 时需要使用相应的连接工具包，比如 MySQL 需要安装 mysqlconnector，Oracle 则需要安装 cx_oracle。

Pandas 的 io.sql 模块中提供了常用的读写数据库函数，具体如表 3-3 所示。

表 3-3　pandas.io.sql 模块常用的函数

函　　　数	说　　　明
read_sql_table()	将读取的整张数据表中的数据转换成 DataFrame 对象
read_sql_query()	将 SQL 语句读取的结果转换成 DataFrame 对象
read_sql()	上述两个函数的结合，既可以读数据表也可以读 SQL 语句
to_sql()	将数据写入到 SQL 数据库中。

在表 3-3 中列举了各个函数的具体功能。其中，read_sql_table() 函数与 read_sql_query() 函数都可以将读取的数据转换为 DataFrame 对象，前者表示将整张表的数据转换成 DataFrame，后者则表示将执行 SQL 语句的结果转换为 DataFrame 对象。

注意：在连接 MySQL 数据库时，这里使用的是 mysqlconnector 驱动，如果当前的 Python 环境中没有该模块，则需要使用 pip install mysql-connector 命令安装该模块。

下面以 read_sql() 函数和 to_sql() 方法为例，分别向大家介绍如何读写数据库中的数据，具体内容如下。

1.　使用 read_sql() 函数读取数据

read_sql() 函数既可以读取整张数据表，又可以执行 SQL 语句，其语法格式如下：

```
pandas.read_sql(sql,con,index_col=None,coerce_float=True,params=None,
                parse_dates=None, columns=None, chunksize=None)
```

上述函数中常用参数表示的含义如下：

（1）sql：表示被执行的 SQL 语句。

（2）con：接收数据库连接，表示数据库的连接信息。

（3）index_col：默认为 None，如果传入一个列表，则表示为层次化索引。

（4）coerce_float：将非字符串、非数字对象的值转换为浮点数类型。

（5）params：传递给执行方法的参数列表，如 params = {'name':'value'}。

（6）columns：接收 list 表示读取数据的列名，默认为 None。

如果发现数据中存在空值，则会使用 NaN 进行补全。

假设在 MySQL 数据库有一张数据表，该表中的内容如图 3-14 所示。

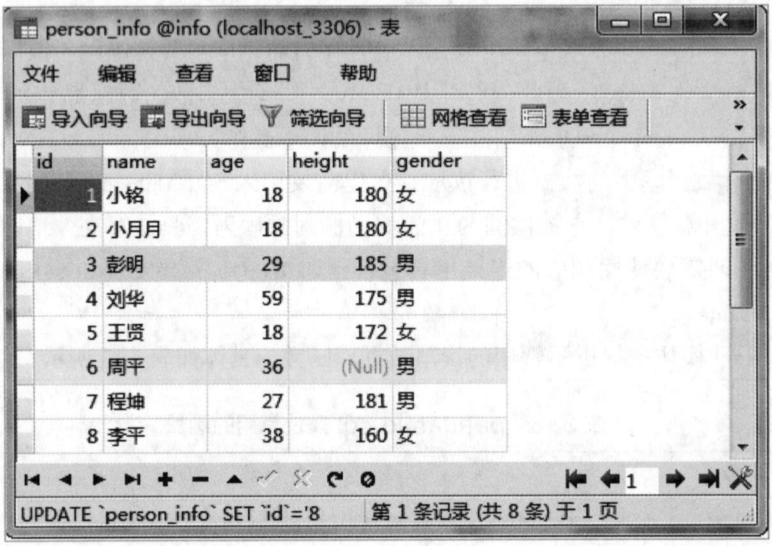

图 3-14　person_info 表

接下来，通过一个示例来演示如何使用 read_sql() 函数读取数据库中的数据表 Person_info，示例代码如下。

```
In [86]: import pandas as pd
         from sqlalchemy import create_engine
         # mysql 账号为 root  密码为 123456 数据库名：info
         # 数据表名称：person_info
         engine = create_engine('mysql+ mysqlconnector://root:123456'
                          '@127.0.0.1:3306/info')
         pd.read_sql('person_info',engine)
Out[86]:
    id   name   age   height   gender
0    1   小铭    18    180        女
1    2   小月月  18    180        女
2    3   彭明    29    185        男
```

	3	4	刘华	59	175	男
	4	5	王贤	18	172	女
	5	6	周平	36	None	男
	6	7	程坤	27	181	男
	7	8	李平	38	160	女

上述示例中，首先导入了 sqlalchemy 模块，通过 create_engine() 函数创建连接数据库的信息，然后调用 read_sql() 函数读取数据库中的 person_info 数据表，并转换成 DataFrame 对象。

注意： 在使用 create_engine() 函数创建连接时，其格式如下：'数据库类型＋数据库驱动名称：//用户名：密码 @ 机器地址：端口号 / 数据库名 '。

read_sql() 函数还可以执行一个 SQL 语句，例如，从 person_info 数据表中筛选出 id 值大于 3 的全部数据，具体的 SQL 语句如下：

```
select * from person_info where id >3;
```

根据上述 SQL 语句来读取数据库里面的数据，并将执行后的结果转换成 DataFrame 对象，示例代码如下：

```
In [87]: import pandas as pd
         from sqlalchemy import create_engine
         # mysql 账号为 root    密码为 123456 数据名: info
         # 数据表名称: person_info
         # 创建数据库引擎
         # mysql+mysqlconnector 表示使用 Mysql 数据库的 mysqlconnector 驱动
         engine=create_engine('mysql+mysqlconnector://root:123456'
                              '@127.0.0.1/info')
         sql='select * from person_info where id >3;'
         pd.read_sql(sql,engine)
Out[87]:
         id   name   age   height   gender
     0    4    刘华    59     175       男
     1    5    王贤    18     172       女
     2    6    周平    36     None      男
     3    7    成坤    27     181       男
     4    8    李平    38     160       女
```

需要强调的是，这里的 SQL 语句不仅是用于筛选的 SQL 语句，其他用于增删改查的 SQL 语句都是可以执行的。

2. 使用 to_sql() 方法将数据写入到数据库中

to_sql() 方法的功能是将 Series 或 DataFrame 对象以数据表的形式写入到数据库中，其语法格式如下：

```
to_sql (name, con, schema=None, if_exists ='fail', index=True,
        index_label=None, chunksize=None, dtype=None )
```

上述方法中，部分参数所表示的含义如下所示：

（1）name：表示数据库表的名称。

（2）con：表示数据库的连接信息。

（3）if_exists：可以取值为 fail、replace 或 append，默认为 fail。每个取值代表的含义如下：

◆ fail：如果表存在，则不执行写入操作。

◆ replace：如果表存在，则将源数据库表删除再重新创建。

◆ append：如果表存在，那么在原数据库表的基础上追加数据。

（4）index：表示是否将 DataFrame 行索引作为数据传入数据库，默认为 True。

（5）index_label：表示是否引用索引名称。如果 index 设为 True，此参数为 None，则使用默认名称；如果 index 为层次化索引，则必须使用序列类型。

接下来，通过一个示例程序来演示如何使用 Pandas 向数据库中写入数据。

首先，创建一个名称为 students_info 的数据库，具体的 SQL 语句如下。

```
create database students_info charset=utf8;
```

然后，创建一个与图 3-15 中的表格结构相同的 DataFrame 对象，它统计了每个年级中男生和女生的人数。

接着，调用 to_sql() 函数将 DataFrame 对象写入到名称为 studnets 的数据表中，具体代码如下。

	班级	男生人数	女生人数
0	一年级	25	19
1	二年级	23	17
2	三年级	27	20
3	四年级	30	20

图 3-15　年级男生与女生的信息

```
In [88]: from pandas import DataFrame,Series
         import pandas as pd
         from sqlalchemy import create_engine
         from sqlalchemy.types import *
         df = DataFrame({"班级":["一年级","二年级","三年级","四年级"],
                        "男生人数":[25,23,27,30],
                        "女生人数":[19,17,20,20]})
         # 创建数据库引擎
         # mysql+mysqlconnector 表示使用 Mysql 数据库的 mysqlconnector 驱动
         # 账号：root 密码：123456 数据库名：studnets_info
         # 数据表的名称： students
         engine=create_engine('mysql+ mysqlconnector://root:123456'
                              '@127.0.0.1/'students_info')
         df.to_sql('students',engine)
```

当程序执行结束后，可以在数据库中查看是否成功创建了数据表，以及数据是否保存成功，这里使用命令行的方式进行验证。

打开命令提示符窗口，在光标位置输入"mysql －u 数据库账号 －p 密码"进行登录。登录成功后，使用"use"命令选择 studnets_info 数据库，然后使用如下命令语句查询 students 表中的全部数据，具体命令如下。

```
select * from students
```

查询到的结果具体如图 3-16 所示。

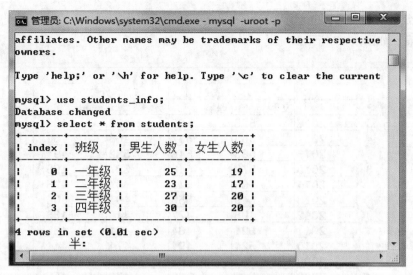

图 3-16　保存到数据库的数据

注意： 在使用 to_sql() 方法写入数据库时，如果写入的数据表名与数据库中其他的数据表名相同时，则会返回该数据表已存在的错误。

3.8　案例——北京高考分数线统计分析

为了帮助广大考生和家长了解高考历年的录取情况，很多网站上都汇总了各省市的录取控制分数线，为广大考生填报志愿提供参考。因受到多种因素的影响，每年的分数线或多或少会有一些变动。

为了让读者更好地理解和运用 Pandas 的基础知识，接下来，本节将通过一个北京市高考分数线的案例，带领大家读取 2006—2018 年录取分数线的表格，进一步分析获取的数据，以及明确近些年分数线的发展趋势。

3.8.1　案例需求

由于本章只涉及一些 Pandas 的基本知识，所以本案例主要的任务是对北京市近年来高考数据进行一些简单的操作，具体分析的要求包括：

（1）一本文理科与二本文理科最高的分数线是多少，最低的分数线是多少，相差多少分。

（2）今年与去年相比，一本文理科与二本文理科变化了多少分。

（3）求 2006—2018 年近 13 年每科分数线的平均值。

3.8.2　数据准备

明确了数据分析的目标之后，首要的任务是要准备好数据，数据采集的途径有很多种，这里我们已经从一些网站上（http://gaokao.xdf.cn/201805/10784342.html）采集了北京 2006—2018

年高考录取分数线的信息，并整理到 scores.xlsx 表格中，里面展示了一本和二本的文理科录取分数线的信息，如图 3-17 所示。

图 3-17　打开 scores.xlsx 表格

从图 3-17 的表格中可以看出，数据有两层列标题，其中，第 2~3 列的外层标题为"一本分数线"，内层标题分别为"文科"和"理科"，第 4~5 列的外层标题为"二本分数线"，内层标题分别为"文科"和"理科"。

另外，表格中的数据并没有按照任何顺序进行排列。

3.8.3　功能实现

要想对表格中的数据进行操作，需要使用 Pandas 提供的 read_excel() 函数将 scores.xlsx 表格中的数据转换成 DataFrame 对象，具体代码如下。

```
In [89]: import pandas as pd
         # 指定列标签的索引列表
         df_obj=pd.read_excel('C:/Users/admin/Desktop/scores.xlsx',
                              header=[0, 1])
         df_obj
Out[89]:
         一本分数线        二本分数线
         文科   理科     文科   理科
    2018 576  532    488  432
    2017 555  537    468  439
    2016 583  548    532  494
    2015 579  548    527  495
    2014 565  543    507  495
    2013 549  550    494  505
    2012 495  477    446  433
```

```
2011    524    484       481    435
2010    524    494       474    441
2009    532    501       489    459
2008    515    502       472    455
2007    528    531       489    478
2006    516    528       476    476
```

上述代码中，按照 scores.xlsx 文件的路径，调用 read_excel() 函数进行读取，由于表格有多个列标题，所以需要使用 header 参数确定列标签的索引 [0,1]，表明 Excel 表格前两行都是列标签。从输出结果可以看出，表格中左侧的一列数据作为行索引，表格中的最上面两行数据作为多层列索引。

注意： 如果源文件同时具有 MultiIndex 索引和列，则应将指定每个索引的列表传递给 index_col 和 header 参数。

生成 DataFrame 对象以后，我们可以看到它的行索引顺序是错乱的，为了能够更加直观地展现数据，接下来，通过 sort_index() 方法让 DataFrame 对象按照从大到小的顺序排列，具体代码如下。

```
In [90]: sorted_obj=df_obj.sort_index(ascending=False)
         sorted_obj
Out[91]:
              一本分数线          二本分数线
              文科   理科      文科   理科
       2018   576   532      488   432
       2017   555   537      468   439
       2016   583   548      532   494
       2015   579   548      527   495
       2014   565   543      507   495
       2013   549   550      494   505
       2012   495   477      446   433
       2011   524   484      481   435
       2010   524   494      474   441
       2009   532   501      489   459
       2008   515   502      472   455
       2007   528   531      489   478
       2006   516   528      476   476
```

接下来，按照前面描述的一些需求，对上述 df_obj 进行简单的运算操作，从而取得想要的数据，具体操作如下：

1. 获取历年一本、二本文理科最高和最低的分数线及极差

要想知道一本和二本文理科最高与最低的分数线，则可以使用 max() 与 min() 函数进行运算。另外，可以使用索引取出一列数据，调用 ptp() 函数计算极差，具体代码如下。

```
In [92]: sorted_obj.max()
Out[92]:
一本分数线   文科      583
         理科      550
二本分数线   文科      532
         理科      505
```

```
dtype: int64
In [93]: sorted_obj.min()
Out[93]:
一本分数线    文科    495
          理科    477
二本分数线    文科    446
          理科    432
dtype: int64
In [94]: result1=sorted_obj["一本分数线", "文科"].ptp()
         result1
Out[94]: 88
In [95]: result2=sorted_obj["一本分数线", "理科"].ptp()
         result2
Out[95]: 73
In [96]: result3=sorted_obj["二本分数线", "文科"].ptp()
         result3
Out[96]: 86
In [97]: result4=sorted_obj["二本分数线", "理科"].ptp()
         result4
Out[97]: 73
```

从输出结果可以看出，一本文科分数线最高为 583 分，最低为 495 分，相差了近 90 分，一本理科分数线最高为 550 分，最低为 477 分，相差了 73 分；二本文科分数线最高为 532 分，最低为 446 分，同样相差了近 90 分，二本理科分数线最高为 505 分，最低为 432 分，相差了近 73 分。

2. 比较 2018 年一本与二本文理科分数线的差值

如果希望比较今年（2018 年）与去年（2017 年）的录取分数线，则需要获取每列的分数信息，之后再分别对行索引为 "2018" 和 "2017" 的数据进行相减操作，以比较两者相差多少，具体代码如下。

```
In [98]: ser_obj1=sorted_obj['一本分数线','文科']
         ser_obj1[2018] - ser_obj1[2017]
Out[98]: 21
In [99]: ser_obj2=sorted_obj['一本分数线','理科']
         ser_obj2[2018] - ser_obj2[2017]
Out[99]: -5
In [100]: ser_obj3=sorted_obj['二本分数线','文科']
          ser_obj3[2018] - ser_obj3[2017]
Out[100]: 20
In [101]: ser_obj4=sorted_obj['二本分数线','理科']
          ser_obj4[2018] - ser_obj4[2017]
Out[101]: -7
```

从输出的结果可以看出，2018 年一本文科的录取分数线比 2017 年多 21 分，一本理科的录取分数线比 2017 年少 5 分，2018 年二本文科的录取分数线比 2017 年多 20 分，一本理科的录取分数线比 2017 年少 7 分。

3. 计算 2006—2018 年的平均分数线

使用 mean() 函数或 describe() 函数都可以计算出每列的平均数，接下来，通过调用

describe() 方法来查看多个统计指标，具体代码如下。

```
In [102]: sorted_obj.describe()
Out[102]:
```

	一本分数线		二本分数线	
	文科	理科	文科	理科
count	13.000000	13.000000	13.000000	13.000000
mean	541.615385	521.153846	487.923077	464.384615
std	28.150010	25.986683	23.567144	27.274953
min	495.000000	477.000000	446.000000	432.000000
25%	524.000000	501.000000	474.000000	439.000000
50%	532.000000	531.000000	488.000000	459.000000
75%	565.000000	543.000000	494.000000	494.000000
max	583.000000	550.000000	532.000000	505.000000

从输出结果可以看出，13 年来一本文科的平均录取分数约为 542 分，理科的平均录取分数约为 521 分，二本文科的平均录取分数约为 488 分，理科的平均录取分数约为 464 分。

小　结

本章主要针对科学计算库 Pandas 进行了介绍，包括 Pandas 常用的数据结构、索引的相关操作、算术运算、文件的读取操作等。通过本章的学习，希望大家能够熟练地掌握 Pandas 常见的基础操作，为后续的学习打牢基础。

习　题

一、填空题

1. Pandas 是一个基于_____的 Python 库。

2. Pandas 中有两个主要的数据结构，它们分别为_____和_____。

3. Series 结构由_____和_____组成。

4. 可以使用 Python 已有的列表和_____创建一个 Series 对象。

5. Pandas 执行算术运算时，会先按照索引_____后再进行运算。

二、判断题

1. 在 DataFrame 中每列的数据都可以看作是一个 Series 对象。　　　　（　　）

2. 使用 describe() 方法会输出 Pandas 对象的多个统计指标。　　　　（　　）

3. from_arrays() 方法是将元组列表转换为 MultiIndex 对象。　　　　（　　）

4. read_csv() 函数和 read_table() 函数没有区别，可以随意替换使用。　（　　）

5. Series 对象不存在层次化索引。　　　　（　　）

三、选择题

1. 下列选项中，描述不正确的是（　　　）。

　　A. Pandas 中只有 Series 和 DataFrame 这两种数据结构

　　B. Series 是一维的数据结构

    C.　DataFrame 是二维的数据结构

    D.　Series 和 DataFrame 都可以重置索引

2.　下列选项中，描述正确是（　　　）。

    A.　Series 是一维数据结构，其索引在右，数据在左

    B.　DataFrame 是二维数据结构，并且该结构具有行索引和列索引

    C.　Series 结构中的数据不可以进行算术运算

    D.　sort_values() 方法可以将 Series 或 DataFrame 中的数据按照索引排序

3.　下列方法中，可以将元组转换为 MultiIndex 对象的是（　　　）。

    A.　from_tuples()　　　　　　　　　　B.　from_arrays()

    C.　from_product()　　　　　　　　　　D.　from_list()

4.　下列选项中，哪个方法可以一次性输出多个统计指标？（　　　）

    A.　describe()　　　　B.　mean()　　　　C.　median()　　　　D.　sum()

5.　请阅读下面一段程序：

```
import pandas as pd
ser_obj=pd.Series(range(1, 6), index=[5, 3, 0, 4, 2])
ser_obj.sort_index()
```

执行上述程序后，最终输出的结果为（　　　）。

A.		B.		C.		D.	
5	1	0	3	5	1	2	5
3	2	2	5	4	4	4	4
0	3	3	2	3	2	0	3
4	4	4	4	2	5	3	2
2	5	5	1	0	3	5	1

四、简答题

1.　简述 Series 和 DataFrame 的特点。

2.　简述什么是层次化索引。

五、程序题

现有如下图所示的表格数据，请对该数据进行以下操作：

	A	B	C	D
0	1	5	8	8
1	2	2	4	9
2	7	4	2	3
3	3	0	5	2

1.　创建一个结构如上图所示的 DataFrame 对象。

2.　将图中的 B 列数据按降序排序。

3.　将排序后的数据写入到 CSV 文件，取名为 write_data.csv。

第4章
数据预处理

学习目标

◆ 掌握数据清洗的常见操作，会检查和处理各类有问题的数据。

◆ 掌握数据合并的常用方法，会使用不同的方式合并数据。

◆ 掌握数据重塑的常见操作，会重塑 Pandas 对象的结构。

◆ 掌握数据转换的常见操作，可以实现离散化和哑变量处理。

严谨务实，
精益求精

前期采集到的数据，或多或少都存在一些瑕疵和不足，比如数据缺失、极端值、数据格式不统一等问题。因此，在分析数据之前需要对数据进行预处理，包括数据的清洗、合并、重塑与转换。Pandas 中专门提供了用于数据预处理的很多函数与方法，用于替换异常数据、合并数据、重塑数据等。接下来，本节将针对 Pandas 中数据预处理的内容进行详细的讲解。

4.1 数据清洗

数据清洗是一项复杂且烦琐的工作，同时也是整个数据分析过程中最为重要的环节。数据清洗的目的在于提高数据质量，将脏数据（这里指的是对数据分析没有实际意义、格式非法、不在指定范围内的数据）清洗干净，使原数据具有完整性、唯一性、权威性、合法性、一致性等特点。Pandas 中常见的数据清洗操作有空值和缺失值的处理、重复值的处理、异常值的处理、统一数据格式，等等，本节中将会一一介绍。

4.1.1 空值和缺失值的处理

空值一般表示数据未知、不适用或将在以后添加数据。缺失值是指数据集中某个或某些属性的值是不完整的，产生的原因主要有人为原因和机械原因两种，其中机械原因是由于机器故障造成数据未能收集或存储失败，人为原因是由主观失误或有意隐瞒造成的数据缺失。

一般空值使用 None 表示，缺失值使用 NaN 表示。Pandas 中提供了一些用于检查或处理空值和缺失值的函数，其中，使用 isnull() 和 notnull() 函数可以判断数据集中是否存在空值和缺失值，对于缺失数据可以使用 dropna() 和 fillna() 方法进行删除和填充，下面来一一介绍。

1. isnull() 函数

isnull() 函数的语法格式如下：

```
pandas.isnull(obj)
```

上述函数中只有一个参数 obj，表示检查空值的对象。一旦发现数据中存在 NaN 或 None，则就将这个位置标记为 True，否则就标记为 False。

接下来，通过一段示例来演示如何通过 isnull() 函数来检查缺失值或空值，具体代码如下：

```
In [1]: from pandas import DataFrame, Series
        import pandas as pd
        from numpy import NaN
        series_obj=Series([1, None, NaN])
        pd.isnull(series_obj)          # 检查是否为空值或缺失值
Out[1]:
        0      False
        1      True
        2      True
        dtype: bool
```

上述示例中，首先创建了一个 Series 对象，该对象中包含 1、None 和 NaN 三个值，然后调用 isnull() 函数检查 Series 对象中的数据，数据为空值或缺失值就映射为 True，其余值就映射为 False。从输出结果看出，第一个数据是正常的，后两个数据是空值或缺失值。

2. notnull() 函数

notnull() 函数与 isnull() 函数的功能是一样的，都是判断数据中是否存在空值或缺失值，不同之处在于，前者发现数据中有空值或缺失值时返回 False，后者返回的是 True。

将上述调用 isnull() 函数的代码改为调用 notnull() 函数，改后的代码如下：

```
In [2]: from pandas import DataFrame, Series
        import pandas as pd
        from numpy import NaN
        series_obj = Series([1, None, NaN])
        pd.notnull(series_obj)          # 检查是否不为空值或缺失值
Out[2]:
        0      True
        1      False
        2      False
        dtype: bool
```

上述示例中，通过 notnull() 函数来检查空值或缺失值，只要出现空值或缺失值就映射为 False，其余则映射为 True。从输出结果看出，索引 0 对应的数据为 True，说明没有出现空值或缺失值，索引 1 和 2 对应的数据为 False，说明出现了空值或缺失值。

3. dropna() 方法

dropna() 方法的作用是删除含有空值或缺失值的行或列，其语法格式如下：

```
dropna(axis=0, how='any', thresh=None, subset=None, inplace=False)
```

上述方法中部分参数表示的含义如下：

（1）axis：确定过滤行或列，取值可以为：

◆ 0 或 index：删除包含缺失值的行，默认为 0。

◆ 1 或 columns：删除包含缺失值的列。

（2）how：确定过滤的标准，取值可以为：

◆ any：默认值。如果存在 NaN 值，则删除该行或该列。

◆ all：如果所有值都是 NaN 值，则删除该行或该列。

（3）thresh：表示有效数据量的最小要求。若传入了 2，则是要求该行或该列至少有两个非 NaN 值时将其保留。

（4）subset：表示在特定的子集中寻找 NaN 值。

（5）inplace：表示是否在原数据上操作。如果设为 True，则表示直接修改原数据；如果设为 False，则表示修改原数据的副本，返回新的数据。

假设，现在有一张关于书籍信息的表格，它里面有类别、书名和作者三列数据。其中，在索引为 0 的一行中书名为 NaN，表明该位置的数据是缺失值，索引为 1 的一行中作者为 None，表明该位置的数据是空值。如果删除这些空值和缺失值，那么删除前后的效果如图 4-1 所示。

接下来，通过一个示例来演示如何使用 dropna() 方法删除空值和缺失值，具体代码如下。

空值与缺失值删除前

	类别	书名	作者
0	小说	NaN	老舍
1	散文随笔	《皮囊》	None
2	青春文学	《旅程结束时》	张其鑫
3	传记	《老舍自传》	老舍

空值与缺失值删除后

	类别	书名	作者
2	青春文学	《旅程结束时》	张其鑫
3	传记	《老舍自传》	老舍

图 4-1　删除空值 / 缺失值前后的表格

```
In [3]: import pandas as pd
        import numpy as np
        df_obj=pd.DataFrame({"类别":['小说','散文随笔','青春文学','传记'],
             "书名":[np.nan,'《皮囊》','《旅程结束时》','《老舍自传》'],
             "作者":["老舍", None, "张其鑫", "老舍"]})
        df_obj
Out[3]:        类别           书名          作者
        0      小说           NaN         老舍
        1    散文随笔        《皮囊》         None
        2    青春文学      《旅程结束时》     张其鑫
        3     传记        《老舍自传》       老舍
In [4]: df_obj.dropna()      # 删除数据集中的空值和缺失值
Out[4]:
               类别           书名          作者
        2    青春文学      《旅程结束时》     张其鑫
        3     传记        《老舍自传》       老舍
```

上述代码中，首先创建一个含有空值和缺失值的 DataFrame 对象，再让该对象调用 dropna() 方法将数据中的空值或缺失值进行过滤删除，只保留完整的数据。

从输出结果看出，所有包含空值或缺失值的行已经被删除了。

4. 填充空值 / 缺失值

填充缺失值和空值的方式有很多种，比如人工填写、特殊值填写、热卡填充等。Pandas 中的 fillna() 方法可以实现填充空值或缺失值，其语法格式如下：

```
fillna(value=None, method=None, axis=None, inplace=False,
    limit=None, downcast=None, **kwargs)
```

上述方法中部分参数表示的含义如下：

（1）value：用于填充的数值。

（2）method：表示填充方式，默认值为 None，另外还支持以下取值：

◆ pad/ffill：将最后一个有效的数据向后传播，也就是说用缺失值前面的一个值代替缺失值。

◆ backfill/bfill：将最后一个有效的数据向前传播，也就是说用缺失值后面的一个值代替缺失值。

（3）limit：可以连续填充的最大数量，默认 None。

注意： method 参数不能与 value 参数同时使用。

当使用 fillna() 方法进行填充时，既可以是标量、字典，也可以是 Series 或 DataFrame 对象。

假设现在有一张表格，它里面存在一些缺失值，如果使用一个常量 66.0 来替换缺失值，那么填充前后的效果如图 4-2 所示。

<table>
<tr><td colspan="5" align="center">填充前</td><td colspan="5" align="center">填充后</td></tr>
<tr><td></td><td>A</td><td>B</td><td>C</td><td>D</td><td></td><td>A</td><td>B</td><td>C</td><td>D</td></tr>
<tr><td>0</td><td>1.0</td><td>NaN</td><td>a</td><td>NaN</td><td>0</td><td>1.0</td><td>66.0</td><td>a</td><td>66.0</td></tr>
<tr><td>1</td><td>2.0</td><td>4.0</td><td>7</td><td>2.0</td><td>1</td><td>2.0</td><td>4.0</td><td>7</td><td>2.0</td></tr>
<tr><td>2</td><td>3.0</td><td>NaN</td><td>8</td><td>3.0</td><td>2</td><td>3.0</td><td>66.0</td><td>8</td><td>3.0</td></tr>
<tr><td>3</td><td>NaN</td><td>6.0</td><td>9</td><td>NaN</td><td>3</td><td>66.0</td><td>6.0</td><td>9</td><td>66.0</td></tr>
</table>

图 4-2　填充缺失值示例

填充常数替换缺失值的示例代码如下。

```
In [5]: import pandas as pd
        import numpy as np
        from numpy import NaN
        df_obj=pd.DataFrame({'A': [1, 2, 3, NaN],
                             'B': [NaN, 4, NaN, 6],
                             'C': ['a', 7, 8, 9],
                             'D': [ NaN, 2, 3, NaN]})
        df_obj
Out[5]:
     A    B  C    D
0  1.0  NaN  a  NaN
1  2.0  4.0  7  2.0
2  3.0  NaN  8  3.0
3  NaN  6.0  9  NaN
In [6]: df_obj.fillna('66.0')    # 使用 66.0 替换缺失值
Out[6]:
```

```
        A      B    C    D
0   1.0   66.0    a   66.0
1   2.0    4.0    7    2.0
2   3.0   66.0    8    3.0
3  66.0    6.0    9   66.0
```

通过比较两次的结果可知，当使用任意一个有效值替换空值或缺失值时，对象中所有的空值或缺失值都将会被替换。

如果希望填充不一样的内容，例如，A 列缺失的数据使用数字 "4.0" 进行填充，B 列缺失的数据使用数字 "5.0" 来填充，那么填充前后的效果如图 4-3 所示。

	填充前					填充后			
	A	B	C	D		A	B	C	D
0	1.0	NaN	a	NaN	0	1.0	5.0	a	NaN
1	2.0	4.0	7	2.0	1	2.0	4.0	7	2.0
2	3.0	NaN	8	3.0	2	3.0	5.0	8	3.0
3	NaN	6.0	9	NaN	3	4.0	6.0	9	NaN

图 4-3 指定填充列

调用 fillna() 方法时传入一个字典给 value 参数，其中字典的键为列标签，字典的值为待替换的值，实现对指定列的缺失值进行替换，具体示例代码如下。

```
In [7]: import pandas as pd
        import numpy as np
        from numpy import NaN
        df_obj=pd.DataFrame({'A': [1, 2, 3, NaN],
                             'B': [NaN, 4, NaN, 6],
                             'C': ['a', 7, 8, 9],
                             'D': [NaN, 2, 3, NaN]})
        df_obj
Out[7]:
     A    B  C    D
0  1.0  NaN  a  NaN
1  2.0  4.0  7  2.0
2  3.0  NaN  8  3.0
3  NaN  6.0  9  NaN
In [8]: df_obj.fillna({'A': 4.0, 'B': 5.0})   # 指定列填充数据
Out[8]:
     A    B  C    D
0  1.0  5.0  a  NaN
1  2.0  4.0  7  2.0
2  3.0  5.0  8  3.0
3  4.0  6.0  9  NaN
```

如果希望填充相邻的数据来替换缺失值，例如，A~D 列中按从前往后的顺序填充缺失的数据，也就是说在当前列中使用位于缺失值前面的数据进行替换，填充前后的效果如图 4-4 所示。

	A	B	C	D
0	1.0	NaN	a	NaN
1	2.0	4.0	7	2.0
2	3.0	NaN	8	3.0
3	NaN	6.0	9	NaN

填充前

	A	B	C	D
0	1.0	NaN	a	NaN
1	2.0	4.0	7	2.0
2	3.0	4.0	8	3.0
3	3.0	6.0	9	3.0

填充后

图 4-4　前向填充示例

调用 fillna() 方法时将"ffill"传入给 method 参数，采用前向填充的方式填充缺失的数据，具体示例代码如下。

```
In [9]: import pandas as pd
        import numpy as np
        from numpy import NaN
        df = pd.DataFrame({'A': [1, 2, 3, None],
                           'B': [NaN, 4, None, 6],
                           'C': ['a', 7, 8, 9],
                           'D': [None, 2, 3, NaN]})
        df
Out[9]:
     A    B    C    D
0  1.0  NaN    a  NaN
1  2.0  4.0    7  2.0
2  3.0  NaN    8  3.0
3  NaN  6.0    9  NaN
In [10]: df.fillna(method='ffill')    # 使用前向填充的方式替换空值或缺失值
Out[10]:
     A    B    C    D
0  1.0  NaN    a  NaN
1  2.0  4.0    7  2.0
2  3.0  4.0    8  3.0
3  3.0  6.0    9  3.0
```

4.1.2　重复值的处理

当数据中出现了重复值，在大多数情况下需要进行删除。例如，person_info 表中 id 值为 4 的数据连续出现了两次，并且两行的数据完全一样，如图 4-5 所示。

Pandas 提供了两个方法专门用来处理数据中的重复值，分别为 duplicated() 和 drop_duplicates() 方法。其中，前者用于标记是否有重复值，后者用于删除重

	id	name	age	height	gender
0	1	小铭	18	180	女
1	2	小月月	18	180	女
2	3	彭岩	29	185	男
3	4	刘华	58	175	男
4	4	刘华	58	175	男
5	5	周华	36	178	男

图 4-5　person_info 表

复值，它们的判断标准是一样的，即只要两条数据中所有条目的值完全相等，就判断为重复值。接下来，为大家详细介绍这两个方法的基本使用，具体内容如下。

1. 通过 duplicated() 方法处理重复值

duplicated() 方法的语法格式如下：

```
duplicated(subset=None, keep='first')
```

上述方法中参数的含义如下：

（1）subset：用于识别重复的列标签或列标签序列，默认识别所有的列标签。

（2）keep：删除重复项并保留第一次出现的项，取值可以为 first、last 或 False，它们代表的含义如下：

◆ first：从前向后查找，除了第一次出现外，其余相同的被标记为重复。默认为此选项。

◆ last：从后向前查找，除了最后一次出现外，其余相同的被标记为重复。

◆ False：所有相同的都被标记为重复。

duplicated() 方法用于标记 Pandas 对象的数据是否重复，重复则标记为 True，不重复则标记为 False，所以该方法返回一个由布尔值组成的 Series 对象，它的行索引保持不变，数据则变为标记的布尔值。

注意：对于 duplicated() 方法，这里有如下两点要进行强调：

第一，只有数据表中两个条目间所有列的内容都相等时，duplicated() 方法才会判断为重复值。除此之外，duplicated() 方法也可以单独对某一列进行重复值判断。

第二，duplicated() 方法支持从前向后（first）和从后向前（last）两种重复值查找模式，默认是从前向后查找判断重复值的。换句话说，就是将后出现的相同条目判断为重复值。

为了让读者更好地理解 duplicated() 方法的使用，接下来，通过一个示例来演示如何从前向后查找并判断 person_info 表中的重复值，具体代码如下。

```
In [11]: import pandas as pd
         person_info = pd.DataFrame({'id': [1, 2, 3, 4, 4, 5],
                         'name': ['小铭', '小月月', '彭岩', '刘华',
                         '刘华', '周华'],
                         'age': [18, 18, 29, 58, 58, 36],
                         'height': [180, 180, 185, 175, 175, 178],
                         'gender': ['女', '女', '男', '男', '男', '男']})
         person_info.duplicated()          # 从前向后查找和判断是否有重复值
Out[11]:
         0    False
         1    False
         2    False
         3    False
         4    True
         5    False
         dtype: bool
```

在上述示例中，首先创建了一个结构与 person_info 表一样的 DataFrame 对象，然后调用 duplicated() 方法对表中的数据进行重复值判断，使用默认的从前向后的查找方式，也就是说第二次出现的数据判定为重复值。

从输出结果看出，索引 4 对应的判断结果为 True，表明这一行是重复的。

2. 通过 drop_duplicates() 方法处理重复值

drop_duplicates() 方法的语法格式如下：

```
drop_duplicates(subset=None, keep='first', inplace=False)
```

上述方法中，inplace 参数接收一个布尔类型的值，表示是否替换原来的数据，默认为 False。

接下来，使用 drop_duplicates() 方法将 person_info 表中的重复数据进行删除，示例代码如下。

```
In [12]: import pandas as pd
         person_info=pd.DataFrame({'id': [1, 2, 3, 4, 4, 5],
                 'name': ['小铭', '小月月', '彭岩', '刘华', '刘华', '周华'],
                 'age': [18, 18, 29, 58, 58, 36],
                 'height': [180, 180, 185, 175, 175, 178],
                 'gender': ['女', '女', '男', '男', '男', '男']})
         person_info. drop_duplicates()
Out[12]:
            id   name     age    height    gender
         0  1    小铭      18     180       女
         1  2    小月月    18     180       女
         2  3    彭岩      29     185       男
         3  4    刘华      58     175       男
         5  5    周华      36     178       男
```

上述代码中，同样创建了一个结构与 person_info 表一样的 DataFrame 对象，之后调用 drop_duplicates() 方法执行删除重复值操作。从输出结果看出，name 列中值为"刘华"的数据只出现了一次，重复的数据已经被删除了。

注意：删除重复值是为了保证数据的正确性和可用性，为后期对数据的分析提供了高质量的数据。

4.1.3　异常值的处理

异常值是指样本中的个别值，其数值明显偏离它所属样本的其余观测值，这些数值是不合理的或错误的。要想确认一组数据中是否有异常值，则常用的检测方法有 3σ 原则（拉依达准则）和箱形图，其中，3σ 原则是基于正态分布的数据检测，而箱形图没有什么严格的要求，可以检测任意一组数据，下面对这两种检测方法进行——介绍。

1. 基于 3σ 原则检测异常值

3σ 原则，又称为拉依达原则，它是指假设一组检测数据只含有随机误差，对其进行计算处理得到标准偏差，按一定概率确定一个区间，凡是超过这个区间的误差都是粗大误差，在此误差范围内的数据应予以剔除。

在正态分布概率公式中，σ 表示标准差，μ 表示平均数，$f(x)$ 表示正态分数函数，具体如下：

$$f(x) = \frac{1}{\sqrt{2\pi}\sigma}\exp\left(-\frac{(x-\mu)^2}{2\sigma^2}\right) \quad （正态分布公式）$$

正态分布函数如图 4-6 所示。

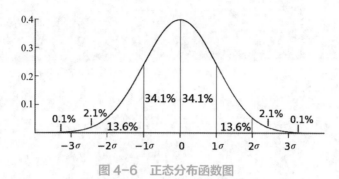

图 4-6　正态分布函数图

根据正态分布函数图可知，3σ 原则在各个区间所占的概率如下所示：

（1）数值分布在（$\mu-\sigma$, $\mu+\sigma$) 中的概率为 0.682。

（2）数值分布在（$\mu-2\sigma$, $\mu+2\sigma$) 中的概率为 0.954。

（3）数值分布在（$\mu-3\sigma$, $\mu+3\sigma$) 中的概率为 0.997。

由此可知，数值几乎全部集中在（$\mu-3\sigma$, $\mu+3\sigma$)] 区间内，超出这个范围的可能性仅占不到 0.3%。所以，凡是误差超过这个区间的就属于异常值，应予以剔除。

接下来，自定义一个基于 3σ 原则的函数，用来检测一组数据中是否存在异常值，具体代码如下。

```
In [13]:
        import numpy as np
        # ser1 表示传入 DataFrame 的某一列
        def three_sigma(ser1):
            # 求平均值
            mean_value=ser1.mean()
            # 求标准差
            std_value=ser1.std()
            # 位于 (μ-3σ,μ+3σ) 区间的数据是正常的，不在这个区间的数据为异常的
            # ser1 中的数值小于 μ-3σ 或大于 μ+3σ 均为异常值
            # 一旦发现有异常值，就标注为 True，否则标注为 False
            rule=(mean_value-3*std_value>ser1) |
                 (ser1.mean()+3*ser1.std()<ser1)
            # 返回异常值的位置索引
            index=np.arange(ser1.shape[0])[rule]
            # 获取异常数据
            outrange=ser1.iloc[index]
            return outrange
```

这里，我们准备了一套符合正态分布的包含异常值的数据，将其保存在 example_data.csv 文件中。使用 Pandas 的 read_csv() 函数从文件中读取数据，并转换为 DataFrame 对象，具体代码如下。

```
In [14]: # 导入需要使用的包
        import pandas as pd
        file=open(r'E:/ 数据分析 /example_data.csv')
        df=pd.read_csv(file)
        df
Out[14]:
```

```
         A    B
0        1    2
1        2    3
2        3    8
3        4    5
4        5    6
5      560    7
6        2    8
7        3    9
8        3    0
9        4    3
10       5    4
11       3    5
12       2    6
13       4    7
14       5    2
15      23    4
16       2    5
```

从输出结果可以看出，位于第 5 行第 A 列的数据为 560，这个数值比其他值大很多，很有可能是一个异常值。

最后对 df 对象中的 A 列数据进行检测，示例代码如下。

```
In [15]: three_sigma(df['A'])
Out[15]:
5    560
Name: A, dtype: int64
```

经过 3σ 原则检测后，返回了索引 5 对应的数据，也就是刚刚我们看到的异常值。

同样可以检测 B 列数据中是否存在异常值，示例代码如下。

```
In [16]: three_sigma(df['B'])
Out[16]: Series([], Name: B, dtype: int64)
```

从输出结果可以看出，没有返回任何数据，这表明该列数据中不存在异常值。

2. 基于箱形图检测异常值

箱形图是一种用作显示一组数据分散情况的统计图。在箱形图中，异常值通常被定义为小于 $Q_L - 1.5QR$ 或大于 $Q_U + 1.5IQR$ 的值。其中：

（1）Q_L 称为下四分位数，表示全部观察中四分之一的数据取值比它小。

（2）Q_U 称为上四分位数，表示全部观察值中有四分之一的数据取值比它大。

（3）IQR 称为四分位数间距，是上四分位数 Q_U 与下四分位数 Q_L 之差，其间包含了全部观察值的一半。

离散点表示的是异常值，上界表示除异常值以外数据中最大值；下界表示除异常值以外数据中最小值，如图 4-7 所示。

箱形图是根据实际数据进行绘制，对数据没有任何要求（如 3σ 原则要求数据服从正态分布或近似正态分布）。箱形图判断异常值的标准是以四分位数和四分位距为基础。

为 了 能 够 从 箱 形 图 中 查 看 异 常 值，Pandas 中 提 供 了 一 个

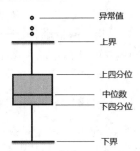

图 4-7　箱形图结构示意图

boxplot() 方法，专门用来绘制箱形图。接下来，根据一组带有异常值的数据绘制箱形图，具体示例代码如下。

```
In [17]: import pandas as pd
         df=pd.DataFrame({'A': [1, 2, 3, 4],
                          'B': [2, 3, 5, 2],
                          'C': [1, 4, 7, 4],
                          'D': [1, 5, 30, 3]})
         df.boxplot(column=['A', 'B', 'C', 'D'])
Out[17]:
<matplotlib.axes._subplots.AxesSubplot at 0x831b978>
```

运行效果如图 4-8 所示。

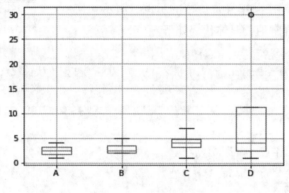

图 4-8　运行结果图

上述示例中，创建的 df 对象中共有 16 个数据，其中有 15 个数值位于 10 以内，还有一个数值比 10 大很多。从输出的箱形图中可以看出，D 列的数据中有一个离散点，说明箱形图成功检测出了异常值。

检测出异常值后，通常会采用如下四种方式处理这些异常值：

（1）直接将含有异常值的记录删除。

（2）用具体的值来进行替换，可用前后两个观测值的平均值修正该异常值。

（3）不处理，直接在具有异常值的数据集上进行统计分析。

（4）视为缺失值，利用缺失值的处理方法修正该异常值。

异常数据被检测出来之后，需要进一步确认它们是否为真正的异常值，等确认完以后再决定选用哪种方法进行解决。如果希望对异常值进行修改，则可以使用 Pandas 中 replace() 方法进行替换，该方法不仅可以对单个数据进行替换，也可以多个数据执行批量替换操作。replace()方法的语法格式如下：

```
replace(to_replace=None, value=None, inplace=False, limit=None,
        regex=False, method='pad' )
```

上述方法中部分参数表示的含义如下：

（1）to_replace：表示查找被替换值的方式。

（2）value：用来替换任何匹配 to_replace 的值，默认值 None。

（3）limit：表示前向或后向填充的最大尺寸间隙。

（4）regex：接收布尔值或与 to_replace 相同的类型，默认为 False，表示是否将 to_replace 和 value 解释为正则表达式。

（5）method：替换时使用的方法，pad/ffill 表示向前填充，bfill 表示向后填充。

假设现在有一张菜谱单，它里面列出了菜品的名称以及具体价格，如图 4-9 所示。使用箱形图对菜谱中的价格一列进行检测时，发现价格一列中有一个离散点，这个离散点是干锅鸭掌的价格，在询问老板之后得知干锅鸭掌的价格应该为 38.8 元，只不过在打印的时候漏掉了小数点。

	菜谱名	价格
0	红烧肉	39
1	铁板鱿鱼	30
2	小炒肉	26
3	干锅鸭掌	388
4	酸菜鱼	35

图 4-9　带有异常值的一组数据

接下来，通过一个替换菜单异常价格的示例，演示如何使用 replace() 方法替换异常值，具体代码如下。

```
In [18]: import pandas as pd
         df=pd.DataFrame ({'菜谱名': ['红烧肉', '铁板鱿鱼',
                           '小炒肉', '干锅鸭掌', '酸菜鱼'],
                           '价格': [38, 25, 26, 388, 35]})
         df.replace(to_replace=388,value=38.8)
Out[18]:
            菜谱名      价格
         0  红烧肉     39.0
         1  铁板鱿鱼    30.0
         2  小炒肉     26.0
         3  干锅鸭掌    38.8
         4  酸菜鱼     35.0
```

4.1.4　更改数据类型

在处理数据时，可能会遇到数据类型不一致的问题。例如，通过爬虫采集到的数据都是整型的数据，在使用数据时希望保留两位小数点，这时就需要将数据的类型转换成浮点型。针对这种问题，既可以在创建 Pandas 对象时明确指定数据的类型，也可以使用 astype() 方法和 to_numberic() 函数进行转换，下面分别为大家来一一介绍，具体内容如下。

1. 明确指定数据的类型

创建 Pandas 数据对象时，如果没有明确地指出数据的类型，则可以根据传入的数据推断出来，并且通过 dtypes 属性进行查看。例如，创建一个 Series 对象，并查看其数据的类型，具体代码如下。

```
In [19]: import pandas as pd
         df=pd.DataFrame({'A':['5', '6', '7'], 'B':['3', '2', '1']})
         df.dtypes  # 查看数据的类型
Out[19]:
         A     object
         B     object
```

```
dtype: object
```

除此之外，还可以在创建 Pandas 对象时明确地指定数据的类型，即在使用构造方法创建对象时，使用 dtype 参数指定数据的类型，示例代码如下：

```
In [20]: import pandas as pd
         # 创建 DataFrame 对象，数据的类型为 int
         df=pd.DataFrame({'A': ['5', '6', '7'], 'B': ['3', '2', '1']},
                          dtype='int')
         df.dtypes
Out[20]:
         A     int32
         B     int32
         dtype: object
```

2. 通过 astype() 方法强制转换数据的类型

通过 astype() 方法可以强制转换数据的类型，其语法格式如下：

```
astype (dtype, copy=True, errors ='raise', ** kwargs )
```

上述方法中部分参数表示的含义如下：

（1）dtype：表示数据的类型。

（2）copy：是否建立副本，默认为 True。

（3）errors：错误采取的处理方式，可以取值为 raise 或 ignore，默认为 raise。其中，raise 表示允许引发异常，ignore 表示抑制异常。

接下来，通过一个示例来演示如何通过 astype() 方法来强转数据的类型。

首先，创建一个 DataFrame 对象，并且使用 dtypes 属性查看数据的类型，具体代码如下。

```
In [21]: import pandas as pd
         df=pd.DataFrame({'A': ['1', '1.2', '4.2'],
                          'B': ['-9', '70', '88'],
                          'C': ['x', '5.0', '0']})
         df.dtypes
Out[21]:
         A     object
         B     object
         C     object
         dtype: object
```

从输出结果看出，所有数据的类型均为 object。

然后，将 B 列数据的类型转换为 int 类型，实现对指定列的数据进行类型转换，示例代码如下：

```
In [22]: df['B'].astype(dtype='int')   # 强制转换为 int 类型
Out[22]:
         0    -9
         1    70
         2    88
         Name: B,  dtype:int32
```

需要注意的是，这里并没有将所有列进行类型转换，主要是因为 C 列中有非数字类型的字符，无法将其转换为 int 类型，若强制转换会出现 ValueError 异常。

3. 通过 to_numeric() 函数转换数据类型

astype() 方法虽然可以转换数据的类型，但是它存在着一些局限性，只要待转换的数据中存在数字以外的字符，在使用 astype() 方法进行类型转换时就会出现错误，而 to_numeric() 函数的出现正好解决了这个问题。

to_numeric() 函数可以将传入的参数转换为数值类型，其语法格式如下：

```
pandas.to_numeric(arg, errors='raise', downcast=None)
```

上述函数中常用参数表示的含义如下：

（1）arg：表示要转换的数据，可以是 list、tuple、Series。

（2）errors：错误采取的处理方式。

为了让读者更好地理解，接下来，通过一个示例来演示如何将只包含数字的字符串转换为数字类型，具体代码如下。

```
In [23]: import pandas as pd
         ser_obj=pd.Series(['1', '1.2', '4.2'])
         ser_obj
Out[23]:
         0      1
         1    1.2
         2    4.2
         dtype: object
In [24]: # 转换 object 类型为 float 类型
         pd.to_numeric(ser_obj, errors='raise')
Out[24]:
         0    1.0
         1    1.2
         2    4.2
         dtype: float64
```

注意：to_numeric() 函数是不能直接操作 DataFrame 对象的。

▌4.2　数据合并

在实际生活中，合并数据是经常会碰到的。比如，某商场想了解第一季度的销售额，这就需要将一月份、二月份、三月份的销售报表合并成季度报表，供运营人员了解资金活动情况和预算收支情况。

Pandas 在合并数据集时，常见的操作包括轴向堆叠数据、主键合并数据、根据行索引合并数据和合并重叠数据，这些操作各有各的特点。接下来，本节将针对数据合并的常见操作进行介绍。

4.2.1　轴向堆叠数据

concat() 函数可以沿着一条轴将多个对象进行堆叠，其使用方式类似数据库中的数据表合并，该函数的语法格式如下：

```
pandas.concat(objs,axis=0,join='outer',join_axes=None,ignore_index=False,
            keys=None,levels=None,names=None,verify_integrity=False,
            sort=None, copy=True)
```

上述函数中常用参数表示的含义如下：

（1）axis：表示连接的轴向，可以为 0 或 1，默认为 0。

（2）join：表示连接的方式，inner 表示内连接，outer 表示外连接，默认使用外连接。

（3）ignore_index：接收布尔值，默认为 False。如果设置为 True，则表示清除现有索引并重置索引值。

（4）keys：接收序列，表示添加最外层索引。

（5）levels：用于构建 MultiIndex 的特定级别（唯一值）。

（6）names：在设置了 keys 和 level 参数后，用于创建分层级别的名称。

（7）verify_integerity：检查新的连接轴是否包含重复项。接收布尔值，当设置为 True 时，如果有重复的轴将会抛出错误，默认为 False。

根据轴方向的不同（axis 参数），可以将堆叠分成横向堆叠与纵向堆叠，默认采用的是纵向堆叠方式。在堆叠数据时，默认采用的是外连接（join 参数设为 outer）的方式，当然也可以通过 join=inner 设置为内连接的方式，图 4-10 是两种连接方式的示意图。

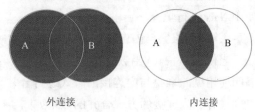

图 4-10　连接方式

图 4-10 中，A 和 B 分别表示两个数据集。当 A 与 B 采用外连接的方式合并时，所得的结果为索引并集部分的数据，数据不足的地方使用 NaN 补齐即可；当 A 与 B 采用内连接的方式合并时，则所得的结果仅仅为索引交集（重叠）部分的数据。

下面以横向堆叠与外连接、纵向堆叠与内连接为例，介绍如何使用 concat() 函数合并数据，具体内容如下。

1.　横向堆叠与外连接

当使用 concat() 函数合并时，若是将 axis 参数的值设为 1，且 join 参数的值设为 outer，则说明使用横向堆叠与外连接的方式进行合并。假设现在有两个表格分别为 df1 与 df2，它们采用横向堆叠、外连接的方式合并的效果如图 4-11 所示。

df1	A	B
0	A0	B0
1	A0	B0
2	A1	B1

df2	C	D
0	C0	D0
1	C0	D2
2	C1	D2
3	C3	D3

result	A	B	C	D
0	A0	B0	C0	D0
1	A0	B0	C0	D2
2	A1	B1	C1	D2
3	NaN	NaN	C3	D3

图 4-11　横向堆叠示例

接下来，通过一段示例代码来演示如何通过 concat() 函数采用横向堆叠与外连接的方式合并数据，具体代码如下。

```
In [25]: import pandas as pd
         df1=pd.DataFrame({'A': ['A0', 'A0', 'A1'],
                           'B': ['B0', 'B0', 'B1']})
         df2=pd.DataFrame({'C': ['C0', 'C0', 'C1', 'C3'],
                            'D': ['D0', 'D2', 'D2', 'D3']})
         # 横向堆叠合并 df1 和 df2，采用外连接的方式
         pd.concat([df1, df2], join='outer', axis=1)
Out[25]:
             A    B   C   D
         0   A0   B0  C0  D0
         1   A0   B0  C0  D2
         2   A1   B1  C1  D2
         3  NaN  NaN  C3  D3
```

在上述示例中，创建了两个 DataFrame 类对象 df1 与 df2，然后使用 concat() 函数合并这两个对象，由于这两个对象的列长度不相同，所以合并后会产生不存在的数据，这些数据会自动使用 NaN 进行填充。

2. 纵向堆叠与内连接

当使用 concat() 函数合并时，若是将 axis 参数的值设为 0，且 join 参数的值设为 inner，则表明使用纵向堆叠与内连接的方式进行合并。假设现在有两个表格分别为 df1 与 df2，它们采用纵向堆叠、内连接的方式合并的效果如图 4-12 所示。

df1

	A	B	C
0	A0	B0	C0
1	A1	B1	C1
2	A2	B2	C2

df2

	B	C	D
0	B3	C3	D3
1	B4	C4	D4
2	B5	C5	D5

result

	B	C
0	B0	C0
1	B1	C1
2	B2	C2
0	B3	C3
1	B4	C4
2	B5	C5

图 4-12　纵向堆叠示例

接下来，通过一段示例代码来演示如何通过 concat() 函数采用纵向堆叠与内连接的方式合并数据，具体代码如下。

```
In [26]: import pandas as pd
         df1=pd.DataFrame({'A': ['A0', 'A1', 'A2'],
                           'B': ['B0', 'B1', 'B2'],
                           'C': ['C0', 'C1', 'C2']})
         df2=pd.DataFrame({'B': ['B3', 'B4', 'B5'],
                           'C': ['C3', 'C4', 'C5'],
                           'D': ['D3', 'D4', 'D5']})
         pd.concat([df1, df2], join='inner', axis=0)
```

```
Out[26]:
       B    C
   0   B0   C0
   1   B1   C1
   2   B2   C2
   0   B3   C3
   1   B4   C4
   2   B5   C5
```

在上述示例中，创建了两个 DataFrame 类对象 df1 与 df2，然后使用 concat() 函数合并这两个对象，由于这两个对象中都有 B、C 列，所以只会将这两列的数据沿着纵横方向进行堆叠。

4.2.2　主键合并数据

主键合并类似于关系型数据库的连接方式，它是指根据一个或多个键将不同的 DataFrame 对象连接起来，大多数是将两个 DataFrame 对象中重叠的列作为合并的键。Pandas 中提供了用于主键合并的 merge() 函数，其语法格式如下：

```
pandas.merge(left, right, how='inner', on=None, left_on=None,
    right_on=None, left_index=False, right_index=False, sort=False,
    suffixes=('_x', '_y'), copy=True, indicator=False, validate=None)
```

上述函数中部分参数表示的含义如下：

（1）left：参与合并的左侧 DataFrame 对象。

（2）right：参与合并的右侧 DataFrame 对象。

（3）how：表示连接方式，默认为 inner，该参数支持以下取值：

◆ left：使用左侧的 DataFrame 的键，类似 SQL 的左外连接。

◆ right：使用右侧的 DataFrame 的键，类似 SQL 的右外连接。

◆ outer：使用两个 DataFrame 所有的键，类似 SQL 的全连接。

◆ inner：使用两个 DataFrame 键的交集，类似 SQL 的内连接

（4）on：用于连接的列名。必须存在于左右两个 DataFrame 对象中。

（5）left_on：以左侧 DataFrame 做为连接键。

（6）right_on：以右侧 DataFrame 做为连接键。

（7）left_index：左侧的行索引用作连接键。

（8）right_index：右侧的行索引用作连接键。

（9）sort：是否排序，接收布尔值，默认为 False。

（10）suffixes：用于追加到重叠列名的末尾，默认为 (_x,_y)。

在使用 merge() 函数进行合并时，默认会使用重叠的列索引做为合并键，并采用内连接方式合并数据，即取行索引重叠的部分。

merge() 函数的典型应用场景是，针对同一个主键存在两张不同字段的表，根据主键整合到一张表里面。例如，图 4–13 中的 left 表和 right 表中均有索引为 "key" 的一列数据，并且这一列有重叠的数据，这两张表进行主键合并后得到 result 表。

left

	key	A	B
0	K0	A0	B0
1	K1	A1	B1
2	K2	A2	B2

right

	key	C	D
0	K0	C0	D0
1	K1	C1	D1
2	K2	C2	D2
3	K3	C3	D3

result

	key	A	B	C	D
0	K0	A0	B0	C0	D0
1	K1	A1	B1	C1	D1
2	K2	A2	B2	C2	D2

图 4-13　主键合并示意图

接下来，通过一个示例演示如何使用 merge() 函数将 left 表与 right 表进行合并，具体代码如下。

```
In [27]: import pandas as pd
         left=pd.DataFrame({'key':['K0','K1','K2'],
                            'A':['A0','A1','A2'],
                            'B':['B0','B1','B2']})
         right=pd.DataFrame({'key':['K0','K1','K2','K3'],
                             'C':['C0','C1','C2','C3'],
                             'D':['D0','D1','D2','D3']})
         pd.merge(left, right, on='key')
Out[27]:
           key  A   B   C   D
         0  K0  A0  B0  C0  D0
         1  K1  A1  B1  C1  D1
         2  K2  A2  B2  C2  D2
```

上述代码中，创建了两个 DataFrame 类对象 left 与 right，然后使用 merge() 函数按照 key 列进行合并。

除此之外，merge() 函数还可以对含有多个重叠列的 DataFrame 对象进行合并。在图 4-14 中，left 表与 right 表中存在两个列名相同、数据相似的列索引，分别为 key 和 B。用 key、B 做为合并键，合并后得到的结果如 result 表所示。

left

	key	A	B
0	K0	A0	B0
1	K1	A1	B1
2	K2	A2	B2

right

	key	B	C	D
0	K0	B0	C0	D0
1	K5	B1	C1	D1
2	K2	B2	C2	D2
3	K4	B5	C3	D3

result

	key	A	B	C	D
0	K0	A0	B0	C0	D0
1	K2	A2	B2	C2	D2

图 4-14　两个主键合并

接下来，通过代码实现 left 表和 right 表以 key、B 作为合并键的合并效果，具体代码如下：

```
In [28]: import pandas as pd
         left = pd.DataFrame({'key':['K0','K1','K2'],
                              'A':['A0','A1','A2'],
                              'B':['B0','B1','B2']})
         right = pd.DataFrame({'key':['K0','K5','K2','K4'],
                               'B':['B0','B1','B2','B5'],
```

```
                              'C':['C0','C1','C2','C3'],
                              'D':['D0','D1','D2','D3']})
            pd.merge(left, right, on=['key', 'B'])
Out[28]:
            key   A    B    C    D
        0   K0   A0   B0   C0   D0
        1   K2   A2   B2   C2   D2
```

上述代码中分别创建了两个 DataFrame 对象,分别是 left 和 right。其中,left 对象具有 key、A、B 三列数据,right 对象具有 key、B、C、D 四列数据,然后调用 merge() 函数采用内连接的方式合并 left 和 right,并使用列名相同的列索引 key 和 B 作为合并键,进行数据合并。

merge() 函数支持内连接(inner)、外连接(outer)、左连接(left)、右连接(right)四种合并方式,merge() 函数中 how 参数的值默认为 inner,表示使用内连接方式合并,接下来通过修改 how 参数的值演示另外 3 种连接方式。

图 4–15 所示采用的是外连接的合并方式,使用外连接的方式将 left 与 right 进行合并时,列中相同的数据会重叠,没有数据的位置使用 NaN 进行填充。

图 4-15 外连接示例

图 4–16 所示采用的是左连接方式将 left 与 right 进行合并,左连接是以左表为基准进行连接,所以 left 表中的数据会全部显示,right 表中只会显示与重叠数据行索引值相同的数据,合并后表中缺失的数据会使用 NaN 进行填充。

图 4-16 左连接方式

图 4–17 所示采用的是左连接方式将 left 与 right 进行合并,右连接与左连接的规则正好相反,右连接是以右表为基准,右表中的数据全部显示,而左表中显示与重叠数据行索引值相同的数据,合并后缺失的数据使用 NaN 填充合并。

left

	key	A	B
0	K0	A0	B0
1	K1	A1	B1
2	K2	A2	B2

right

	key	B	C	D
0	K0	B0	C0	D0
1	K1	B1	C1	D1
2	K2	B2	C2	D2
3	K3	B3	C3	D3

result

	key	A	B	C	D
0	K0	A0	B0	C0	D0
1	K1	A1	B1	C1	D1
2	K2	A2	B2	C2	D2
3	K3	NaN	B3	C3	D3

图 4-17　右连接合并示例

即使两张表中的行索引与列索引均没有重叠的部分，也可以使用 merge() 函数来合并。

现有图 4-18 所示的数据，在 left 表中的索引与 right 表中的索引没有重叠部分，当使用 merge() 函数合并时，只需要将参数 left_index 与 right_index 的值设置为 True 即可。

left

	A	B
0	A0	B0
1	A1	B1
2	A2	B2

right

	C	D
a	C0	D0
b	C1	D1
c	C2	D2

result

	A	B	C	D
0	A0	B0	NaN	NaN
1	A1	B1	NaN	NaN
2	A2	B2	NaN	NaN
a	NaN	NaN	C0	D0
b	NaN	NaN	C1	D1
c	NaN	NaN	C2	D2

图 4-18　合并示意图

接下来，通过编写代码展示图 4-18 所示的效果，具体代码如下：

```
In [29]: import pandas as pd
         left=pd.DataFrame({'A':['A0','A1','A2'],
                            'B':['B0','B1','B2']})
         right=pd.DataFrame({'C':['C0','C1','C2'],
                             'D':['D0','D1','D2']})
         pd.merge(left,right,how='outer',
                  left_index=True,right_index=True)
Out[29]:
```

```
        A    B    C    D
0   A0   B0   NaN  NaN
1   A1   B1   NaN  NaN
2   A2   B2   NaN  NaN
a   NaN  NaN  C0   D0
b   NaN  NaN  C1   D1
c   NaN  NaN  C2   D2
```

4.2.3　根据行索引合并数据

join() 方法能够通过索引或指定列来连接 DataFrame，其语法格式如下：

```
join(other, on=None, how='left', lsuffix ='', rsuffix ='', sort=False )
```

上述方法常用参数表示的含义如下：

（1）on：用于连接列名。

（2）how：可以从 {'left','right', 'outer', 'inner'} 中任选一个，默认使用 left 的方式。

（3）lsuffix：接收字符串，用于在左侧重叠的列名后添加后缀名。

（4）rsuffix：接收字符串，用于在右侧重叠的列名后添加后缀名。

（5）sort：接收布尔值，根据连接键对合并的数据进行排序，默认为 False。

在 4.2.2 小节中提到，当两张表中如果没有重叠的索引，可以设置 merge() 函数的 left_index 和 right_index 参数，而对 join() 方法来说只需要将表名作为参数传入即可。

join() 方法默认使用的左连接方式，即以左表为基准，join() 方法进行合并后左表的数据会全部展示。如图 4-19 所示 left 表与 right 表中没有重叠的索引，当使用左连接合并时，right 表中的数据将不会展示出来，为了将 right 表中的数据展示出来，我们可以以将连接方式设置为外连接方式，具体如下：

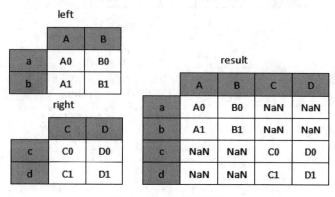

图 4-19　合并示意图

```
In [30]: import pandas as pd
        left = pd.DataFrame({'A': ['A0', 'A1'],
                             'B': ['B0', 'B1']},
                            index=['a', 'b'])
        right = pd.DataFrame({'C': ['C0', 'C1'],
                              'D': ['D0', 'D1']},
```

```
                               index=[' c ','d'])
              left.join(right, how='outer')
Out[30]:
              A    B    C    D
        a    A0   B0   NaN  NaN
        b    A1   B1   NaN  NaN
        c    NaN  NaN  C0   D0
        d    NaN  NaN  C1   D1
```

上述的代码中，首先创建了两个 DataFrame 类对象 left 与 right，然后使用 jion() 方法将 left 对象与 right 对象进行合并，然后再使用 how 参数指定连接的方式，合并后缺失的数据使用 NaN 填充。

假设两个表中行索引与列索引重叠，那么当使用 join() 方法进行合并时，使用参数 on 指定重叠的列名即可。

图 4-20 所示为合并后的效果，接下来，通过编写代码来实现上述效果，具体代码如下。

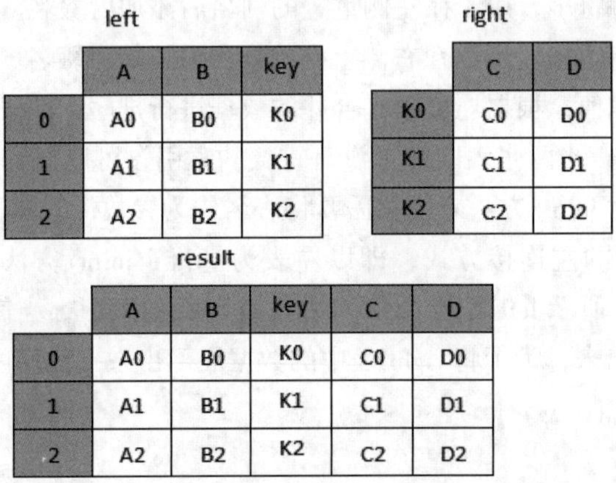

图 4-20　合并示意图

```
In [31]: import pandas as pd
         left=pd.DataFrame({'A': ['A0', 'A1', 'A2'],
                            'B': ['B0', 'B1', 'B2'],
                            'key': ['K0', 'K1', 'K2']})
         right=pd.DataFrame({'C': ['C0', 'C1','C2'],
                            'D': ['D0', 'D1','D2']},
                            index=['K0', 'K1','K2'])
         # on 参数指定连接的列名
         left.join(right, how='left', on='key')
Out[31]:
            A   B key  C   D
         0  A0  B0 K0   C0  D0
         1  A1  B1 K1   C1  D1
         2  A2  B2 K2   C2  D2
```

在上述示例中，首先创建了两个 DataFrame 类型的 left 对象与 right 对象，然后在 join() 方法中设置连接方式与连接的列名。

4.2.4 合并重叠数据

在处理数据的过程中，当一个 DataFrame 对象中出现了缺失数据，而对于这些缺失数据，我们希望可以使用其他 DataFrame 对象中的数据填充，这时可以通过 combine_first() 方法填充缺失数据。

combine_first() 方法的语法格式如下：

```
combine_first(other)
```

上述方法中只有一个参数 other，该参数用于接收填充缺失值的 DataFrame 对象。

假设现在有 left 表与 right 表，其中 left 表中存在 3 个缺失的数据，而 right 表中的数据是完整的，并且 right 表与 left 表有相同的索引名，此时我们可以使用 right 表中的数据来填充 left 表的缺失数据，得到一个新的 result 表，如图 4-21 所示。

left

	A	B	key
0	NaN	NaN	K0
1	A0	B1	K1
2	A1	NaN	K2
3	A2	B3	K3

right

	A	B
1	C0	D0
0	C1	D1
2	C2	D2

result

	A	B	key
0	C1	D1	K0
1	A1	B1	K1
2	A2	D2	K2
3	A3	B3	K3

图 4-21　合并重叠数据

需要注意的是，尽管 right 表中的行索引与 left 表的行索引顺序不同，当用 right 表的数据替换 left 表的 NaN 值时，替换数据与缺失数据的索引位置仍然是相同的。例如，left 表中位于第 0 行第 A 列的"NaN"需要使用 right 表中相同位置的数据"C1"来替换。

为了让大家更好地理解，接下来，编写代码实现上述合并重叠数据的过程，即使用 right 表的数据替换 left 表的缺失数据，具体代码如下。

```
In [32]: import pandas as pd
         import numpy as np
         from numpy import NAN
         left=pd.DataFrame({'A': [np.nan, 'A0', 'A1', 'A2'],
                            'B': [np.nan, 'B1', np.nan, 'B3'],
                            'key': ['K0', 'K1', 'K2', 'K3']})
         right=pd.DataFrame({'A': ['C0', 'C1','C2'],
                             'B': ['D0', 'D1','D2']},
                             index=[1,0,2])
         # 用 right 的数据填充 left 缺失的部分
```

```
        left.combine_first(right)
Out[32]:
     A    B key
0   C1   D1  K0
1   A0   B1  K1
2   A1   D2  K2
3   A2   B3  K3
```

需要强调的是，使用 combine_first() 方法合并两个 DataFrame 对象时，必须确保它们的行索引和列索引有重叠的部分。

4.3　数据重塑

在 Pandas 中，大多数据是以便于操作的 DataFrame 形式展现的，这样可以很容易地获取每行或每列的数据。不过有些时候，需要将 DataFrame 对象转换为 Series 对象。为此，Pandas 提供了数据重塑的一些功能，包括重塑层次化索引和轴向转换，用于转换一个表格或向量的结构，使其更便于进行下一步的分析。接下来，本节将针对数据重塑的相关功能进行详细地介绍。

4.3.1　重塑层次化索引

Pandas 中重塑层次化索引的操作主要是 stack() 方法和 unstack() 方法，前者是将数据的列"旋转"为行，后者是将数据的行"旋转"为列。

stack() 方法可以将数据的列索引转换为行索引，其语法格式如下：

```
DataFrame.stack(level=-1, dropna=True)
```

上述方法中部分参数表示的含义如下：

（1）level：表示操作内层索引。若设为 0，表示操作外层索引，默认为 –1。

（2）dropna：表示是否将旋转后的缺失值删除，若设为 True，则表示自动过滤缺失值，设置为 False 则相反。

假设现在有一个 DataFrame 类对象 df，它只有单层索引，如果希望将其重塑为一个具有两层索引结构的对象 result，也就是说将列索引转换成内层行索引，则重塑前后的效果如图 4–22 所示。

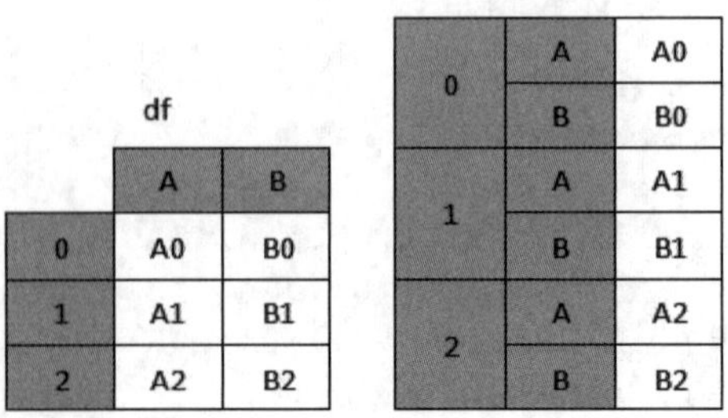

图 4–22　DataFrame 对象重塑为 Series 对象

接下来，我们通过一个示例来演示如何使用 stack() 方法将 df 对象旋转成 result，具体代码如下：

```
In [33]: import pandas as pd
         df=pd.DataFrame({'A':['A0','A1','A2'],
                          'B':['B0','B1','B2']})
         # 将 df 进行重塑
         result=df.stack()
         result
Out[33]:
         0  A    A0
            B    B0
         1  A    A1
            B    B1
         2  A    A2
            B    B2
```

上述代码中，首先创建了一个 DataFrame 类的对象 df，然后让 df 对象调用 stack() 方法进行重塑，表明 df 对象的列索引会转换成行索引。从输出结果看出，result 对象具有两层行索引。

使用 type() 函数来查看 result 的类型，代码如下：

```
In [34]: type(result)
Out[34]: pandas.core.series.Series
```

从输出结果可以看出，DataFrame 对象已经被转换成了一个 Series 对象。

unstack() 方法可以将数据的行索引转换为列索引，其语法格式如下：

```
DataFrame.unstack(level=-1, fill_value=None)
```

上述方法中部分参数表示的含义如下：

（1）level：默认为 –1，表示操作内层索引，0 表示操作外层索引。

（2）fill_value：若产生了缺失值，则可以设置这个参数用来替换 NaN。

接下来，将前面示例中重塑的 Series 对象"恢复原样"，转变成 DataFrame 对象，具体代码如下：

```
In [35]: import pandas as pd
         df=pd.DataFrame({'A':['A0','A1','A2'],
                          'B':['B0','B1','B2']})
         res=df.stack()          # 将 df 重塑为 Series 对象
         res.unstack()           # 将 Series 对象转换成 df
Out[35]:
            A    B
         0  A0   B0
         1  A1   B1
         2  A2   B2
```

上述示例中，首先创建了一个 DataFrame 类对象 df，然后使用 stack() 方法将其重塑为 Series 类对象，最后再使用 unstack() 方法将其重塑回 DataFrame 类对象。

除此之外，stack() 与 unstack() 方法还可以在多层索引对象中使用，图 4–23 所示为一个多层索引的 DataFrame 对象经过旋转后的效果。

重塑后

		一楼	二楼
男生人数	A 教室	26	22
	B 教室	20	26
女生人数	A 教室	30	24
	B 教室	25	20

重塑前

	一楼		二楼	
	A 教室	B 教室	A 教室	B 教室
男生人数	26	20	22	26
女生人数	30	25	24	20

图 4-23　多层索引的重塑

接下来，我们通过一个示例来演示层级索引对象如何使用 stack() 方法进行旋转，具体代码如下：

```
In [36]: import pandas as pd
         import numpy as np
         df = pd.DataFrame(np.array([[26,20,22,26],[30,25,24,20]]),
                     index=[' 男生人数 ',' 女生人数 '],
                     columns=[[' 一楼 ',' 一楼 ',' 二楼 ',' 二楼 '],
                          ['A 教室 ','B 教室 ','A 教室 ','B 教室 ']])
         df.stack()
Out[36]:
                  一楼   二楼
男生人数 A 教室   26    22
          B 教室   20    26
女生人数 A 教室   30    24
          B 教室   25    20
```

在上述代码中首先创建了一个具有层级索引的 DataFrame 类型对象，然后让该对象执行 stack() 方法，经旋转后生成一个图 4-23 重塑后的对象，使用 type 函数查看该对象类型为 DataFrame，所以当一个具有层级索引的 DataFrame 对象旋转后其对象类型仍为 DataFrame 类型。

层级索引的重塑操作默认是对内层索引进行旋转，当需要对层级索引的最外层索引进行旋转时，需要将 stack() 方法中 leve 参数的值设置为 0 即可。图 4-24 所示就是旋转最外层索引的效果。

重塑后

		A 教室	B 教室
男生人数	一楼	26	20
	二楼	22	26
女生人数	一楼	30	25
	二楼	24	20

重塑前

	一楼		二楼	
	A 教室	B 教室	A 教室	B 教室
男生人数	26	20	22	26
女生人数	30	25	24	20

图 4-24　多层索引重塑

接下来，我们通过一个示例来演示层级索引对象如何使用 stack() 方法对最外层索引进行旋转，具体代码如下。

```
In [37]: df.stack(level=0)      # 旋转外层索引
Out[37]:
                    A 教室   B 教室
男生人数 一楼         26      20
        二楼         22      26
女生人数 一楼         30      25
        二楼         24      20
```

4.3.2　轴向旋转

在统计数据时，有些数据会因为时间的不同而发生变化。例如，某件商品的价格在非活动期间为 50 元，而在活动期间商品的价格为 30 元，这就造成同一件商品在不同时间对应不同的价格。图 4-25 所示为商品在活动与非活动期间的价格变化，其中 5 月 25 日为非活动期间，6 月 18 日为活动期间。

出售日期	商品名称	价格（元）
2017 年 5 月 25 日	荣耀 9 青春版	999
2017 年 5 月 25 日	小米 6x	1399
2017 年 5 月 25 日	OPPO A1	1399
2017 年 6 月 18 日	荣耀 9 青春版	800
2017 年 6 月 18 日	小米 6x	1200
2017 年 6 月 18 日	OPPO A1	1250

图 4-25　商品信息

在图 4-25 所示的表格中，同一款商品的在活动前后的价格无法很直观地看出来。为此，我们可以将商品的名称作为列索引，出售日期作为行索引，价格作为表格中的数据，此时每一行展示了同一日期不同手机品牌的价格，如图 4-26 所示。

商品名称 \ 出售日期	荣耀 9 青春版	小米 6x	OPPO A1
2017 年 5 月 25 日	999 元	1399 元	1399 元
2017 年 6 月 18 日	800 元	1200 元	1250 元

图 4-26　商品信息

与图 4-25 相比，图 4-26 更直观地看出活动前后的价格浮动。

在 Pandas 中，pivot() 方法提供了这样的功能，它会根据给定的行索引或列索引重新组织一个 DataFrame 对象，其语法格式如下：

```
DataFrame.pivot(index=None, columns=None, values=None)
```

上述方法中部分参数表示的含义如下：

（1）index：用于创建新 DataFrame 对象的行索引。如果未设置，则使用原 DataFrame 对象的索引。

（2）columns：用于创建新 DataFrame 对象的列索引。如果未设置，则使用原 DataFrame 对象的索引。

（3）values：用于填充新 DataFrame 对象中的值。

接下来，我们通过一个示例来演示如何使用 pivot() 方法来对 DataFrame 对象进行轴向旋转操作，具体代码如下。

```
In [38]: import pandas as pd
         df=pd.DataFrame({'商品名称': ['荣耀9青春版','小米6x','OPPO A1',
                          '荣耀9青春版','小米6x','OPPO A1'],
                          '出售日期': ['2017年5月25日', '2017年5月25日',
                          '2017年5月25日','2017年6月18日',
                          '2017年6月18日', '2017年6月18日'],
                          '价格': ['999元', '1399元', '1399元',
                          '800元', '1200元', '1250元']})
         df.pivot(index='出售日期', columns='商品名称', values='价格')
Out[38]:
                 商品名称      OPPO A1      小米6x      荣耀9青春版
                 出售日期
         2017年5月25日       1399元       1399元        999元
         2017年6月18日       1250元       1200元        800元
```

4.4　数据转换

当数据经过清洗之后，这些数据并不能直接拿来做分析建模，所以为了进一步对数据进行分析，需要对数据进行一些合理的转换，使这些数据更加符合分析的要求。

数据转换是指数据从一种表现形式变为另一种表现形式的过程，具体包括重命名轴索引、离散化和面元划分、计算指标/哑变量。接下来，本节将针对数据转换的常见操作进行详细的讲解。

4.4.1　重命名轴索引

重命名轴索引是数据分析中比较常见的操作，Pandas 中提供了一个 rename() 方法来重命名个别列索引或行索引的标签或名称，该方法的语法格式如下：

```
rename (mapper=None, index=None, columns=None, axis=None,
        copy=True, inplace=False, level=None)
```

上述方法中常用参数表示的含义如下：

（1）index，columns：表示待转换的行索引和列索引。

（2）axis：表示轴的名称，可以使用 index 或 columns，也可以使用数字 0 或 1。

（3）copy：表示是否复制底层的数据，默认为 False。

（4）inplace：默认为 False，表示是否返回新的 Pandas 对象。如果设为 True，则会忽略复制的值。

（5）level：表示级别名称，默认为 None。对于多级索引，只重命名指定的标签。

为了能够让大家更好地理解，接下来，通过一段示例代码来演示如何使用 rename() 方法重命名列索引的名称，具体代码如下。

```
In [39]: import pandas as pd
         df = pd.DataFrame({'A':['A0', 'A1', 'A2', 'A3'],
                            'B':['B0', 'B1', 'B2', 'B3'],
                            'C':['C0', 'C1', 'C2', 'C3']})
         df
Out[39]:
   A   B   C
0  A0  B0  C0
1  A1  B1  C1
2  A2  B2  C2
3  A3  B3  C3
In [40]: # 重命名列索引的名称，并且在原有数据上进行修改
         df.rename(columns={'A':'a', 'B':'b', 'C':'c'}, inplace=True)
         df
Out[40]:
    a   b   c
0  A0  B0  C0
1  A1  B1  C1
2  A2  B2  C2
3  A3  B3  C3
```

上述示例中，创建了一个 4 行 3 列的 DataFrame 对象 df，其列索引的名称为 A、B、C，然后调用 rename() 方法直接将 df 对象的每个列索引名称重命名为 a、b、c。从输出结果看出，列索引的名称发生了变化，变化前后的效果如图 4-27 所示。

重命名前

	A	B	C
0	A0	B0	C0
1	A1	B1	C1
2	A2	B2	C2
3	A3	B3	C3

重命名后

	a	b	c
0	A0	B0	C0
1	A1	B1	C1
2	A2	B2	C2
3	A3	B3	C3

图 4-27　重命名列索引示例

除此之外，还可以根据 str 中提供的使字符串变成小写的功能函数 lower() 来重命名索引的名称，无须再使用字典逐个进行替换，具体示例代码如下。

```
In [41]: import pandas as pd
         df=pd.DataFrame({'A': ['A0', 'A1', 'A2', 'A3'],
                          'B': ['B0', 'B1', 'B2', 'B3'],
                          'C': ['C0', 'C1', 'C2', 'C3']})
         df.rename(str.lower, axis='columns')
Out[41]:
```

```
      a    b    c
0    A0   B0   C0
1    A1   B1   C1
2    A2   B2   C2
3    A3   B3   C3
```

使用 rename() 方法也可以对行索引进行重命名，示例代码如下。

```
In [42]: import pandas as pd
          df=pd.DataFrame({'A': ['A0', 'A1', 'A2', 'A3'],
                           'B': ['B0', 'B1', 'B2', 'B3'],
                           'C': ['C0', 'C1', 'C2', 'C3']})
          df.rename(index={1: 'a', 2: 'b'}, inplace=True)
          df
Out[42]:
      A    B    C
0    A0   B0   C0
a    A1   B1   C1
b    A2   B2   C2
3    A3   B3   C3
```

值得一提的是，参数 index 与 columns 的使用方式相同，都可以接收一个字典，其中字典的键代表旧索引名，字典的值代表新索引名。

4.4.2 离散化连续数据

有时候我们会碰到这样的需求，例如，将有关年龄的数据进行离散化（分桶）或拆分为"面元"，直白来说，就是将年龄分成几个区间。Pandas 的 cut () 函数能够实现离散化操作，该函数的语法格式如下：

```
pandas.cut (x, bins, right=True, labels=None, retbins=False,
            precision=3, include_lowest=False, duplicates='raise' )
```

上述函数中常用参数表示的含义如下：

（1）x：表示要分箱的数组，必须是一维的。

（2）bins：接收 int 和序列类型的数据。如果传入的是 int 类型的值，则表示在 x 范围内的等宽单元的数量（划分为多少个等间距区间）；如果传入的是一个序列，则表示将 x 划分在指定的序列中，若不在此序列中，则为 NaN。

（3）right：是否包含右端点，决定区间的开闭，默认为 True。

（4）labels：用于生成区间的标签。

（5）retbins：是否返回 bin。

（6）precision：精度，默认保留三位小数。

（7）include_lowest：是否包含左端点。

cut() 函数会返回一个 Categorical 对象，我们可以将其看作一组表示面元名称的字符串，它包含了分组的数量以及不同分类的名称。

假设当前有一组年龄数据，需要将这组年龄数据划分为 0 ～ 12 岁、12 ～ 25 岁、25 ～ 45 岁、45 ～ 50 岁、50 岁以上共 5 种类型，图 4–28 是将这些数据经过面元划分前后的对比效果。

面元化处理前　　　　　面元化处理后

	年龄
0	15
1	19
2	25
3	22
4	30
5	45
6	66
7	70
8	58

	年龄
0	(12,25]
1	(12,25]
2	(12,25]
3	(12,25]
4	(25,45]
5	(25,45]
6	(50,100]
7	(50,100]
8	(50,100]

图 4-28　面元化处理过程

接下来，我们通过一个示例来演示如何使用 cut() 函数将这组年龄数据进行面元划分，具体代码如下：

```
In [43]: import pandas as pd
         # 使用 pandas 的 cut 函数划分年龄组
         ages=[20, 22, 25, 27, 21, 23, 37, 31, 61, 45, 32]
         bins=[0, 18, 25, 35, 60, 100]
         cuts=pd.cut(ages, bins)
         cuts
Out[43]:
         [(18, 25], (18, 25], (18, 25], (25, 35], (18, 25], ..., (35, 60],
          (25, 35], (60, 100], (35, 60], (25, 35]]
         Length: 11
         Categories (5, interval[int64]): [(0, 18]<(18, 25]<(25, 35]<
                                           (35, 60)<(60, 100))
```

上述代码中，定义了表示年龄数据集和划分规则的变量 ages 和 bins，然后调用 cut() 函数将 ages 按照 bins 的划分规则进行离散化。上述示例返回了一个 Categories 类对象，它包含了面元划分的个数以及各区间的范围。

Categories 对象中的区间范围跟数学符号中的"区间"一样，都是用圆括号表示开区间，用方括号则表示闭区间。如果希望设置左闭右开区间，则可以在调用 cut() 函数时传入 right=False 进行修改，示例代码如下。

```
In [44]: pd.cut(ages, bins=bins, right=False)
Out[44]:
[[18, 25), [18, 25), [25, 35), [25, 35), [18, 25), ..., [35, 60), [25, 35),
[60, 100), [35, 60), [25, 35)]
Length: 11
Categories (5, interval[int64]): [[0, 18) < [18, 25) < [25, 35) < [35, 60)
< [60, 100)]
```

4.4.3　哑变量处理类别型数据

哑变量又称虚拟变量、名义变量，从名称上看就知道，它是人为虚设的变量，用来反映某个变量的不同类别。使用哑变量处理类别转换，事实上就是将分类变量转换为哑变量矩阵或指标矩阵，矩阵的值通常用 "0" 或 "1" 表示。

假设变量 "职业" 的取值分别为司机、学生、导游、工人、教师共 5 种选项，如果使用哑变量表示，则可以分别表示为 col_ 司机（1= 司机 /0= 非司机）、col_ 学生（1= 学生 /0= 非学生）、col_ 导游（1= 导游 /0= 非导游）、col_ 工人（1= 工人 /0= 非工人）、col_ 教师（1= 教师 /0= 非教师），使用哑变量处理后的结果如图 4–29 所示。

原始数据

	职业
0	工人
1	学生
2	司机
3	教师
4	导游

哑变量转换后

	col_司机	col_学生	col_导游	col_工人	col_教师
0	0	0	0	1	0
1	0	1	0	0	0
2	1	0	0	0	0
3	0	0	0	0	1
4	0	0	1	0	0

图 4–29　经过哑变量转换后

在 Pandas 中，可以使用 get_dummies() 函数对类别特征进行哑变量处理，其语法格式如下：

```
pandas.get_dummies(data, prefix=None, prefix_sep='_', dummy_na=False,
    columns=None, sparse=False, drop_first=False, dtype=None)
```

上述函数中常用参数表示的含义如下：

（1）data：可接收数组、DataFrame 或 Series 对象，表示哑变量处理的数据。

（2）prefix：表示列名的前缀，默认为 None。

（3）prefix_sep：用于附加前缀作为分隔符使用，默认为 "_"。

（4）dummy_na：表示是否为 NaN 值添加一列，默认为 False。

（5）columns：表示 DataFrame 要编码的列名，默认为 None。

（6）sparse：表示虚拟列是否是稀疏的，默认为 False。

（7）drop_first：是否通过从 k 个分类级别中删除第一个级来获得 k–1 个分类级别，默认为 False。

接下来，通过一个示例来演示通过 get_dummies() 函数进行哑变量处理的效果，具体代码如下：

```
In [45]: import pandas as pd
        df1 = pd.DataFrame({'职业': ['工人', '学生', '司机', '教师', '导游']})
        pd.get_dummies(df1, prefix=['col_'])  # 哑变量处理
Out[45]:
        col_ 司机    col_ 学生    col_ 导游    col_ 工人    col_ 教师
0         0          0          0          1          0
1         0          1          0          0          0
2         1          0          0          0          0
3         0          0          0          0          1
4         0          0          1          0          0
```

上述示例中，创建了一个 DataFrame 对象 df1，接着调用了 get_dummies() 函数进行哑变量处理，将数据变成哑变量矩阵，每个特征数据（如学生）为单独一列，通过 prefix 参数给每个列名添加了前缀 "col"，并用 "_" 进行连接，使其变为 col_ 司机、col_ 学生、col_ 导游、col_ 工人、col_ 教师。

通过输出结果可以看出，一旦原始数据中的值在矩阵中出现，就会以数值 1 表现出来，其余则以 0 显示。

4.5　案例——预处理部分地区信息

为了让读者更好地理解 Pandas 的预处理，能够在实际应用中运用所学的知识，接下来，本节将通过对 2016 年北京地区和天津地区数据处理过程，带领大家学习如何使用 Pandas 对数据进行预处理操作。

4.5.1　案例需求

本案例准备了一些从网上爬取的关于北京和天津地区的统计信息，这些数据中都或多或少存在一些问题，比如重复的数据、缺失的数据。本案例将使用 Pandas 对爬取的数据进行预处理操作，具体包括：

（1）检查重复数据，一旦发现有重复的数据，就需要将其进行删除。

（2）检查缺失值，为了保持数据的完整性，通常会使用某个数据填充。

（3）检查异常值，一旦发现数据中存在异常值，通常先要对照原始数据进一步确认，如果是错误的数值，则直接使用正确的数值进行替换即可。

当所有的数据确认无误以后，这里我们增加一步合并的操作，将多张表格信息合并为一张表格，从而教会大家如何在实际应用中，根据自己的需求选择合适的合并功能函数。

4.5.2　数据准备

通过网络爬虫爬取了 2016 年北京地区和天津地区的一些统计信息，并根据不同的地区整理成两个文件，分别为"北京地区信息 .csv"和"天津地区信息 .csv"，用 Excel 工具打开后如图 4-30 所示。

	A	B	C	D	E	F	G	H	I	J
1	省级单位	地级单位	县级单位	区划类型	行政面积（Km²）	户籍人口（万人）	男性	女性	GDP（亿元）	常住人口（万人）
2	北京	北京	西城区	市辖区	51	146.47	72.88	73.59	3602.36	125.9
3	北京	北京	东城区	市辖区	42	97.41	47.91	49.5	2061.8	87.8
4	北京	北京	丰台区	市辖区	306	115.33	58.39	56.95	1297.03	225.5
5	北京	北京	西城区	市辖区	51	146.47	72.88	73.59	3602.36	125.9
6	北京	北京	朝阳区	市辖区	455	210.91	105.43	105.48	5171.03	395.6
7	北京	北京	房山区	市辖区	1990	81.28	40.76	40.52	606.61	109.6
8	北京	北京	丰台区	市辖区	306	115.33	58.39	56.95	1297.03	225.5
9	北京	北京	石景山区	市辖区	84	38.69	19.87	18.82	482.14	63.4
10	北京	北京	海淀区	市辖区	431	240.2	120.08	120.12	5395.16	359.3
11	北京	北京	房山区	市辖区	1990	81.28	40.76	40.52	606.61	109.6
12	北京	北京	通州区	市辖区	906	74.68	37.08	37.6	674.81	142.8
13	北京	北京	顺义区	市辖区	1020	62.74	31.12	31.61	1591.6	107.5
14	北京	北京	昌平区	市辖区	1344	61.14	30.72	30.41	753.39	201
15	北京	北京	大兴区	市辖区	1036	68.38	34.02	34.36	1796.95	169.4
16	北京	北京	门头沟区	市辖区	1451	25.12	12.8	12.32	157.86	31.1
17	北京	北京	怀柔区	市辖区	2123	28.29	14.13	14.16	259.41	43.7
18	北京	北京	平谷区	市辖区	950	40.2	20.22	19.98	218.31	43.7
19	北京	北京	密云区	市辖区	2229	43.59	21.77	21.82	251.13	48.3
20	北京	北京	延庆区	市辖区	1994	28.42	14.32	14.11	122.66	32.7

图 4-30　北京和天津地区统计信息表

图 4-30　北京和天津地区统计信息表（续）

通过观察上述表格可知，"北京地区信息"的表格中存在着重复的数据（比如，第 4 行和第 8 行），"天津地区信息"的表格中存在着缺失数据（第 11 行），这些有问题的数据都可以利用 Pandas 的预处理技术进行解决。

4.5.3　功能实现

由于数据都保存在 csv 文件中，所以需要用 Pandas 提供的 read_csv() 方法，分别从"北京地区信息 .csv"和"天津地区信息 .csv"文件中读取数据，转换成 DataFrame 对象展示，具体实现代码如下。

```
In [46]: import pandas as pd
         # 读取北京地区信息
         file_path_bj = open('C:/Users/admin/Desktop/ 北京地区信息 .csv')
         file_data_bjinfo = pd.read_csv(file_path_bj)
         file_data_bjinfo
Out[46]:
```

	省级单位	地级单位	县级单位	区划类型	...	男性	女性	GDP(亿元)	常住人口(万人)
0	北京	北京	西城区	市辖区	...	72.88	73.59	3602.36	125.9
1	北京	北京	东城区	市辖区	...	47.91	49.50	2061.80	87.8
2	北京	北京	丰台区	市辖区	...	58.39	56.95	1297.03	225.5
3	北京	北京	西城区	市辖区	...	72.88	73.59	3602.36	125.9
4	北京	北京	朝阳区	市辖区	...	105.43	105.48	5171.03	385.6
5	北京	北京	房山区	市辖区	...	40.76	40.52	606.61	109.6
6	北京	北京	丰台区	市辖区	...	58.39	56.95	1297.03	225.5
7	北京	北京	石景山区	市辖区	...	19.87	18.82	482.14	63.4
8	北京	北京	海淀区	市辖区	...	120.08	120.12	5395.16	359.3
9	北京	北京	房山区	市辖区	...	40.76	40.52	606.61	109.6
10	北京	北京	通州区	市辖区	...	37.08	37.60	674.81	142.8
11	北京	北京	顺义区	市辖区	...	31.12	31.61	1591.60	107.5
12	北京	北京	昌平区	市辖区	...	30.72	30.41	753.39	201.0
13	北京	北京	大兴区	市辖区	...	34.02	34.36	1796.95	169.4
14	北京	北京	门头沟区	市辖区	...	12.80	12.32	157.86	31.1
15	北京	北京	怀柔区	市辖区	...	14.13	14.16	259.41	39.3
16	北京	北京	平谷区	市辖区	...	20.22	19.98	218.31	43.7
17	北京	北京	密云区	市辖区	...	21.77	21.82	251.13	48.3

```
18    北京    北京    延庆区    市辖区    ...    14.32    14.11    122.66    32.7
[19 rows x 10 columns]
In [47]: # 读取天津地区信息
         file_path_tj=open('C:/Users/admin/Desktop/ 天津地区信息 .csv')
         file_data_tjinfo=pd.read_csv(file_path_tj)
         file_data_tjinfo
Out[47]:
    省级单位  地级单位  县级单位  区划类型   ...   男性     女性     GDP（亿元）  常住人口（万人）
0    天津    天津    和平区    市辖区    ...   20.37   21.95   802.62   35.19
1    天津    天津    河东区    市辖区    ...   38.06   37.73   290.98   97.61
2    天津    天津    河西区    市辖区    ...   40.83   42.37   819.85   99.25
3    天津    天津    南开区    市辖区    ...   43.30   43.98   652.09   114.55
4    天津    天津    河北区    市辖区    ...   31.86   31.56   415.67   89.24
5    天津    天津    红桥区    市辖区    ...   25.93   25.73   208.16   56.69
6    天津    天津    东丽区    市辖区    ...   18.83   18.87   927.08   76.04
7    天津    天津    西青区    市辖区    ...   19.85   20.38   1040.27  85.37
8    天津    天津    津南区    市辖区    ...   22.35   22.48   810.16   89.41
9    天津    天津    北辰区    市辖区    ...   20.09   20.30   1058.14  NaN
10   天津    天津    武清区    市辖区    ...   45.86   46.41   1151.65  119.96
11   天津    天津    宝坻区    市辖区    ...   35.72   35.39   684.07   92.98
12   天津    天津    滨海新区  市辖区    ...   66.04   62.14   6654.00  299.42
13   天津    天津    宁河区    市辖区    ...   20.21   19.79   525.37   49.57
14   天津    天津    静海区    市辖区    ...   30.35   29.44   667.83   79.29
15   天津    天津    蓟州区    市辖区    ...   43.86   42.38   392.55   91.15
[16 rows x 10 columns]
```

从输出的结果可以看出，file_data_bjinfo 对象中存在着一些重复的数据，例如，行索引为 0 和 3 的数据是一样的，行索引为 2 和 6 的数据是一样的，行索引为 5 和 9 的数据也是一样的。而 file_data_tjinfo 对象中，行索引为 9 的一行中有 NaN 值，接下来我们逐个来解决这些问题。

1. 重复值的检查和处理

Pandas 中使用 duplicated() 方法检测重复的数据，只要发现有重复的数据，就会使用 True 标记此行数据。接下来，调用 duplicated() 方法检查 file_data_bjinfo 和 file_data_tjinfo 对象，具体代码如下。

```
In [48]: # 检测 file_data_bjinfo 中的数据，返回 True 的表示是重复数据
         file_data_bjinfo.duplicated()
Out[48]:
0     False
1     False
2     False
3      True
4     False
5     False
6      True
7     False
8     False
9      True
10    False
```

```
11      False
12      False
13      False
14      False
15      False
16      False
17      False
18      False
dtype: bool
In [49]: # 检测 file_data_tjinfo 中的数据，返回 True 的表示是重复数据
         file_data_tjinfo.duplicated()
Out[49]:
0       False
1       False
2       False
3       False
4       False
5       False
6       False
7       False
8       False
9       False
10      False
11      False
12      False
13      False
14      False
15      False
dtype: bool
```

通过两次的输出结果可以看出，file_data_bjinfo 中索引 3、6、9 对应的值为 True，表明这几行的数据都是重复的，而 file_data_tjinfo 中没有重复的数据。

接下来，调用 drop_duplicates() 方法删除检测出来的重复数据，具体代码如下。

```
In [50]: # 北京地区  删除重复数据
         file_data_bjinfo = file_data_bjinfo.drop_duplicates()
         file_data_bjinfo
Out[50]:
    省级单位  地级单位  县级单位  区划类型  ...    男性      女性     GDP(亿元)  常住人口(万人)
0   北京    北京    西城区   市辖区   ...  72.88   73.59   3602.36   125.9
1   北京    北京    东城区   市辖区   ...  47.91   49.50   2061.80    87.8
2   北京    北京    丰台区   市辖区   ...  58.39   56.95   1297.03   225.5
4   北京    北京    朝阳区   市辖区   ... 105.43  105.48   5171.03   385.6
5   北京    北京    房山区   市辖区   ...  40.76   40.52    606.61   109.6
7   北京    北京    石景山区 市辖区   ...  19.87   18.82    482.14    63.4
8   北京    北京    海淀区   市辖区   ... 120.08  120.12   5395.16   359.3
10  北京    北京    通州区   市辖区   ...  37.08   37.60    674.81   142.8
11  北京    北京    顺义区   市辖区   ...  31.12   31.61   1591.60   107.5
12  北京    北京    昌平区   市辖区   ...  30.72   30.41    753.39   201.0
```

```
13    北京    北京    大兴区    市辖区    ...    34.02    34.36    1796.95    169.4
14    北京    北京    门头沟区  市辖区    ...    12.80    12.32    157.86     31.1
15    北京    北京    怀柔区    市辖区    ...    14.13    14.16    259.41     39.3
16    北京    北京    平谷区    市辖区    ...    20.22    19.98    218.31     43.7
17    北京    北京    密云区    市辖区    ...    21.77    21.82    251.13     48.3
18    北京    北京    延庆区    市辖区    ...    14.32    14.11    122.66     32.7
[16 rows x 10 columns]
```

从输出结果中可以看出，包含重复数据的行已经被删除掉了。

2. 缺失值的检查和处理

缺失值的处理可以使用 isnull() 函数进行检测，当返回结果中有 True 值时，则表示数据中存在缺失数据。比如，调用 isnull() 函数检测 file_data_tjinfo 中是否有缺失值，具体代码如下：

```
In [51]: file_data_tjinfo.isnull()  # 检测数据是否存在缺失数据
Out[51]:
    省级单位  地级单位  县级单位  区划类型  ...  男性   女性  GDP(亿元) 常住人口（万人）
0   False  False  False  False  ... False False  False    False
1   False  False  False  False  ... False False  False    False
2   False  False  False  False  ... False False  False    False
3   False  False  False  False  ... False False  False    False
4   False  False  False  False  ... False False  False    False
5   False  False  False  False  ... False False  False    False
6   False  False  False  False  ... False False  False    False
7   False  False  False  False  ... False False  False    False
8   False  False  False  False  ... False False  False    False
9   False  False  False  False  ... False False  False    True
10  False  False  False  False  ... False False  False    False
11  False  False  False  False  ... False False  False    False
12  False  False  False  False  ... False False  False    False
13  False  False  False  False  ... False False  False    False
14  False  False  False  False  ... False False  False    False
15  False  False  False  False  ... False False  False    False
[16 rows x 10 columns]
```

对 file_data_bjinfo 进行缺失数据检测时，发现其索引为 9 的一行中有 True 值，这表明该行中存在缺失数据。对于缺失数据的处理方法主要有删除数据、数据补齐、暂不处理三种，如果采用删除缺失数据或暂不处理的方式，则会影响数据的完整性，因此，这里采用数据补齐的方式来处理缺失的数据。

数据补齐的方法有很多种，最为准确的方法是进行人工填写，但同时也是最为费时的操作，这里我们可以使用平均值作为填充数据。由于这里只有"常住人口"这列数据有缺失值，所以只需要对此列数据进行填充即可，具体代码如下。

```
In [52]: # 计算常住人口的平均数，设置为 float 类型并保留两位小数
         population = float("{:.2f}".format(
                        file_data_tjinfo[' 常住人口（万人）'].mean()))
         # 以字典映射的形式将需要填充的数据进行对应
         values={' 常住人口（万人）':population}
```

```
            file_data_tjinfo = file_data_tjinfo.fillna(value=values)
            file_data_tjinfo
Out[52]:
```

	省级单位	地级单位	县级单位	区划类型	...	男性	女性	GDP（亿元）	常住人口（万人）
0	天津	天津	和平区	市辖区	...	20.37	21.95	802.62	35.19
1	天津	天津	河东区	市辖区	...	38.06	37.73	290.98	97.61
2	天津	天津	河西区	市辖区	...	40.83	42.37	819.85	99.25
3	天津	天津	南开区	市辖区	...	43.30	43.98	652.09	114.55
4	天津	天津	河北区	市辖区	...	31.86	31.56	415.67	89.24
5	天津	天津	红桥区	市辖区	...	25.93	25.73	208.16	56.69
6	天津	天津	东丽区	市辖区	...	18.83	18.87	927.08	76.04
7	天津	天津	西青区	市辖区	...	19.85	20.38	1040.27	85.37
8	天津	天津	津南区	市辖区	...	22.35	22.48	810.16	89.41
9	天津	天津	北辰区	市辖区	...	20.09	20.30	1058.14	98.38
10	天津	天津	武清区	市辖区	...	45.86	46.41	1151.65	119.96
11	天津	天津	宝坻区	市辖区	...	35.72	35.39	684.07	92.98
12	天津	天津	滨海新区	市辖区	...	66.04	62.14	6654.00	299.42
13	天津	天津	宁河区	市辖区	...	20.21	19.79	525.37	49.57
14	天津	天津	静海区	市辖区	...	30.35	29.44	667.83	79.29
15	天津	天津	蓟州区	市辖区	...	43.86	42.38	392.55	91.15

```
[16 rows x 10 columns]
```

上述代码计算了"常住人口"一列的平均值，由于该列的数据类型为 float 且保留两位小数，所以这里使用格式化字符串使平均值保留了两位小数，并强转为 float 类型，然后通过 fillna() 方法将平均值填充到缺失值所在的位置。

从输出的结果可以看出，之前的 NaN 值已经被计算的平均值替代了。

3. 异常值的检查和处理

所有的数据确保补充完整之后，便可以对它们进行异常值的检测。检测异常值的方式有两种，分别为拉依达和箱形图，其中，拉依达准则是指先假设一组检测数据只含有随机误差，对其进行计算处理得到标准偏差，按一定概率确定一个区间，认为凡超过这个区间的误差，就不属于随机误差而是粗大误差，含有该误差的数据应予以剔除。箱线图是一种用作显示一组数据分散情况资料的统计图，它主要包含 6 个数据节点，将一组数据从大到小排列，分别计算出它的上边缘、上四分位数、中位数、下四分位数、下边缘及异常值。

由于箱形图表现异常值的方式更加直观，所以这里使用箱形图的方式对这两组数据进行检测，具体代码如下：

```
In [53]: # 对北京地区信息进行异常值检测
            file_data_bjinfo.boxplot(column=['行政面积（K㎡）',
            '户籍人口（万人）','男性','女性','GDP（亿元）','常住人口（万人）'])
Out[53]:
```

运行结果如图 4-31 所示。

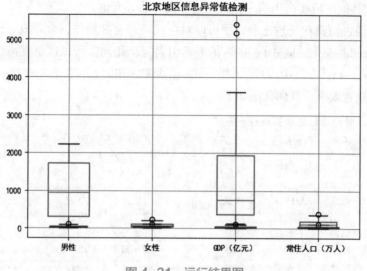

图 4-31　运行结果图

```
In [54]: # 对天津地区信息进行异常值检测
         file_data_tjinfo.boxplot(column=[' 行政面积（km²）',
           ' 户籍人口（万人）',' 男性 ',' 女性 ','GDP（亿元）',' 常住人口（万人）'])
Out[54]:
```

运行结果如图 4-32 所示。

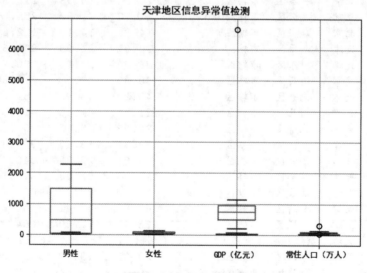

图 4-32　运行结果图

　　从两次输出的图表中可以看出，这两组数据中都存在异常值。以天津地区信息为例，在 GDP 这列数据中有一个明显高于其他值（大于 6 000）的数据。与原始的 file_data_tjinfo 对象进行对照，发现这个值是滨海新区的 GDP 值，由于滨海新区地域性的特点，它已经成为北方对外开放的门户，以及高水平的现代制造业和转化基地，有着"中国经济的第三增长极"的美誉，所以 GDP 产值比其他区域要高出很多，所以这个值并非异常值。

当两组数据经过检测和处理之后，便可以对它们进行合并操作，合并成一组完整的地区数据。由于 file_data_bjinfo 和 file_data_tjinfo 的列索引名完全相同，所以这里直接将 file_data_tjinfo 的数据拼接到 file_data_bjinfo 中即可。调用 concat() 函数将 file_data_bjinfo 和 file_data_tjinfo 进行纵向堆叠，并且重置索引，具体代码如下。

```
In [55]: # 对两地信息数据进行合并
         pd.concat([file_data_bjinfo,file_data_tjinfo],
                   ignore_index=True)
Out[55]:
```

	省级单位	地级单位	县级单位	区划类型	...	男性	女性	GDP（亿元）	常住人口（万人）
0	北京	北京	西城区	市辖区	...	72.88	73.59	3602.36	125.90
1	北京	北京	东城区	市辖区	...	47.91	49.50	2061.80	87.80
2	北京	北京	丰台区	市辖区	...	58.39	56.95	1297.03	225.50
3	北京	北京	朝阳区	市辖区	...	105.43	105.48	5171.03	385.60
4	北京	北京	房山区	市辖区	...	40.76	40.52	606.61	109.60
5	北京	北京	石景山区	市辖区	...	19.87	18.82	482.14	63.40
6	北京	北京	海淀区	市辖区	...	120.08	120.12	5395.16	359.30
7	北京	北京	通州区	市辖区	...	37.08	37.60	674.81	142.80
8	北京	北京	顺义区	市辖区	...	31.12	31.61	1591.60	107.50
9	北京	北京	昌平区	市辖区	...	30.72	30.41	753.39	201.00
10	北京	北京	大兴区	市辖区	...	34.02	34.36	1796.95	169.40
11	北京	北京	门头沟区	市辖区	...	12.80	12.32	157.86	31.10
12	北京	北京	怀柔区	市辖区	...	14.13	14.16	259.41	39.30
13	北京	北京	平谷区	市辖区	...	20.22	19.98	218.31	43.70
14	北京	北京	密云区	市辖区	...	21.77	21.82	251.13	48.30
15	北京	北京	延庆区	市辖区	...	14.32	14.11	122.66	32.70
16	天津	天津	和平区	市辖区	...	20.37	21.95	802.62	35.19
17	天津	天津	河东区	市辖区	...	38.06	37.73	290.98	97.61
18	天津	天津	河西区	市辖区	...	40.83	42.37	819.85	99.25
19	天津	天津	南开区	市辖区	...	43.30	43.98	652.09	114.55
20	天津	天津	河北区	市辖区	...	31.86	31.56	415.67	89.24
21	天津	天津	红桥区	市辖区	...	25.93	25.73	208.16	56.69
22	天津	天津	东丽区	市辖区	...	18.83	18.87	927.08	76.04
23	天津	天津	西青区	市辖区	...	19.85	20.38	1040.27	85.37
24	天津	天津	津南区	市辖区	...	22.35	22.48	810.16	89.41
25	天津	天津	北辰区	市辖区	...	20.09	20.30	1058.14	98.38
26	天津	天津	武清区	市辖区	...	45.86	46.41	1151.65	119.96
27	天津	天津	宝坻区	市辖区	...	35.72	35.39	684.07	92.98
28	天津	天津	滨海新区	市辖区	...	66.04	62.14	6654.00	299.42
29	天津	天津	宁河区	市辖区	...	20.21	19.79	525.37	49.57
30	天津	天津	静海区	市辖区	...	30.35	29.44	667.83	79.29
31	天津	天津	蓟州区	市辖区	...	43.86	42.38	392.55	91.15

```
[32 rows x 10 columns]
```

从输出的结果可以看出，两组数据进行了合并，并且行索引也进行了重置。

至此，数据已经经过了预处理，可以将其进行存储以便后期的数据挖掘与分析。数据处理过程中，需要根据数据的特征以及实际需求进行相应的操作，对于没必要的操作则应该省去。

小　结

　　本章主要对数据预处理的常用操作进行了介绍，包括数据清洗、数据合并、数据重塑以及数据转换等。通过对本章的学习，希望大家要多加练习，并能够在实际场景中选择合理的方式对数据进行预处理操作。

习　题

一、填空题

1. 数据清洗的目的是让数据具有完整性、唯一性、_____、_____、_____等特点。
2. 产生缺失值或空值的原因有_____和_____。
3. stack() 方法可以将_____转换为_____。
4. concat() 函数的堆叠方式有横向堆叠和_____，连接方式有内连接和_____。
5. 拉依达原则在检测异常值时必须保证数据遵守_____。

二、判断题

1. rename() 方法可以重命名索引名。　　　　　　　　　　　　　　　（　　）
2. drop_duplicated() 方法可以删除重复值。　　　　　　　　　　　（　　）
3. 在箱形图中超出上界和下界的值称为异常值。　　　　　　　　　（　　）
4. 一个具有多层索引的 DataFrame 对象经过 stack() 后，会返回一个 Series 对象。　（　　）
5. 在使用 merge() 函数进行合并时，不需要指定合并键。　　　　（　　）

三、选择题

1. 下列选项中，描述不正确的是（　　　）。
   - A. 数据清洗的目的是为了提高数据质量
   - B. 异常值一定要删除
   - C. 可使用 drop_duplicates() 方法删除重复数据
   - D. concat() 函数可以沿着一条轴将多个对象进行堆叠
2. 请阅读下面一段程序：

```
from pandas import Series
import pandas as pd
from numpy import NaN
series_obj = Series([None, 4, NaN])
pd.isnull(series_obj)
```

执行上述程序后，最终输出的结果为（　　　）。

A.		B.		C.		D.	
0	True	0	True	0	False	0	True
1	False	1	True	1	True	1	True
2	True	2	False	2	True	2	True

3. 下列选项中，可以用于删除缺失值或空值的方法是（　　　）。
   - A. isnull()
   - B. notnull()
   - C. dropna()
   - D. fillna()

4. 下列选项中，描述不正确是（　　　　）。

    A. concat() 函数可以沿着一条轴将多个对象进行堆叠

    B. merge() 函数可以根据一个或多个键将不同的 DataFrame 进行合并

    C. 可以使用 rename() 方法对索引进行重命名操作

    D. unstack() 方法可以将列索引旋转为行索引

5. 请阅读下面一段程序：

```
import numpy as np
import pandas as pd
ser_obj=pd.Series([4, np.nan, 6, 5, -3, 2])
ser_obj.sort_values()
```

执行上述程序后，最终输出的结果为（　　　　）。

A.		B.		C.		D.	
4	−3.0	1	NaN	5	2.0	0	4.0
5	2.0	2	6.0	0	4.0	1	NaN
0	4.0	3	5.0	3	5.0	2	6.0
3	5.0	0	4.0	2	6.0	3	5.0
2	6.0	5	2.0	4	−3.0	4	−3.0
1	NaN	4	−3.0	1	NaN	5	2.0

四、简答题

1. 请简述数据预处理的常用操作。

2. 常用的数据合并操作有哪些？

五、程序题

现有如下图所示的两组数据，其中 A 组中 B 列数据存在缺失值，并且该列数据为 int 类型，B 组中的数据均为 str 类型。

A组

	A	B	C	key
0	2	5	8	3
1	3	NaN	7	4
2	5	2	50	5
3	2	3	8	2
4	3	6	2	5

B组

	A	B	C
0	3	3	3
1	4	4	4
2	5	5	5

请对这些数据进行以下操作：

1. 使用 DataFrame 创建这两组数据。

2. 使用 B 组中的数据对 A 组中的缺失值进行填充，并保持数据类型一致。

3. 将合并后 A 组中索引名为 key 的索引重命名为 D。

第 5 章
数据聚合与分组运算

学习目标

◆理解分组与聚合的原理。

◆掌握 groupby() 方法，可以按照不同的规则进行分组。

◆掌握聚合操作，会使用统计方法和聚合方法聚合数据。

◆掌握其他分组级运算方法的使用。

　　某水果商店中有多种水果，该商店根据水果的品质将其分为 A、B、C 三个不同的级别，每个级别的价格均不同，现已知苹果、草莓、荔枝不同品质的价格和每种级别售卖的重量，在统计每种水果的销售额时只需统计水果种类，不需要统计水果级别，所以在进行计算总金额时需要将同种不同级别的水果归为一组。这个过程中用到的思想就是分组聚合——数据重组后再合并。Pandas 提供了用于分组与聚合操作的一系列方法，具体包括分组方法 groupby()、聚合方法 agg()、转换方法 transform()、应用方法 apply()，掌握了这些方法的使用，便可以有效地提高数据分析的效率。

▍5.1　分组与聚合的原理

　　分组与聚合是数据分析中比较常见的操作。在 Pandas 中，分组是指使用特定的条件将原数据划分为多个组；聚合在这里指的是对每个分组中的数据执行某些操作（如聚合、转换等），最后将计算的结果进行整合。

　　分组与聚合（split-apply-combine）的过程大概分为三步，具体如下：

　　（1）拆分（split）：将数据集按照一些标准拆分为若干个组。拆分操作是在指定轴上进行的，既可以对横轴方向上的数据进行分组，也可以对纵轴方向上的数据进行分组。

　　（2）应用（apply）：将某个函数或方法（内置和自定义均可）应用到每个分组。

　　（3）合并（combine）：将产生的新值整合到结果对象中。

　　接下来，通过一个示例来演示分组与聚合的整个过程，具体如图 5-1 所示。

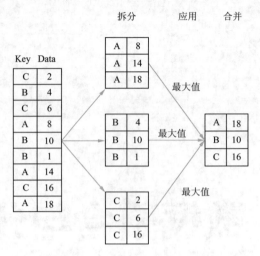

图 5-1　分组聚合过程示意图

图 5-1 使用求分组最大值的例子描述了分组与聚合的整个过程。在图 5-1 中，最左边是一个表格，该表格中"Key"列的数据只有"A""B""C"。按照 Key 列进行分组，把该列中所有数据为"A"的分成一组，所有数据为"B"的分成一组，所有数据为"C"的分成一组，共分成三组，然后对每个分组执行求最大值的操作，计算出每个分组的最大值为 18、10、16，此时每个分组中只有一个最大值，最后将所有分组的最大值整合在一起。

5.2　通过 groupby() 方法将数据拆分成组

分组聚合的第一个步骤是将数据拆分成组。在 Pandas 中，可以通过 groupby() 方法将数据集按照某些标准划分成若干个组，该方法的语法格式如下：

```
groupby(by=None, axis=0, level=None, as_index=True, sort=True,
        group_keys=True, squeeze=False, observed=False, **kwargs)
```

部分参数表示的含义如下：

（1）by：用于确定进行分组的依据。

（2）axis：表示分组轴的方向，可以为 0（表示按行）或 1（表示按列），默认为 0。

（3）level：如果某个轴是一个 MultiIndex 对象（索引层次结构），则会按特定级别或多个级别分组。

（4）as_index：表示聚合后的数据是否以组标签作为索引的 DataFrame 对象输出，接收布尔值，默认为 True。

（5）sort：表示是否对分组标签进行排序，接收布尔值，默认为 True。

通过 groupby() 方法执行分组操作，会返回一个 GroupBy 对象，该对象实际上并没有进行任何计算，只是包含一些关于分组键（比如 df_obj['key1']）的中间数据而已。一般，使用 Series 调用 groupby() 方法返回的是 SeriesGroupBy 对象，而使用 DataFrame 调用 groupby() 方法返回的是 DataFrameBy 对象。

在进行分组时，可以通过 groupby() 方法的 by 参数来指定按什么标准分组，by 参数可以接收的数据有多种形式，类型也不必相同，常用的分组方式主要有以下 4 种：

◆ 列表或数组，其长度必须与待分组的轴一样。

◆ DataFrame 对象中某列的名称。

◆ 字典或 Series 对象，给出待分组轴上的值与分组名称之间的对应关系。

◆ 函数，用于处理轴索引或索引中的各个标签。

为了能够让读者更好地理解，接下来，分别对上述几种分组方式进行详细的讲解，具体内容如下。

1. 通过列名进行分组

在 Pandas 对象中，如果它的某一列数据满足不同的划分标准，则可以将该列当做分组键来拆分数据集。例如，创建一个 DataFrame 对象，具体代码如下。

```
In [1]: import pandas as pd
        df = pd.DataFrame({"Key":['C','B','C','A','B','B','A','C','A'],
                          "Data":[2,4,6,8,10,1,14,16,18]})
        df
Out[1]:
  Key  Data
0  C     2
1  B     4
2  C     6
3  A     8
4  B    10
5  B     1
6  A    14
7  C    16
8  A    18
```

然后，调用 groupby() 方法时把列名 Key 传给 by 参数，代表将 Key 作为分组键，让 df 对象按照 Key 列进行分组，具体示例代码如下：

```
In [2]: # 按 Key 列进行分组
        df.groupby(by='Key')
Out[2]: <pandas.core.groupby.groupby.DataFrameGroupBy object at
        0x0000000006E274A8>
```

从输出的结果可以看出，DataFrame 经过分组后得到了一个 DataFrameGroupBy 对象，该对象是一个可迭代的对象，即只有在真正需要的时候才会执行计算（采用惰性计算）。

如果要查看每个分组的具体内容，则可以使用 for 循环遍历 DataFrameGroupBy 对象。例如，在上述示例代码的基础上，使用一个变量接收返回的 DataFrameGroupBy 对象，之后用 for 循环进行遍历，示例代码如下。

```
In [3]: group_obj=df.groupby('Key')
        # 遍历分组对象
        for i in group_obj:
            print(i)
# 输出结果
```

```
('A',      Key  Data
3     A     8
6     A    14
8     A    18)
('B',      Key  Data
1     B     4
4     B    10
5     B     1)
('C',       Key  Data
0     C     2
2     C     6
7     C    16)
```

上述示例中，调用groupby()方法让df对象按分组键Key对应的一列数据进行分组，这表明（其划分标准）一旦发现该列中存在相同的数据，就把其所在的一行从整个df对象中拆分出来，与其他具有相同键的数据组合在一起，例如，所有"A"为一组，所有"B"为一组，所有"C"为一组，共分成3组数据，这些分组信息都保存在group_obj对象中，使用for循环遍历可打印出每个分组的信息。

上述示例输出了三个元组，每个元组的第一个元素为该组的名称（Key列的数据），第二个元素为该组的具体数据。

2. 通过 Series 对象进行分组

除此之外，还可以自定义Series类对象，将其作为分组键进行分组。例如，创建一个5行4列的DataFrame对象，示例代码如下。

```
In [4]: import pandas as pd
        import numpy as np
        df = pd.DataFrame({'key1': ['A', 'A', 'B', 'B', 'A'],
                           'key2': ['one', 'two', 'one', 'two', 'one'],
                           'data1': [2, 3, 4, 6, 8],
                           'data2': [3, 5, 6, 3, 7]})
        df
Out[4]:
   key1   key2    data1   data2
0    A    one       2       3
1    A    two       3       5
2    B    one       4       6
3    B    two       6       3
4    A    one       8       7
```

然后创建一个用做分组键的 Series 对象，示例代码如下。

```
In [5]: se=pd.Series(['a', 'b', 'c', 'a', 'b'])
        se
Out[5]:
0    a
1    b
2    c
3    a
4    b
```

```
dtype: object
```

接下来，在调用 groupby() 方法时把 se 对象传给 by 参数，将 se 对象作为分组键拆分 df 对象，以得到一个分组对象，遍历该分组对象并查看每个分组的具体内容，示例代码如下。

```
In [6]: group_obj=df.groupby(by=se)        # 按自定义 Series 对象进行分组
        for i in group_obj:                # 遍历分组对象
            print(i)
Out[6]:
('a',      key1    key2    data1    data2
    0       A     one       2        3
    3       B     two       6        3)
('b',      key1    key2    data1    data2
    1       A     two       3        5
    4       A     one       8        7)
('c',      key1    key2    data1    data2
    2       B     one       4        6)
```

从输出结果中可以看出，se 将 df 对象分为 a、b、c 三组，其中索引 0 和 3 对应的两行为 a 组数据，索引 1 和 4 对应的两行为 b 组数据，索引 2 对应的一行为 c 组数据。

如果 Series 对象的长度与原数据的行索引长度不相等时，那么在进行分组时会怎么样呢？接下来，我们使用代码进行测试，具体代码如下。

```
In [7]: # 当 Series 长度与原数据的索引值长度不同时
        se=pd.Series(['a', 'a', 'b'])
        group_obj=df.groupby(se)
        for i in group_obj:                # 遍历分组对象
            print(i)
Out[7]:
('a',      key1    key2   data1   data2
    0       A     one      2       3
    1       A     two      3       5)
('b',      key1    key2   data1   data2
    2       B     one      4       6)
```

上述示例中，首先创建了一个 Series 对象，它里面共包含三行数据，其中前两行的数据是 "a"，最后一行数据为 "b"，然后调用 groupby() 方法按 se 对象将 df 对象拆分成组，由于 se 只有三行数据，所以它只需要对 df 对象的前三行数据进行分组，即 df 对象的前两行分为一组，最后一行分为一组。

值得一提的是，如果 Series 对象的索引长度与 Pandas 对象的索引长度不相同时，则只会将部分（具有相同索引长度）数据进行分组，而不会将全部的数据进行分组。

3. 通过字典进行分组

当用字典对 DataFrame 进行分组时，则需要确定轴的方向及字典中的映射关系，即字典中的键为列名，字典的值为自定义的分组名。例如，创建一个 5 行 5 列的 DataFrame 对象，具体代码如下：

```
In [8]: from pandas import DataFrame, Series
        num_df = DataFrame({'a': [1, 2, 3, 4, 5],
```

```
                'b': [6, 7, 8, 9, 10],
                'c': [11, 12, 13, 14, 15],
                'd': [5, 4, 3, 2, 1],
                'e': [10, 9, 8, 7, 6]})
        num_df
Out[8]:
   a   b   c  d   e
0  1   6  11  5  10
1  2   7  12  4   9
2  3   8  13  3   8
3  4   9  14  2   7
4  5  10  15  1   6
```

然后，创建一个表示分组规则的字典，其中字典的键为 num_df 对象的列名称，值为自定义的分组名称，具体代码如下。

```
In [9]: # 定义分组规则
        mapping={'a':' 第一组 ','b':' 第二组 ','c':' 第一组 ',
                 'd':' 第三组 ','e':' 第二组 '}
        mapping
Out[9]:
{'a': ' 第一组 ',
 'b': ' 第二组 ',
 'c': ' 第一组 ',
 'd': ' 第三组 ',
 'e': ' 第二组 '}
```

接着调用 groupby() 方法，在该方法中传入刚创建的字典 mapping，将 mapping 作为分组键拆分 num_df 对象，具体代码如下。

```
In [10]: # 按字典分组
         by_column=num_df.groupby(mapping, axis=1)
         for i in by_column:
             print(i)
Out[10]:
(' 第一组 ',    a   c
          0  1  11
          1  2  12
          2  3  13
          3  4  14
          4  5  15)
(' 第三组 ',    d
          0  5
          1  4
          2  3
          3  2
          4  1)
(' 第二组 ',    b   e
          0  6  10
          1  7   9
          2  8   8
```

```
            3   9   7
            4  10   6)
```

上述示例在拆分 num_df 时，按照横轴的方向进行分组，将 a 列、c 列数据映射到第一组；将 b 列、e 列数据映射到第二组；将 d 列数据映射到第三组。从输出结果中可以看出，num_df 共分为"第一组""第二组""第三组"三组。

4. 通过函数进行分组

与字典或 Series 对象相比，使用函数作为分组键会更加灵活，任何一个被当做分组键的函数都会在各个索引值上被调用一次，返回的值会被用作分组名称。

创建一个 DataFrame 对象，将其行索引的名称设为字符串类型的，具体代码如下。

```
In [11]: import pandas as pd
         df=pd.DataFrame({'a': [1, 2, 3, 4, 5],
                          'b': [6, 7, 8, 9, 10],
                          'c': [5, 4, 3, 2, 1]},
                         index=['Sun', 'Jack', 'Alice', 'Helen', 'Job'])
         df
Out[11]:
         a   b  c
Sun      1   6  5
Jack     2   7  4
Alice    3   8  3
Helen    4   9  2
Job      5  10  1
```

如果以行索引名称的长度进行分组，则长度相同的行索引名称会分为一组，即索引名称长度为 3 的分为一组，长度为 4 的分为一组，长度为 5 的分为一组，共分成三组。接下来，以行索引名称的长度作为分组键，将 DataFrame 对象的数据拆分成三组数据，具体代码如下。

```
In [12]: groupby_obj=df.groupby(len)      # 使用内置函数 len 进行分组
         for group in groupby_obj:        # 遍历分组对象
             print(group)
Out[12]:
(3,        a   b  c
    Sun    1   6  5
    Job    5  10  1)
(4,        a   b  c
    Jack   2   7  4)
(5,        a   b  c
    Alice  3   8  3
    Helen  4   9  2)
```

上述示例中，在调用 groupby() 方法时传入了内置函数 len()，表明 len() 函数会对行索引一列执行求长度的操作，调用 len 函数返回的长度值作为分组名称，一旦发现索引名称的长度值一样，就归类为一组。

从输出结果中可以看出，索引名称长度为 3 的"Sun"和"Job"归为第一组，长度为 4 的是"Jack"单独为第二组，长度为 5 的是"Alice"和"Helen"归为第三组。

▌ 5.3 数据聚合

数据聚合，一般是指对分组中的数据执行某些操作，比如求平均值、求最大值等，并且操作后会得到一个结果集，这些实现聚合的操作称为聚合方法。Pandas 中提供了用做聚合操作的 agg() 方法。接下来，本节将针对数据聚合的相关内容进行详细的讲解。

5.3.1 使用内置统计方法聚合数据

前面已经介绍过 Pandas 的统计方法，比如用于获取最大值和最小值的 max() 和 mix()，这些方法常用于简单地聚合分组中的数据。

假设现在我们要计算某 DataFrame 对象中每个分组的平均数，那么可以先按照某一列进行分组，使用 mean() 方法应用到每个分组中，并计算出平均数，最后再将每个分组的计算结果合并到一起，具体代码如下。

```
In [13]: import pandas as pd
         import numpy as np
         df=pd.DataFrame({'key1': ['A', 'A', 'B', 'B', 'A'],
                          'key2': ['one', 'two', 'one', 'two', 'one'],
                          "data1": [2, 3, 4, 6, 8],
                          "data2": [3, 5, np.nan, 3,7]})
         df
Out[13]:
    key1 key2   data1   data2
0   A    one    2       3.0
1   A    two    3       5.0
2   B    one    4       NaN
3   B    two    6       3.0
4   A    one    8       7.0
In [14]: df.groupby('key1').mean() # 按 key1 进行分组，求每个分组的平均值
Out[14]:
        data1   data2
key1
A       4.333333    5.0
B       5.000000    3.0
```

上述示例中，把 key1 作为分组键，将 df 对象拆分为 A 组和 B 组，然后调用 mean() 函数分别作用于 A、B 两组中，计算得到每组的平均值，最后将计算结果进行合并。

需要注意的是，如果参与运算的数据中有 NaN 值，则会自动地将这些 NaN 值过滤掉。

5.3.2 面向列的聚合方法

当内置方法无法满足聚合要求时，这时可以自定义一个函数，将它传给 agg() 方法(pandas 0.20 版本后，aggregate() 与 agg() 方法用法一样)，实现对 Series 或 DataFrame 对象进行聚合运算。

agg() 方法的语法格式如下：

```
agg ( func,axis=0,*args,**kwargs )
```

上述方法中部分参数表示的含义如下：

（1）func：表示用于汇总数据的函数，可以为单个函数或函数列表。

（2）axis：表示函数作用于轴的方向，0 或 index 表示将函数应用到每一列；1 或 columns 表示将函数应用到每一行，该参数的默认值为 0。

需要注意的是，通过 agg() 方法进行聚合时，func 参数既可以接收 Pandas 中的内置方法，也可以接收自定义的函数，同时，这些方法与函数可以作用于每一列，也可以将多个函数或方法作用于同一列，还可以将不同函数或方法作用于不同的列，下面来进行详细地讲解。

1. 对每一列数据应用同一个函数

使用 agg() 方法的最简单的方式，就是给该方法的 func 参数传入一个函数，这个函数既可以是内置的，也可以自定义的。

假设现在有一个 6 行 7 列的表格，从左边数表格的前 6 列都是数值类型，而第 7 列的数据类型为字符串类型，如图 5-2 所示。

	a	b	c	d	e	f	key
0	0	1	2	3	4	5	a
1	6	7	8	9	10	11	a
2	12	13	14	15	16	17	a
3	18	19	20	21	22	23	b
4	24	25	26	27	28	29	b
5	30	31	32	33	34	35	b

图 5-2　表格示例

按照图 5-2 表格中的 key 一列进行分组，将上述表格拆分为 a、b 两组，并且分别计算两个分组中每列数据的和，将得到的结果整合到一起。

首先，创建一个与图 5-2 表格结构相同的 DataFrame 对象，示例代码如下。

```
In [15]: from pandas import DataFrame, Series
         import numpy as np
         data_frame=DataFrame(np.arange(36).reshape((6, 6)),
                              columns=list('abcdef'))
         data_frame['key']=Series(list('aaabbb'), name='key')
         data_frame
Out[15]:
    a   b   c   d   e   f  key
0   0   1   2   3   4   5  a
1   6   7   8   9  10  11  a
2  12  13  14  15  16  17  a
3  18  19  20  21  22  23  b
4  24  25  26  27  28  29  b
5  30  31  32  33  34  35  b
```

然后，将 data_frame 对象以 "key" 列为分组键进行分组，凡是该列中数据为 "a" 的划分为一组，数据为 "b" 的划分成另外一组，两个分组的结构如图 5-3 所示。

	a	b	c	d	e	f	key			a	b	c	d	e	f	key
0	0	1	2	3	4	5	a		**3**	18	19	20	21	22	23	b
1	6	7	8	9	10	11	a		**4**	24	25	26	27	28	29	b
2	12	13	14	15	16	17	a		**5**	30	31	32	33	34	35	b

a 组   b 组

图 5-3   a 组和 b 组的数据

接下来，通过代码来实现上述分组的过程，并且通过字典的形式分别打印出每个分组的具体内容，示例代码如下。

```
In [16]: # 按 key 列进行分组
         data_group=data_frame.groupby('key')
         # 输出 a 组数据信息
         dict([x for x in data_group])['a']
Out[16]:
    a   b   c   d   e   f  key
0   0   1   2   3   4   5   a
1   6   7   8   9  10  11   a
2  12  13  14  15  16  17   a
In [17]: # 输出 b 组数据信息
         dict([x for x in data_group])['b']
Out[17]:
    a   b   c   d   e   f  key
3  18  19  20  21  22  23   b
4  24  25  26  27  28  29   b
5  30  31  32  33  34  35   b
```

上述示例中，首先调用 groupby() 方法，按 key 一列的数据将 data_frame 对象进行分组，共分为 a、b 两组，然后使用列表推导式遍历分组对象 data_group，得到的是每个分组的列表，之后将装有分组的列表强转为字典，其中字典中的键为 a 和 b，字典的值为分组的具体内容。

通过"字典 [组名]"的形式，先查看了 a 组的数据，再查看了 b 组的数据。

接下来，便可以对每个分组的数据进行聚合运算。例如，调用 agg() 方法时传入内置的求和方法 sum()，示例代码如下。

```
In [18]: # 求每个分组的和
         data_group.agg(sum)
Out[18]:
      a   b   c   d   e   f
key
a    18  21  24  27  30  33
b    72  75  78  81  84  87
```

当然，在使用 agg() 方法进行聚合时也可以传入自定义的函数。例如，定义一个 range_data_group() 函数，用来计算每个分组数据的极差值（极差值 = 最大值 - 最小值），函数的定义具体如下。

```
In [19]: def range_data_group(arr):
             return arr.max()-arr.min()
```

接下来，将上述自定义函数作为参数传入到 agg() 方法中，让每个分组的数据都执行上述函数求极差值，具体代码如下。

```
In [20]: data_group.agg(range_data_group)   # 使用自定义函数聚合分组数据
Out[20]:
      a    b    c    d    e    f
key
a    12   12   12   12   12   12
b    12   12   12   12   12   12
```

2. 对某列数据应用不同的函数

假设现在产生另外一个需求，不仅需要求出每组数据的极差，还需要计算出每组数据的和，即对一列数据使用两种不同的函数。这时，可以将两个函数的名称放在列表中，之后在调用 agg() 方法聚合时作为参数传入即可，具体示例代码如下。

```
In [21]: # 对一列数据用两种函数聚合
         data_group.agg([range_data_group, sum])
Out[21]:
                         a                  b ...     e                f
    range_data_group sum range_data_group ... sum range_data_group sum
key                                        ...
a                 12  18               12 ...  30               12  33
b                 12  72               12 ...  84               12  87
 [2 rows x 12 columns]
```

从输出的结果可以看出，生成的 DataFrame 对象具有两层列索引，每个外层列索引包含两个内层列索引，分别以函数的名称 range_data_group 和 sum 命名。

虽然每一列可以应用不同的函数，但是结果并不能很直观地辨别出每个函数代表的含义。Pandas 的设计者已经考虑到这一点，为了能更好地反映出每列对应的数据的信息，可以使用"（name,function）"元组将 function（函数名）替换为 name（自定义名称）。下面，在上述示例中进一步优化内层索引的名称，具体代码如下。

```
In [22]: data_group.agg([("极差", range_data_group), ("和", sum)])
Out[22]:
       a      b      c      d      e      f
   极差 和  极差 和  极差 和  极差 和  极差 和  极差 和
key
a  12  18  12  21  12  24  12  27  12  30  12  33
b  12  72  12  75  12  78  12  81  12  84  12  87
```

从输出的结果可以看出，函数名经过重命名以后，可以很清晰直观地找到每组数据的极差值以及总和。

3. 对不同列数据应用不同函数

如果希望对不同的列使用不同的函数，则可以在 agg() 方法中传入一个 {"列名":"函数名"} 格式的字典。接下来，在上述示例的基础上，使用字典来聚合 data_group 对象，具体代码如下。

```
In [23]: # 每列使用不同的函数聚合分组数据
         data_group.agg({'a': 'sum', 'b': 'mean', 'c': range_data_group})
Out[23]:
      a   b   c
key
a    18   7  12
b    72  25  12
```

上述示例中，使用不同的函数对每个分组执行聚合运算，其中 a 列数据执行求和运算，b 列数据执行平均值计算，c 列数据执行求极差计算。需要注意的是，自定义函数不需要加引号。

注意： agg() 方法执行聚合操作时，会将一组标量值参与某些运算后转换为一个标量值。

5.4 分组级运算

除了前面介绍的聚合操作以外，Pandas 还提供了其他操作应用到分组运算中，比如，transform() 和 apply() 方法，它们能够执行更多其他的分组运算，在接下来的小节中分别进行介绍。

5.4.1 数据转换

前面使用 agg() 方法进行聚合运算时，返回的数据集的形状（shape）与被分组数据集的形状是不同的，如果希望保持与原数据集形状相同，那么可以通过 transfrom() 方法实现。transfrom() 方法的语法格式如下：

```
transform(func, *args, **kwargs)
```

上述方法中只有一个 func 参数，表示操作 Pandas 对象的函数。transform() 方法返回的结果有两种：一种是可以广播的标量值（np.mean）；另一种可以是与分组大小相同的结果数组。

通过 transfrom() 方法操作分组时，transform() 方法会把 func() 函数应用到各个分组中，并且将结果放在适当的位置上。

假设现在有一个 5 行 6 列的表格，从左边数前 5 列的数据都是数值，而最后一列的数据是字符串，具体如图 5-4 所示。

	a	b	c	d	e	key
0	0	1	2	3	4	A
1	1	2	3	4	5	A
2	6	7	8	9	10	B
3	10	11	12	13	14	B
4	3	4	4	5	3	B

图 5-4 表格结构示例

按照图 5-4 中表格的 key 列进行分组，可以将表格划分为 A、B 两组，之后通过 transform() 方法对这两组执行求平均值的操作。

首先，创建一个与图 5-4 中表格结构相同的 DataFrame 对象，代码如下：

```
In [24]: import pandas as pd
```

```
        df=pd.DataFrame({'a': [0, 1, 6, 10, 3],
                         'b': [1, 2, 7, 11, 4],
                         'c': [2, 3, 8, 12, 4],
                         'd': [3, 4, 9, 13, 5],
                         'e': [4, 5, 10, 14, 3],
                         'key': ['A', 'A', 'B', 'B', 'B']})
        df
Out[24]:
     a   b   c   d   e   key
0    0   1   2   3   4   A
1    1   2   3   4   5   A
2    6   7   8   9   10  B
3    10  11  12  13  14  B
4    3   4   4   5   3   B
```

上述示例中，创建了一个 5 行 6 列的 DataFrame 对象 df，其中，df 对象的 key 列中的数据都是字符串。

以 key 列进行分组，可以将 df 对象拆分成 A、B 两组，将 mean() 方法应用到每个分组中，计算每个分组中每列的平均值，具体代码如下。

```
In [25]: data_group=df.groupby('key').transform('mean')
In [26]: data_group
Out[26]:
          a          b          c     d    e
0    0.500000   1.500000   2.5   3.5  4.5
1    0.500000   1.500000   2.5   3.5  4.5
2    6.333333   7.333333   8.0   9.0  9.0
3    6.333333   7.333333   8.0   9.0  9.0
4    6.333333   7.333333   8.0   9.0  9.0
```

从输出结果可以看出，每列的数据是各分组求得的平均数。以 A 组为例，在 A 组中 a 列原来的数据 0 与 1 的均值为 0.5（0.5 为一个标量值），这个均值在 A 组的 a 列数据上进行了广播，使得所有 A 组 a 列的数据都变成了 0.5。

上述示例中，原始数据的列数与最终结果的列数是不一样的。假设现在有另外一个 5 行 4 列的表格，该表格中每列的数据都是数值类型的，如图 5-5 所示。

	A	B	C	D
0	2	4	9	3
1	3	2	7	4
2	3	3	0	8
3	4	6	7	6
4	2	6	8	10

图 5-5　表格结构示例

如果希望图 5-5 中的表格进行转换后，返回具有相同形状的结果，那么可以创建一个 Series 对象，该对象的长度与表格中的行数是相同的，按照这个 Series 对象进行分组，便可以得到一个形状相同的对象。

首先，创建与图 5-5 中表格结构相同的 DataFrame 对象，代码如下：

```
In [27]: import pandas as pd
         df=pd.DataFrame({'A': [2, 3, 3, 4, 2],
                          'B': [4, 2, 3, 6, 6],
                          'C': [9, 7, 0, 7, 8],
                          'D': [3, 4, 8, 6, 10]})
         df
Out[27]:
    A  B  C   D
0   2  4  9   3
1   3  2  7   4
2   3  3  0   8
3   4  6  7   6
4   2  6  8  10
```

然后，创建一个列表 key，key 的长度需要与 df 对象的行数是一样的，我们把 key 当做分组键，将 df 对象按照 key 列表进行分组，然后同样对每个分组执行求平均值的操作，具体代码如下：

```
In [28]: # 以 key 为分组依据，对 df 对象进行分组
         key = ['one','one','two',' two',' two']
         df.groupby(key).transform('mean')
Out[28]:
      A  B  C    D
0   2.5  3  8  3.5
1   2.5  3  8  3.5
2   3.0  5  5  8.0
3   3.0  5  5  8.0
4   3.0  5  5  8.0
```

通过比较转换前与转换后的结果，发现两次输出的结果具有相同的大小。在这里，计算出的平均值不仅在每组每列中进行了广播，而且也保证了返回的结果与原数据的形状相同。

在进行数据转换时，使用内置方法与自定义函数的方式是一样的，只需要将定义好的函数名称作为 func 参数传入 transform() 方法中即可，这里就不再举例了。

5.4.2　数据应用

当某些分组操作，既不适合使用 agg() 方法进行聚合，也不适合使用 transform() 方法进行转换时，便可以让 apply() 方法排上用场了。apply() 方法的使用十分灵活，它可以作用于 DataFrame 中每一行、每一列元素，它还可以在许多标准用例中替代聚合和转换。

apply() 方法的语法格式如下：

```
apply(func, axis=0, broadcast=None, raw=False, reduce=None,
      result_type=None, args=(), **kwds)
```

上述方法中常用参数表示的含义如下：

（1）func：表示应用于某一行或某一列的函数。

（2）axis：表示函数操作的轴向，"0" 或 "index" 表示将函数应用于列上，"1" 或 "columns" 表示将函数应用于行上，默认为 0。

（3）broadcast：表示是否将数据进行广播。若设为 False 或 None，则会返回一个 Series 对象，其长度跟索引的长度或列数一样；若设为 True，则表示结果将被广播到原始对象中，原始的索引和列将会被保留。

假设现在有一个 10 行 4 列的表格，从左边数表格中前 3 列的数据都是数值类型的，最后一列的数据是字符串类型的，如图 5-6 所示。

	data1	data2	data3	key
0	80	41	30	b
1	23	87	78	a
2	25	58	23	a
3	63	68	66	b
4	94	72	16	b
5	92	89	59	a
6	99	60	20	b
7	92	42	23	a
8	82	53	24	a
9	99	65	40	a

图 5-6　表格示例

在图 5-6 的表格中，按照 key 一列的数据进行分组，将表格拆分成 a、b 两组，将 max() 方法作用于每个分组中，求出每个分组中的最大值。

首先，创建一个与图 5-6 中表格结构相同的 DataFrame 对象，代码如下。

```
In [29]: from pandas import DataFrame, Series
         import pandas as pd
         import numpy as np
         data_frame=DataFrame({'data1': [80,23,25,63,94,92,99,92,82,99],
                               'data2': [41,87,58,68,72,89,60,42,53,65],
                               'data3': [30,78,23,66,16,59,20,23,24,40],
                               'key': list('baabbabaaa')})
         data_frame
Out[29]:
   data1  data2  data3 key
0     80     41     30   b
1     23     87     78   a
2     25     58     23   a
3     63     68     66   b
4     94     72     16   b
5     92     89     59   a
6     99     60     20   b
7     92     42     23   a
8     82     53     24   a
9     99     65     40   a
```

创建好 DataFrame 对象后，调用 groupby() 方法按 key 列进行分组，并打印出每个分组中的数据，示例代码如下。

```
In [30]: # 对数据进行分组
         data_by_group=data_frame.groupby('key')
         # 打印分组数据
         dict([x for x in data_by_group])['a']
Out[30]:
   data1   data2   data3 key
1     23      87      78   a
2     25      58      23   a
5     92      89      59   a
7     92      42      23   a
8     82      53      24   a
9     99      65      40   a
In [31]: dict([x for x in data_by_group])['b']
Out[31]:
    data1   data2   data3 key
0      80      41      30   b
3      63      68      66   b
4      94      72      16   b
6      99      60      20   b
```

上述示例中，以 "key" 列为分组键将 data_frame 对象进行分组，为了能够将每个分组的数据显示出来，可以使用列表推导式将分组对象构建成列表。这里，可以把包含所有分组的列表转换为字典，其中分组键作为字典的键，分组中的数据作为字典中的值。通过输出结果可以清楚地看到分组 a 和分组 b 中的具体数据。

接着，我们自定义一个对每个元素加 10 的 plus_ten() 函数，然后调用 apply() 方法，将 plus_ten() 函数应用到每一个元素中，具体如下。

```
In [32]: # 对每个元素加 10
         def plus_ten(data_frame):
             return data_frame.iloc[:, :3]+10
         data_by_group.apply(plus_ten)
Out[32]:
    data1   data2   data3
0      90      51      40
1      33      97      88
2      35      68      33
3      73      78      76
4     104      82      26
5     102      99      69
6     109      70      30
7     102      52      33
8      92      63      34
9     109      75      50
```

从输出结果中可以看出，每个元素较之前的元素都加上 10 ，这说明使用 apply() 方法同样能实现聚合的效果。

5.5　案例——运动员信息的分组与聚合

本节准备了一份运动员基本信息的统计表格，接下来，我们利用本章所学的知识对表格中的数据进行分组聚合操作，从而得到我们想要的信息，比如，统计篮球运动员的平均身高、体质指数等信息。

5.5.1　案例需求

本案例设计的主要目的在于，结合本章所学的分组聚合的知识，将统计的运动员基本信息进行归类，筛选出所有篮球运动员的基本信息，以统计篮球运动员的如下几个测试指标：

（1）统计篮球运动员的平均年龄、身高、体重。

（2）统计男篮运动员的年龄、身高、体重的极差值。

（3）统计篮球运动员的体质指数（BMI 值）。

上述统计指标值的获取，都需要利用 Pandas 的分组与聚合方法来完成。由于 Pandas 中应用在分组的方法有很多种，所以在进行聚合操作时，会对比多个方法的特点综合选择，从而帮助大家更好地理解和运用这些方法。

5.5.2　数据准备

利用网络爬虫技术，我们从某些网站上爬取了我国部分运动员信息，并整理到"运动员信息表 .csv"文件中。使用 Excel 工具打开"运动员信息表 .csv"文件，文件具体内容如图 5-7 所示。

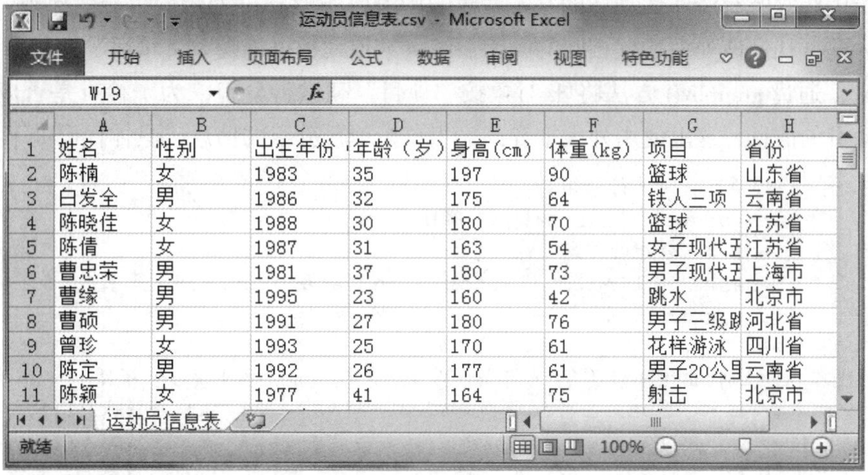

图 5-7　打开"运动员信息表 .csv"文件

图 5-7 的表格中列出了部分运动员的信息，包括姓名、性别、出生年月、年龄、体重、项目等，其中年龄是基于 2018 年计算的。观察表格可以发现，整个表格中的数据没有任何明确的分类。因此，后期要获取篮球运动员的信息，则需要拆分整个表格并进行分组，之后再计算案例需求的几个指标。

5.5.3　功能实现

由于运动员的信息全部保存在 CSV 文件中，所以，我们需要用 Pandas 的 read_csv() 函数读取"运动员信息表 .csv"文件中的数据，并转换成 DataFrame 对象展现出来，具体代码如下。

```
In [33]: import pandas as pd
         # 读取运行员信息表 .csv 文件中的内容
         file_path=open('C:/Users/admin/Desktop/ 运动员信息表 .csv')
         df=pd.read_csv(file_path)
         df
Out[33]:
```

	姓名	性别	出生年份（年）	年龄（岁）	身高 (cm)	体重 (kg)	项目	省份
0	陈楠	女	1983	35	197	90	篮球	山东省
1	白发全	男	1986	32	175	64	铁人三项	云南省
2	陈晓佳	女	1988	30	180	70	篮球	江苏省
3	陈倩	女	1987	31	163	54	女子现代五项	江苏省
4	曹忠荣	男	1981	37	180	73	男子现代五项	上海市
5	曹缘	男	1995	23	160	42	跳水	北京市
..	...	..	...	...	...	...	...	...
173	张培萌	男	1987	31	186	86	田径	北京市
174	赵芸蕾	女	1986	32	173	62	羽毛球	湖北省
175	周琦	男	1996	22	217	95	篮球	河南省
176	翟晓川	男	1993	25	204	100	篮球	河北省
177	赵继伟	男	1995	23	185	77	篮球	辽宁省
178	邹雨宸	男	1996	22	208	108	篮球	辽宁省

```
[179 rows x 8 columns]
```

如果希望获取所有篮球运动员的基本信息，则可以先拆分 df 对象，拆分的原则就是以"项目"一列为准，凡是该列中数据相同的归为一组，其他列数据均随着"项目"列进行分组。

接下来，通过 groupby() 方法将 df 对象按"项目"列进行分组，为了检查是否成功筛选出了篮球运动员的信息，这里使用列表推导式输出"篮球"分组的信息，具体代码如下。

```
In [34]: # 按项目一列进行分组
         data_group=df.groupby(' 项目 ')
         # 输出篮球分组的信息
         df_basketball=dict([x for x in data_group])[' 篮球 ']
         df_basketball
Out[34]:
```

	姓名	性别	出生年份（年）	年龄（岁）	身高 (cm)	体重 (kg)	项目	省份
0	陈楠	女	1983	35	197	90	篮球	山东省
2	陈晓佳	女	1988	30	180	70	篮球	江苏省
16	丁彦雨航	男	1993	25	200	91	篮球	新疆维吾尔自治区
23	高颂	女	1992	26	191	85	篮球	黑龙江省
28	郭艾伦	男	1993	25	192	85	篮球	辽宁省
35	黄红枇	女	1989	29	195	80	篮球	广西壮族自治区
42	黄思静	女	1996	22	192	80	篮球	广东省
48	李慕豪	男	1992	26	225	111	篮球	贵州省
54	李珊珊	女	1987	31	177	70	篮球	江苏省
73	露雯	女	1990	28	191	78	篮球	内蒙古自治区
101	孙梦然	女	1992	26	197	77	篮球	天津市

102	孙梦昕	女	1993	25	190	77	篮球	山东省
106	睢冉	男	1992	26	192	95	篮球	山西省
116	吴迪	女	1990	28	186	72	篮球	天津市
124	王哲林	男	1994	24	214	110	篮球	福建省
155	易建联	男	1987	31	213	113	篮球	广东省
161	周鹏	男	1989	29	206	90	篮球	辽宁省
175	周琦	男	1996	22	217	95	篮球	河南省
176	翟晓川	男	1993	25	204	100	篮球	河北省
177	赵继伟	男	1995	23	185	77	篮球	辽宁省
178	邹雨宸	男	1996	22	208	108	篮球	辽宁省

从输出结果中可以看出，我们已经拿到了所有项目为"篮球"的运动员信息。接下来，根据案例需求来逐个计算指标，具体内容如下。

1. 统计男篮、女篮运动员的平均年龄、身高、体重

如果希望统计男篮与女篮运动员的平均年龄、平均身高及平均体重，那么需要在 df_basketball 分组的基础上，再根据"性别"一列进行分组，之后对每个分组应用 mean() 方法求平均值，具体代码如下。

```
In [35]: # 按性别一列进行分组，并使用聚合方法
         groupby_sex=df_basketball.groupby(' 性别 ')
         groupby_sex.mean()
Out[35]:
         年龄（岁）      身高（cm）      体重（kg）
性别
女        28.000000    189.600000    77.900000
男        25.272727    205.090909    97.727273
```

如果希望运算结果与 df_basketball 具有相同的大小（shape），即具有相同的行数列数，那么可以通过 transfrom() 方法来实现，具体代码如下。

```
In [36]: # 使用 transfrom 方法将数据进行聚合，并利用其特性将平均值进行广播
         info=groupby_sex.transform('mean')
         info
Out[36]:
         年龄（岁）      身高（cm）      体重（kg）
0        28.000000    189.600000    77.900000
2        28.000000    189.600000    77.900000
16       25.272727    205.090909    97.727273
23       28.000000    189.600000    77.900000
28       25.272727    205.090909    97.727273
35       28.000000    189.600000    77.900000
42       28.000000    189.600000    77.900000
48       25.272727    205.090909    97.727273
54       28.000000    189.600000    77.900000
73       28.000000    189.600000    77.900000
101      28.000000    189.600000    77.900000
102      28.000000    189.600000    77.900000
106      25.272727    205.090909    97.727273
116      28.000000    189.600000    77.900000
124      25.272727    205.090909    97.727273
```

155	25.272727	205.090909	97.727273
161	25.272727	205.090909	97.727273
175	25.272727	205.090909	97.727273
176	25.272727	205.090909	97.727273
177	25.272727	205.090909	97.727273
178	25.272727	205.090909	97.727273

由于 df_basketball 中个别列含有非 int 类型的数据，所以经过聚合操作以后，得到 info 与 df_basketball 只具有相同的行数，但不具有相同的列数。

2. 统计男篮运动员年龄、身高、体重的极差值

要想只对男篮运动员的信息进行统计，则可以从 groupby_sex 中取出"男"分组的数据。同样，这里仍然采用列表推导式将男篮运动员的分组显示出来，具体代码如下。

```
In [37]:  # 查看男篮运动员的分组
          baseketball_male=dict([x for x in groupby_sex])[' 男 ']
          baseketball_male
Out[37]:
```

	姓名	性别	出生年份（年）	年龄（岁）	身高 (cm)	体重 (kg)	项目	省份
16	丁彦雨航	男	1993	25	200	91	篮球	新疆维吾尔自治区
28	郭艾伦	男	1993	25	192	85	篮球	辽宁省
48	李慕豪	男	1992	26	225	111	篮球	贵州省
106	睢冉	男	1992	26	192	95	篮球	山西省
124	王哲林	男	1994	24	214	110	篮球	福建省
155	易建联	男	1987	31	213	113	篮球	广东省
161	周鹏	男	1989	29	206	90	篮球	辽宁省
175	周琦	男	1996	22	217	95	篮球	河南省
176	翟晓川	男	1993	25	204	100	篮球	河北省
177	赵继伟	男	1995	23	185	77	篮球	辽宁省
178	邹雨宸	男	1996	22	208	108	篮球	辽宁省

Pandas 的 DataFrame 类中没有提供计算极差的方法，因此，我们需要自定义一个计算极差的函数 range_data_group()，具体定义如下。

```
In [38]:  # 求数据极差的函数
          def range_data_group(arr):
              return arr.max()-arr.min()
```

这时，调用 agg() 方法时传入刚刚定义的 range_data_group() 函数，计算"年龄""身高""体重"这三列的极差值，具体代码如下。

```
In [39]:  # 求年龄、身高、体重这三列数据的极差值
          baseketball_male.agg({' 年龄（岁）':range_data_group,
                                ' 身高 (cm)':range_data_group,
                                ' 体重 (kg)':range_data_group})
Out[39]:
年龄（岁）        9
身高 (cm)      40
体重 (kg)      36
dtype: int64
```

从输出结果中可以看出，男篮运动员中年龄最大的与最小的相差 9 岁，身高差距达到

40 cm，体重差距达到 36 kg。

3. 统计男篮运动员的体质指数

目前，BMI 指数（体质指数）是国际上常用的衡量人体胖瘦程度以及是否健康的一个标准，其计算公式以及指数标准如下所示：

$$体质指数（BMI）= 体重（kg）÷ 身高 \verb|^| 2（m）$$

根据世界卫生组织定下的标准，亚洲人的 BMI 若高于 22.9 便属于过重。亚洲人和欧美人属于不同人种，WHO 的标准不是非常适合中国人的情况，为此制定了中国参考标准，具体如表 5-1 所示。

例如，一个男人的身高为 1.75 m，体重为 68 kg，他的 BMI=68/(1.75^2)=22.2（kg/m²），位于范围 20~25 之间，所以体重指数为正常。

接下来，根据篮球运动员的信息及 BMI（体质指数）公式，统计所有篮球运动员的体质指数。首先，在 df_basketball 的基础上增加一列数据，列索引为"体质指数"，数据初始值均为 0，具体代码如下：

表 5-1 BMI 参考标准

体 重 指 数	男 性	女 性
过轻	低于 20	低于 19
正常	20~25	19~24
过重	25~30	24~29
肥胖	30~35	29~34
极度肥胖	高于 35	高于 34

```
In [40]: # 添加"体质指数"列
         df_basketball['体质指数']=0
         df_basketball
Out[40]:
```

	姓名	性别	出生年份（年）	年龄（岁）	身高 (cm)	体重 (kg)	项目	省份	体质指数
0	陈楠	女	1983	35	197	90	篮球	山东省	0
2	陈晓佳	女	1988	30	180	70	篮球	江苏省	0
16	丁彦雨航	男	1993	25	200	91	篮球	新疆维吾尔自治区	0
23	高颂	女	1992	26	191	85	篮球	黑龙江省	0
28	郭艾伦	男	1993	25	192	85	篮球	辽宁省	0
35	黄红枇	女	1989	29	195	80	篮球	广西壮族自治区	0
42	黄思静	女	1996	22	192	80	篮球	广东省	0
48	李慕豪	男	1992	26	225	111	篮球	贵州省	0
54	李珊珊	女	1987	31	177	70	篮球	江苏省	0
73	露雯	女	1990	28	191	78	篮球	内蒙古自治区	0
101	孙梦然	女	1992	26	197	77	篮球	天津市	0
102	孙梦昕	女	1993	25	190	77	篮球	山东省	0
106	睢冉	男	1992	26	192	95	篮球	山西省	0
116	吴迪	女	1990	28	186	72	篮球	天津市	0
124	王哲林	男	1994	24	214	110	篮球	福建省	0
155	易建联	男	1987	31	213	113	篮球	广东省	0
161	周鹏	男	1989	29	206	90	篮球	辽宁省	0
175	周琦	男	1996	22	217	95	篮球	河南省	0
176	翟晓川	男	1993	25	204	100	篮球	河北省	0
177	赵继伟	男	1995	23	185	77	篮球	辽宁省	0
178	邹雨宸	男	1996	22	208	108	篮球	辽宁省	0

然后，自定义一个用于计算 BMI 值的函数，该函数的具体定义如下。

```
In [41]: # 定义计算BMI值的函数
         def outer(num):
             def ath_bmi(sum_bmi):
                 weight=df_basketball['体重(kg)']
                 height=df_basketball['身高(cm)']
                 sum_bmi=weight / (height/100)**2
                 return num+sum_bmi
             return ath_bmi
```

这里，我们使用 apply() 方法将自定义的函数应用到"体质指数"一列，具体代码如下。

```
In [42]: all_bmi=df_basketball['体质指数']
         df_basketball['体质指数']=df_basketball[['体质指数']].apply(
                                   outer(all_bmi))
         df_basketball
Out[42]:
```

	姓名	性别	出生年份（年）	年龄（岁）	身高（cm）	体重（kg）	项目	省份	体质指数
0	陈楠	女	1983	35	197	90	篮球	山东省	23.190497
2	陈晓佳	女	1988	30	180	70	篮球	江苏省	21.604938
16	丁彦雨航	男	1993	25	200	91	篮球	新疆维吾尔自治区	22.750000
23	高颂	女	1992	26	191	85	篮球	黑龙江省	23.299800
28	郭艾伦	男	1993	25	192	85	篮球	辽宁省	23.057726
35	黄红枇	女	1989	29	195	80	篮球	广西壮族自治区	21.038790
42	黄思静	女	1996	22	192	80	篮球	广东省	21.701389
48	李慕豪	男	1992	26	225	111	篮球	贵州省	21.925926
54	李珊珊	女	1987	31	177	70	篮球	江苏省	22.343516
73	露雯	女	1990	28	191	78	篮球	内蒙古自治区	21.380993
101	孙梦然	女	1992	26	197	77	篮球	天津市	19.840759
102	孙梦昕	女	1993	25	190	77	篮球	山东省	21.329640
106	睢冉	男	1992	26	192	95	篮球	山西省	25.770399
116	吴迪	女	1990	28	186	72	篮球	天津市	20.811655
124	王哲林	男	1994	24	214	110	篮球	福建省	24.019565
155	易建联	男	1987	31	213	113	篮球	广东省	24.906875
161	周鹏	男	1989	29	206	90	篮球	辽宁省	21.208408
175	周琦	男	1996	22	217	95	篮球	河南省	20.174563
176	翟晓川	男	1993	25	204	100	篮球	河北省	24.029220
177	赵继伟	男	1995	23	185	77	篮球	辽宁省	22.498174
178	邹雨宸	男	1996	22	208	108	篮球	辽宁省	24.963018

参照亚洲人 BMI 标准来看，绝大多数运动员的体质指数均属于正常范围内，只有个别运动员的体质指数属于过重范围内。

小　　结

本章主要针对 Pandas 的分组聚合和其他组内运算进行了介绍，包括分组与聚合的原理、分组操作、聚合操作，以及其他分组级的相关操作，最后介绍了一个分析运动员基本信息的案例，真实地演示如何运用这些知识。通过对本章的学习，希望大家能多加练习，以便能在真实的开发中提高开发效率。

习　题

一、填空题

1. 分组聚合的流程分为＿＿＿＿＿、＿＿＿＿＿、＿＿＿＿＿。

2. 分组键的形式可以有＿＿＿＿、＿＿＿＿、＿＿＿＿、＿＿＿＿。

3. transform() 方法会对产生的标量值进行＿＿＿＿操作。

4. 当对一个 DataFrame 对象进行分组后会返回一个＿＿＿＿对象。

二、判断题

1. 分组聚合的原理一般分为拆分 – 应用 – 合并。 （　　　）

2. 只要使用 groupby() 方法分组就会产生一个 DataFrameGroupby 对象。 （　　　）

3. 使用 agg() 方法进行聚合运算会对产生的标量值进行广播。 （　　　）

4. 使用 transform() 方法进行聚合运算，其结果可以保持与原数据形状相同。 （　　　）

5. apply() 方法能够实现 agg() 方法的所有功能。 （　　　）

三、选择题

1. 下列选项中，关于 groupby() 方法说法不正确的是（　　　）。

   A. 分组键可以是列表或数组，但长度不需要与待分组轴的长度相同

   B. 可以通过 DataFrame 中的列名的值进行分组

   C. 可以使用函数进行分组

   D. 可使用 Series 或字典分组

2. 下列选项中，关于 agg() 方法的使用描述不正确是（　　　）。

   A. agg() 方法中 func 参数只能传入一个函数

   B. agg() 方法中 func 参数可以传入多个函数

   C. agg() 方法中 func 参数可以传入自定义函数

   D. agg() 方法不能对产生的标量值进行广播

3. 下列选项中，关于 transform() 方法说法正确的是（　　　）。

   A. 不会与原数据保持相同形状

   B. 会对产生的标量值进行广播操作

   C. func 参数只能传入内置函数

   D. func 参数可以传入多个内置函数

4. 下列选项中，关于 apply() 方法说法正确的是（　　　）。

   A. apply() 方法是对 DataFrame 的每个数据应用某个函数

   B. apply() 方法只能够对 DataFrame 的一行数据进行聚合

   C. apply() 方法用于对数据进行分组

   D. apply() 方法返回的结果一定与原数据的形状相同

5. 请阅读下面一段程序：

```
import pandas as pd
(pd.DataFrame([[2, 3],]*3, columns=['A', 'B'])).apply(lambda x: x+1)
```

执行上述程序后，最终输出的结果为（　　　）。

A.	A	B		B.	A	B
0	3	2		0	2	3
1	3	2		1	2	3
2	3	2		2	2	3

C.	A	B		D.	A	B
0	3	4		0	4	3
1	3	4		1	4	3
2	3	4		2	4	3

四、简答题

1. 请简述分组聚合的流程。

2. 请简述常用的分组方式。

五、程序题

现有如下图所示的学生信息，请根据图中的信息完成以下操作：

序号\项目	年级	姓名	年龄	性别	身高（cm）	体重（kg）
1	大一	李宏卓	18	男	175	65
2	大二	李思真	19	女	165	60
3	大三	张振海	20	男	178	70
4	大四	赵鸿飞	21	男	175	75
5	大二	白蓉	19	女	160	55
6	大三	马腾飞	20	男	180	70
7	大一	张晓凡	18	女	167	52
8	大三	金紫萱	20	女	170	53
9	大四	金烨	21	男	185	73

1. 以年级信息为分组键，对学生信息进行分组，并输出大一学生信息。

2. 分别计算出四个年级中身高最高的同学。

3. 计算大一学生与大三学生的平均体重。

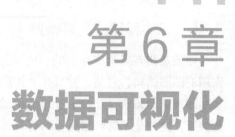

第6章
数据可视化

学习目标

◆ 了解什么是数据可视化。

◆ 熟悉常见图表类型的特点。

◆ 掌握 Matplotlib 库的基本使用。

◆ 熟悉 Seaborn 库的基本使用。

◆ 了解 Bokeh 库的基本使用。

通常，大部分数据是以文本或数值的形式显示的，它们既不能很好地展示数据之间的关系和规律，也给人十分枯燥的感觉。因此，我们可以借用一些图形工具，采用更直观的方式传达与沟通信息。由此可见，数据可视化对于数据分析而言是很有必要的。

Python 中提供了一些数据可视化的工具，比如 Matplotlib、Seaborn、Bokeh 等，本章将围绕这些工具的基本使用进行详细的讲解。

6.1 数据可视化概述

6.1.1 什么是数据可视化

数据可视化是指将数据以图表的形式表示，并利用数据分析和开发工具发现其中未知信息的处理过程，具体如图 6-1 所示。

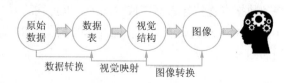

图 6-1 数据可视化的过程

原始数据经过标准化、结构化处理之后，将数据转换成数据表，然后使用一些视觉结构（比如形状、位置、色彩、尺寸、方向等）的方式映射表格中的数值，最后把这些视觉结构进行组合，转换成图形传递给用户查看，使用户更好地理解这些数据背后存在的问题与规律。

数据可视化旨在借助图形化手段，清晰有效地将数据中的各种属性和变量呈现出来，使用户可以从不同的维度观察数据，从而对数据进行更深入的观察和分析。

6.1.2 常见的图表类型

图表是指在屏幕中显示的、可以直观地展示统计信息、对知识挖掘和信息生动感受起关键作用的图形结构，它是一种很好地将数据直观、形象的"可视化"手段。

相较于数值和文字而言，合理的数据图表描述得更加清晰，可以更直观地反映出数据之间的关系，更好地了解数据变化的趋势，以便于对研究做出合理的推断和预测。

数据可视化最常见的应用是一些统计图表，比如直方图、散点图、饼图等，这些图表作为统计学的工具，创建了一条快速了解数据集的途径，并成为令人信服的沟通手段，所以可以在大量的方案、新闻中见到这些统计图形。

接下来，我们来介绍一些数据分析中比较常见的图表，具体包括：

1. 直方图

直方图，又称作质量分布图，它是一种统计报告图，由一系列高度不等的纵向条纹或线段表示数据分布的情况，一般用横轴表示数据的类型，纵轴表示分布情况。直方图示例如图 6-2 所示。

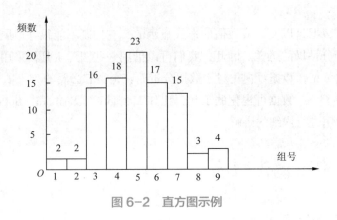

图 6-2　直方图示例

通过观察可以发现，直方图可以利用方块的高度来反映数据的差异。不过，直方图只适用于中小规模的数据集，不适用于大规模的数据集。

2. 折线图

折线图是用直线段将各数据点连接起来而组成的图形，以折线的方式显示数据的变化趋势。折线图可以显示随时间（根据常用比例设置）变化的连续数据，适用于显示在相等时间间隔下数据的趋势。折线图示例如图 6-3 所示。

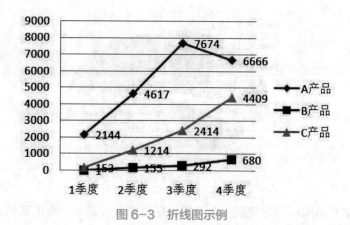

图6-3　折线图示例

上述折线图中，X轴表示季度，Y轴表示产品的销量，分别用三条不同颜色的线段和标记，描述了每个季度A产品、B产品、C产品的销售数量。折线图很容易可以反映出数据变化的趋势，比如哪个季度销售的数量变多，哪个季度销售的数量变少，通过折线的倾斜程度都能一览无余。另外，多条折线对比还能看出哪种产品销售的比较好，更受欢迎。

3. 条形图

条形图是用宽度相同的条形的高度或者长短来表示数据多少的图形，可以横置或纵置，纵置时也称为柱形图。条形图示例如图6-4所示。

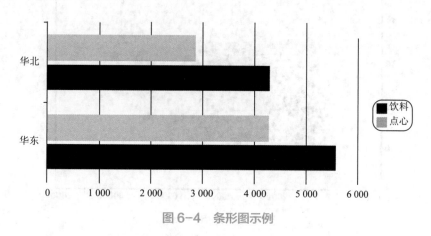

图6-4　条形图示例

图6-4中，深色和浅色的条形分别表示饮料和点心的销量，通过条形的长短，可以比较华北和华东地区这两种商品的销售情况。

4. 饼图

饼图可以显示一个数据序列（图表中绘制的相关数据点）中各项的大小与各项总和的比例，每个数据序列具有唯一的颜色或图形，并且与图例中的颜色是相对应的。饼图示例如图6-5所示。

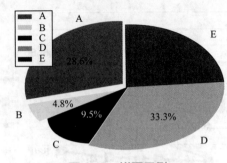

图 6-5 饼图示例

饼图中的数据点由圆环图的扇面表示，相同颜色的扇面是一个数据系列，并用所占的百分比进行标注。饼图可以很清晰地反映出各数据系列的百分比情况。

5. 散点图

在回归分析中，散点图是指数据点在直角坐标系平面上的分布图，通常用于比较跨类别的数据。散点图包含的数据点越多，比较的效果就会越好。散点图示例如图 6-6 所示。

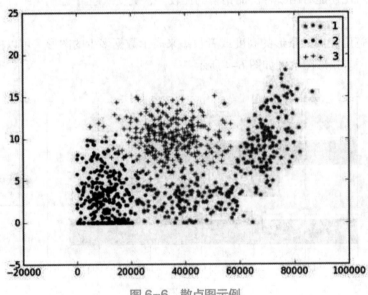

图 6-6 散点图示例

散点图中每个坐标点的位置是由变量的值决定的，用于表示因变量随自变量而变化的大致趋势，以判断两种变量的相关性（分为正相关、负相关、不相关）。例如，身高与体重、经度与纬度等。

散点图适合显示若干数据序列中各数值之间的关系，以判断两变量之间是否存在某种关联。对于处理值的分布和数据点的分簇，散点图是非常理想的。

6. 箱形图

箱形图又称为盒须图、盒式图或箱线图，是一种用作显示一组数据分散情况资料的统计图，因形状如箱子而得名，在各种领域中也经常被使用，常见于品质管理。箱形图的展示如图 6-7 所示。

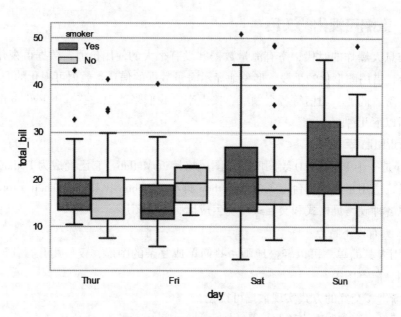

图6-7 箱形图示例

　　箱形图包含了六个数据节点，会将一组数据按照从大到小的顺序排列，分别计算出它的上边缘、上四分位数、中位数、下四分位数、下边缘，还有一个异常值。箱形图提供了一种只用5个点对数据集做简单总结的方式。

　　综上所述，上述几种常用的图表分别适用于如下应用场景：

　　（1）直方图：适于比较数据之间的多少。

　　（2）折线图：反映一组数据的变化趋势。

　　（3）条形图：显示各个项目之间的比较情况，和直方图有类似的作用。

　　（4）散点图：显示若干数据系列中各数值之间的关系，类似X、Y轴，判断两变量之间是否存在某种关联。

　　（5）箱形图：识别异常值方面有一定的优越性。

多学一招：区分直方图与条形图

　　直方图与条形图的区别具体如下：

　　首先，条形图是用条形的长度表示各类别频数的多少，其宽度（表示类别）则是固定的。直方图是用面积表示各组频数的多少，矩形的高度表示每一组的频数或频率，宽度则表示各组的组距，因此其高度与宽度均有意义。

　　其次，由于分组数据具有连续性，所以直方图的各矩形通常是连续排列的，而条形图则是分开排列的。

　　最后，条形图主要用于展示分类数据，而直方图则主要用于展示数据型数据。

6.1.3 数据可视化的工具

在这个信息大爆炸的时代，空有海量数据并没有很大的使用价值，数据可视化将技术与艺术完美地组合，借用图形化的手段，形象地显示海量数据的信息。数据可视化的应用十分广泛，几乎应用于金融、商业、通信等各个领域。接下来，我们来认识一些基于 Python 语言的可视化库，具体包括以下几种：

1. Matplotlib 库

Matplotlib 是一个 Python 2D 绘图库，作图风格接近 Matlab，它已经成为 Python 中公认的数据可视化工具，适用于各种平台上（包括 Python 脚本、Python 和 IPython shell、Jupyter Notebook 等），能够以各种硬拷贝格式和交互式环境生成出版品质图形。

Matplotlib 具有以下特点：

（1）使用极其简单。可以轻松地画一些简单或复杂的图形，仅仅用几行代码就能生成直方图、折线图、散点图等。

（2）以渐进、交互的方式实现数据可视化。

（3）对图形元素控制能力更强。

（4）可输出 PNG、PDF 等多种格式。

2. Seaborn 库

Seaborn 是基于 Matplotlib 的可视化库，专攻于统计可视化，使数据可视化更加赏心悦目。此外，Seaborn 可以和 Pandas 进行无缝链接，让初学者更容易上手。

Seaborn 具有以下特点：

（1）多个内置主题及颜色主题。

（2）单变量和双变量用于比较数据集中各变量的分布情况。

（3）对独立变量和相关变量进行回归拟合和可视化更加便捷。

（4）对矩阵数据可视化，通过聚类算法探究矩阵间的结构。

（5）基于网格绘制出更加复杂的图像集合。

3. Bokeh 库

Bokeh 是交互式可视化的绘图库，支持 Web 浏览器展示（图表可输出为 JSON 对象、HTML 文档或可交互的网络应用），它提供了风格简洁、漂亮的 D3.js 的图形化样式，并且将此功能扩展到高性能交互的数据集上。

Bokeh 能与 NumPy、Pandas 等大部分数组或表格样式的数据结构进行完美结合，从而快速便捷地创建交互式绘图、仪表板等。

Bokeh 具有以下特点：

（1）使用简单的指令可以快速创建复杂的统计图。

（2）提供如 HTML、Notebook 文档和服务器的输出。

（3）可以处理大量的数据流。

（4）支持 Python、Scala、R、Julia 等多种语言。

（5）可以转换使用其他库（如 Matplotlib）编写的可视化程序。

（6）能够灵活地将交互式应用、布局和不同样式选择用于可视化。

除了上述这三个库以外，Python 还提供了很多用于可视化的库，它们的使用都大同小异，这里就不再一一列举了。

6.2　Matplotlib—绘制图表

Matplotlib 是一个强大的绘图工具，它可以让开发人员轻松地将数据转换为图形，并提供了多样的输出格式。

要想使用 Matplotlib 绘制图表，需要先导入绘制图表的模块 pyplot，该模块提供了一种类似 Matlab 的绘图方式，主要用于绘制简单或复杂的图形，具体代码如下。

```
In [1]: import matplotlib.pyplot as plt
```

另外，如果要在 Jupyter Notebook 中绘图，则需要增加如下魔术命令：

```
%matplotlib inline
```

6.2.1　通过 figure() 函数创建画布

在 pyplot 模块中，默认拥有一个 Figure 对象，该对象可以理解为一张空白的画布，用于容纳图表的各种组件，比如图例、坐标轴等。

例如，在默认的画布上绘制简单的图形，示例代码如下。

```
In [2]: import numpy as np
        data_one=np.arange(100, 201)      # 生成包含100~200的数组
        plt.plot(data_one)                # 绘制 data_one 折线图
        plt.show()                        # 在本机上显示图形
```

上述代码中，首先生成了一个包含 100~200 之间所有整数的数组 data_one，然后在默认的 Figure 对象上，调用 plot() 函数根据 data_one 绘制了一张折线图，并调用 show() 函数进行显示。这里提到的函数，大家只需了解即可，后面会有详细的介绍。

运行结果如图 6-8 所示。

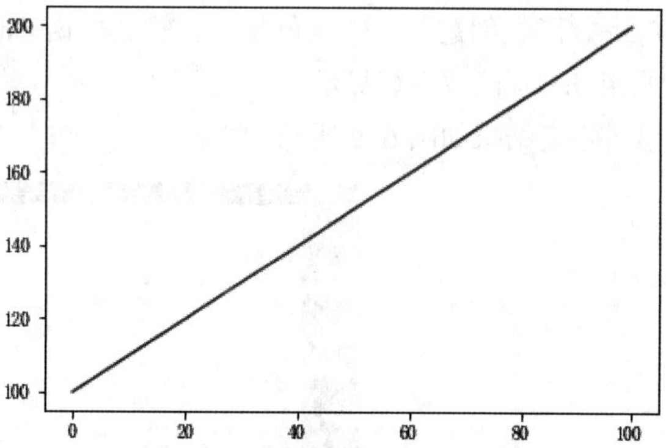

通过运行结果可以看出，在一个固定大小的画布上有一条向上倾斜的直线。

如果不希望在默认的画布上绘制图形，则可以调用 figure() 函数构建一张新的空白画布。

figure() 函数的语法格式如下：

图 6-8　运行结果

```
matplotlib.pyplot.figure(num=None,figsize=None,dpi=None,
    facecolor=None,edgecolor=None,frameon=True,
    FigureClass=<class'matplotlib.figure.Figure'>,clear=False,** kwargs)
```

部分参数表示的含义如下：

（1）num：表示图形的编号或名称，数字代表编号，字符串表示名称。如果没有提供该参数，则会创建一个新的图形，并且这个图形的编号会增加；如果提供该参数，并且具有此 id 的图形已经存在，则会将其激活并返回对其的引用，若此图形不存在，则会创建并返回它。

（2）figsize：用于设置画布的尺寸，宽度、高度以英寸为单位。

（3）dpi：用于设置图形的分辨率。

（4）facecolor：用于设置画板的背景颜色。

（5）edgecolor：用于显示边框颜色。

（6）frameon：表示是否显示边框。

（7）FigureClass：派生自 matplotlib.figure.Figure 的类，可以选择使用自定义的图形对象。

（8）clear：若设为 True 且该图形已经存在，则它会被清除。

接下来，调用 figure() 函数创建新的空白画布，示例代码如下。

```
In [3]: # 创建新的空白画布，返回 Figure 实例
        figure_obj=plt.figure()
Out[3]: <matplotlib.figure.Figure at 0x57e7630>
```

上述示例中，通过 figure() 函数创建了一个新的空白画布 figure_obj。从输出结果看出，figure_obj 是一个 Figure 类的对象。

此外，还可以在创建画布时为其添加背景颜色，即设置 facecolor 参数。比如，创建一个背景颜色为灰色的新画布，并在这张画布上绘制另外一张折线图，示例代码如下。

```
In [4]: data_two=np.arange(200, 301)        # 生成包含 200~300 的数组
        plt.figure(facecolor='gray')        # 创建背景为灰色的新画布
        plt.plot(data_two)                  # 通过 data2 绘制折线图
        plt.show()                          # 在本机上显示图形
```

上述示例中，首先生成了一个包含 200~300 之间所有整数的数组 data_two，然后调用 figure() 函数创建了一个灰色画布，然后根据 data_two 在灰色画布上绘制了一个简单的图形，并调用 show() 函数进行显示。

运行结果如图 6-9 所示。

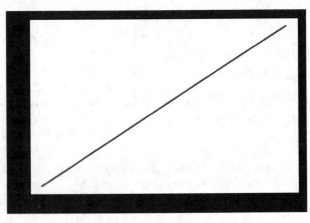

图 6-9 运行结果

通过比较图 6-8 与图 6-9 可以看出，x 轴的刻度范围为 0~100，y 轴的刻度范围为指定的数值区间。这是为什么呢？主要是因为在调用 plot() 函数时，如果传入了单个列表或数组，则会将其设为 y 轴序列，且自动生成 x 轴的序列。x 轴的序列从 0 开始，与 y 轴序列具有相同的长度，所以范围为 0~100。

6.2.2 通过 subplot() 函数创建单个子图

很多时候，我们希望在同一个画布上绘制多个图形，而不是在多个画布中绘制多个图形。Figure 对象允许划分为多个绘图区域，每个绘图区域都是一个 Axes 对象，它拥有属于自己的坐标系统，被称为子图。

为了能够让大家更好地区分 Figure 与 Axes，接下来，通过一张示意图来描述两者之间的关系，具体如图 6-10 所示。

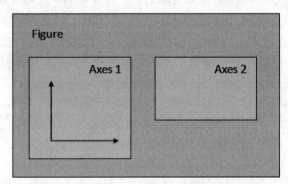

图 6-10 Figure 与 Axes 的关系示意图

要想在画布上创建一个子图，则可以通过 subplot() 函数实现。subplot() 函数的语法格式如下：

```
subplot(nrows, ncols, index, **kwargs)
```

参数表示的含义如下：

（1）nrows，ncols：表示子区网格的行数、列数。

（2）index：表示矩阵区域的索引。

subplot() 函数会将整个绘图区域等分为 "nrows（行）× ncols（列）" 的矩阵区域，之后按照从左到右、从上到下的顺序对每个区域进行编号。其中，位于左上角的子区域编号为 1，依次递增。

例如，整个绘制区域划分为 2×2（两行两列）的矩阵区域，每个区域编号如图 6-11 所示。

需要注意的是，如果 nrows、ncols 和 index 这三个参数的值都小于 10，则可以把它们简写为一个实数。例如，subplot(323) 和 subplot(3,2,3) 是等价的。

subplot(2, 2, 1)	subplot(2, 2, 2)
subplot(2, 2, 3)	subplot(2, 2, 4)

图 6-11 分成 2×2 的矩阵区域

为了让读者更好地理解，接下来，通过一段示例来演示如何创建单个子图，并在子图上绘制简单的图形，具体代码如下。

```
In [5]: nums=np.arange(0, 101)    # 生成 0~100 的数组
```

```
# 分成 2×2 的矩阵区域，占用编号为 1 的区域，即第 1 行第 1 列的子图
plt.subplot(221)
# 在选中的子图上作图
plt.plot(nums, nums)
# 分成 2×2 的矩阵区域，占用编号为 2 的区域，即第 1 行第 2 列的子图
plt.subplot(222)
# 在选中的子图上作图
plt.plot(nums, -nums)
# 分成 2×1 的矩阵区域，占用编号为 2 的区域，即第 2 行的子图
plt.subplot(212)
# 在选中的子图上作图
plt.plot(nums, nums**2)
# 在本机上显示图形
plt.show()
```

上述示例中，首先使用 arange() 函数生成了一个包含 0~100 之间所有整数的数组 nums 作为绘图的数据，然后使用 subplot() 函数将整个绘图区域划分为 2×2 的矩阵区域，并选中位于第 1 行第 1 列的子图，在这个子图上绘制正比例函数（$y=x$）的图像，之后选中位于第 1 行第 2 列的子图，并在这个子图上绘制正比例函数（$y=-x$）的图像，最后将整个绘图区域划分为 2×1 的矩阵区域，选中位于第 2 行的子图，在这个子图上绘制 $y=x^2$ 的曲线。

运行结果如图 6-12 所示。

注意： 通过 subplot() 函数可以规划 Figure 对象划分为多少个子图，但每调用一次该函数只会创建一个子图。

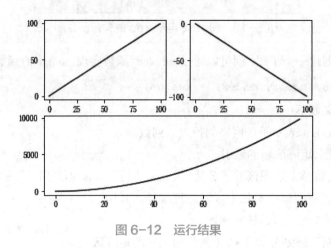

图 6-12　运行结果

6.2.3　通过 subplots() 函数创建多个子图

如果希望一次性创建一组子图，则可以通过 subplots() 函数进行实现。subplots() 函数的语法格式如下：

```
matplotlib.pyplot.subplots(nrows=1,ncols=1,sharex=False,sharey=False,
    squeeze=True,subplot_kw=None,gridspec_kw=None,**fig_kw)
```

常用的参数含义如下：

（1）nrows，ncols：表示子区网格的行数、列数，默认为 1。

（2）sharex，sharey：表示控制 x 或 y 轴是否共享。若设为"True"或"all"，则表示 x 或 y 轴在所有的子图中共享；若设为"False"或"None"，则每个子图的 x 或 y 轴是独立的；若设为"row"，则每个子图沿行方向共享 x 轴或 y 轴；若设为"col"，则每个子图沿列方向共享 x 轴或 y 轴。

subplots() 函数会返回一个元组，元组的第一个元素为 Figure 对象（画布），第二个元素为 Axes 对象（子图，包含坐标轴和画的图）或 Axes 对象数组。如果创建的是单个子图，则返回的是一个 Axes 对象，否则返回的是一个 Axes 对象数组。

接下来，我们使用 subplots() 函数创建 4 个子图，并在每个子图上绘制一些简单的图形，具体代码如下。

```
In [6]: # 生成包含 1 ~ 100 之间所有整数的数组
        nums=np.arange(1, 101)
        # 分成 2×2 的矩阵区域，返回子图数组 axes
        fig, axes=plt.subplots(2, 2)
        ax1=axes[0, 0]    # 根据索引 [0, 0] 从 Axes 对象数组中获取第 1 个子图
        ax2=axes[0, 1]    # 根据索引 [0, 1] 从 Axes 对象数组中获取第 2 个子图
        ax3=axes[1, 0]    # 根据索引 [1, 0] 从 Axes 对象数组中获取第 3 个子图
        ax4=axes[1, 1]    # 根据索引 [1, 1] 从 Axes 对象数组中获取第 4 个子图
        # 在选中的子图上作图
        ax1.plot(nums, nums)
        ax2.plot(nums, -nums)
        ax3.plot(nums, nums**2)
        ax4.plot(nums, np.log(nums))
        plt.show()
```

在上述示例中，首先生成了一个包含 1 ~ 100 之间所有整数的数组 nums，作为绘图用的数据，然后调用 subplots() 函数将整个绘图区域划分为 2×2 的矩阵区域，即创建了 4 个子图，它们全部存放在 axes 数组中，接着使用索引从 axes 数组中获取每个子图，调用 plot() 函数在这些子图上分别作图，其中第 1 个子图上画的正比例函数 $y=x$ 的直线，第 2 个子图上画的是正比例函数 $y=-x$ 的直线，第 3 个子图上画的是 $y=x^2$ 的曲线，第 4 个子图上画的是 $y=\log(x)$ 的曲线。

运行结果如图 6-13 所示。

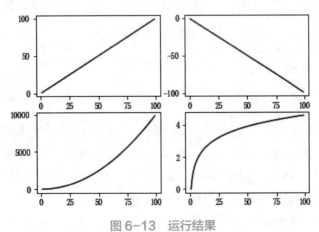

图 6-13　运行结果

注意：通过 subplots() 函数创建的多个图表，在 Jupyter Notebook 中可以正常显示，因此官方推荐使用这种方式创建多个图表。

6.2.4　通过 add_subplot() 方法添加和选中子图

要想创建子图，除了使用 pyplot 模块的函数之外，还可以通过 Figure 类的 add_subplot() 方法添加和选中子图，该方法的语法格式如下：

```
add_subplot(*args,**kwargs )
```

上述方法中，*args 参数表示一个三位数的实数或三个独立的实数，用于描述子图的位置。比如 "a, b, c"，其中 a 和 b 表示将 Figure 对象分割成 a×b 大小的区域，c 表示当前选中的要操作的区域。子图将显示在具有 a 行和 b 列矩阵区域的第 c 个位置上。需要注意的是，c 是从 1 开始编号的。

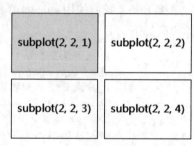

例如，调用 add_subplot() 方法时传入的是 "2,2,1"，则会在的 2×2 的矩阵中编号为 1 的区域上绘图，如图 6-14 所示。

图 6-14　创建并选中第一个子图

需要注意的是，每调用一次 add_subplot() 方法只会规划画布划分子图，但只会添加一个子图。当调用 plot() 函数绘制图形时，会画在最后一次指定子图的位置上。

为了让读者更好地理解，并且能正确地显示添加和选中子图的效果，接下来，以 PyCharm 工具为例，通过一个示例来演示如何创建子图和选中子图。例如，创建具有两行两列的矩阵区域，且在编号为 3 的子图上绘制图形，具体代码如下。

```
In [7]: # 引入 matplotlib 包
        import matplotlib.pyplot as plt
        import numpy as np
        # 创建 Figure 实例
        fig = plt.figure()
        # 添加子图
        fig.add_subplot(2, 2, 1)
        fig.add_subplot(2, 2, 2)
        fig.add_subplot(2, 2, 4)
        fig.add_subplot(2, 2, 3)
        # 在子图上作图
        random_arr = np.random.randn(100)
        # 默认是在最后一次使用 subplot 的位置上作图，即编号为 3 的位置
        plt.plot(random_arr)
        plt.show()
```

上述示例中，首先创建了一个 Figure 类对象 fig，然后调用 add_subplot() 方法将 fig 对象划分为一个 2 行 2 列的矩阵区域，且最后选中了编号为 3 的子区域，这表明图形将绘制在该区域上，最后调用 plot() 函数根据创建的随机数组绘制了折线图。

运行程序后，弹出图 6-15 所示的窗口。

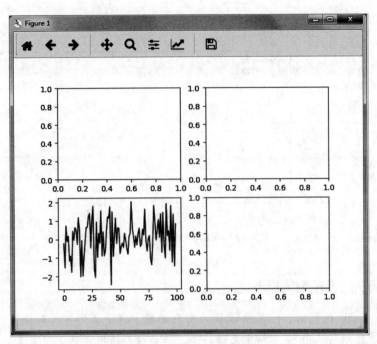

图 6-15　在选中的子图上绘图

6.2.5　添加各类标签

绘图时可以为图形添加一些标签信息，比如标题、坐标名称、坐标轴的刻度等。pyplot 模块中提供了为图形添加标签的函数，常用的如表 6-1 所示。

表 6-1 中列出的这些函数之间是并列关系，没有先后顺序，我们既可以先绘制图形，也可以先添加标签。值得一提的是，图例的添加只能在绘制完图形之后。

接下来，通过一个简单的示例来演示如何给图形添加各种标签，具体代码如下。

表 6-1　图表添加标签和图例的常用函数

函 数 名 称	说　　　明
title()	设置当前轴的标题
xlabel()	设置当前图形 x 轴的标签名称
ylabel()	设置当前图表 y 轴的标签名称
xticks()	指定 x 轴刻度的数目与取值
yticks()	指定 y 轴刻度的数目与取值
xlim()	设置或获取当前图形 x 轴的范围
ylim()	设置或获取当前图形 y 轴的范围
legend()	在轴上放置一个图例

```
In [8]: import numpy as np
        data=np.arange(0, 1.1, 0.01)
        plt.title("Title")              # 添加标题
        plt.xlabel("x")                 # 添加 x 轴的名称
        plt.ylabel("y")                 # 添加 y 轴的名称
        # 设置 x 和 y 轴的刻度
        plt.xticks([0, 0.5, 1])
        plt.yticks([0, 0.5, 1.0])
        plt.plot(data, data**2)         # 绘制 y=x^2 曲线
        plt.plot(data, data**3)         # 绘制 y=x^3 曲线
        plt.legend(["y=x^2", "y=x^3"])  # 添加图例
        plt.show()                      # 在本机上显示图形
```

运行结果如图 6-16 所示。

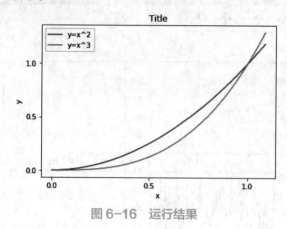

图 6-16　运行结果

多学一招：图表正确显示中文

在使用 Matplotlib 绘图时，如果要设置的图表标题中有中文字符，则会变成方格子而无法正确显示。实际上 Matplotlib 是支持中文编码的，造成这种情况主要是因为 Matplotlib 库的配置信息里面没有中文字体的相关信息，这时推荐采用如下方式进行解决：

在 python 脚本中动态设置 matplotlibrc，这样就可以避免由于更改配置文件而造成的麻烦，具体代码如下。

```
from pylab import mpl
# 设置显示中文字体
mpl.rcParams['font.sans-serif']=['SimHei']
```

另外，由于字体更改以后，会导致坐标轴中的部分字符无法正常显示，这时需要更改 axes.unicode_minus 参数，具体代码如下。

```
mpl.rcParams['axes.unicode_minus'] = False # 设置正常显示符号
```

6.2.6　绘制常见图表

matplotlib.pyplot 模块中包含了快速生成多种图表的函数，这些函数的说明具体如表 6-2 所示。

表 6-2　pyplot 中绘制图表的函数

函数名称	函数说明	函数名称	函数说明	函数名称	函数说明
bar	绘制条形图	pie	绘制饼图	scatter	绘制散点图
barh	绘制水平条形图	specgram	绘制光谱图	plot	绘制折线图
hist	绘制直方图	stackplot	绘制堆积区域图	boxplot	绘制箱形图

接下来，从表 6-2 中选出一些比较常用的函数进行举例，为大家介绍如何使用这些函数来绘制图表，具体内容如下。

1．绘制直方图

直方图是统计报告图的一种，它由一系列高度不等的纵向条纹或线段来表示数据的分布情况，一般用横轴表示数据所属的类别，用纵轴表示数量或占比。

pyplot 模块的 hist() 函数用于绘制直方图，其语法格式如下：

```
matplotlib.pyplot.hist(x,bins=None,range=None,density=None,
    weights=None,cumulative=False,bottom=None,histtype='bar',
    align='mid',orientation='vertical',rwidth=None,log=False,
    color=None,label=None,stacked=False,normed=None,
    hold=None,data=None,** kwargs)
```

上述函数中常用参数表示的含义如下：

（1）x：表示输入值，可以是单个数组，或者不需要相同长度的数组序列。

（2）bins：表示绘制条柱的个数。若给定一个整数，则返回"bins+1"个条柱，默认为 10。

（3）range：bins 的上下范围（最大和最小值）。

（4）color：表示条柱的颜色，默认为 None。

通过 hist() 函数绘制直方图的示例如下。

```
In [9]: arr_random=np.random.randn(100)          # 创建随机数组
        plt.hist(arr_random, bins=8, color='g', alpha=0.7)   # 绘制直方图
        plt.show()                               # 显示图形
```

上述示例中，首先创建了一个包含 100 个随机数的数组，用来表示绘制图形使用的数据，接着调用 hist() 函数绘制一个直方图，这个直方图共有 8 个条柱，每个条柱的颜色为绿色，透明度 alpha 为 0.7，最后调用 show() 函数显示图形。

运行结果如图 6-17 所示。

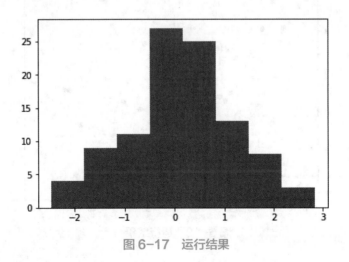

图 6-17　运行结果

2．绘制散点图

散点图以某个特征为横坐标，以另外一个特征为纵坐标，通过散点的疏密程度和变化趋势表示两个特征的数量关系。

pyplot 模块中的 scatter() 函数用于绘制散点图，其语法格式如下：

```
matplotlib.pyplot.scatter(x, y, s=None, c=None, marker=None,
    cmap=None, norm=None, vmin=None, vmax=None,
    alpha=None, linewidths=None, verts=None,
    edgecolors=None, hold=None, data=None, **kwargs)
```

上述函数中常用参数表示的含义如下：

（1）x, y：表示 x 轴和 y 轴对应的数据。

（2）s：指定点的大小。若传入的是一维数组，则表示每个点的大小。

（3）c：指定散点的颜色，若传入的是一维数组，则表示每个点的颜色。

（4）marker：表示绘制的散点类型。

（5）alpha：表示点的透明度，接收 0~1 之间的小数。

通过 scatter() 函数绘制散点图的示例如下。

```
In [10]: # 创建包含整数 0~50 的数组，用于表示 x 轴的数据
         x=np.arange(51)
         # 创建另一数组，用于表示 y 轴的数据
         y=np.random.rand(51)*10
         plt.scatter(x, y)      # 绘制散点图
         plt.show()
```

上述示例中，首先创建了一个包含整数 0~50 的数组，这些数值将作为散点图中 x 轴对应的数据，数组乘以 10 的结果将作为 y 轴对应的数据，然后调用 scatter() 函数绘制一个散点图，最后调用 show() 函数显示图形。

运行结果如图 6-18 所示。

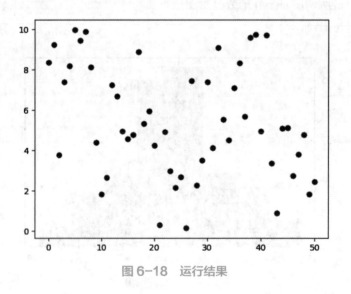

图 6-18　运行结果

3．绘制柱状图

柱状图是一种以长方形的长度为变量表达图形的统计报告图，它由一系列高度不等的纵向条纹表示数据分布的情况。

pyplot 模块中用于绘制柱状图的函数为 bar()，其语法格式如下：

```
bar(x, height, width, *, align='center', **kwargs)
```

上述函数中常用参数表示的含义如下：

（1）x：表示 x 轴的数据。

（2）height：表示条形的高度。

（3）width：表示条形的宽度，默认为 0.8。

（4）color：表示条形的颜色。

（5）edgecolor：表示条形边框的颜色。

通过 bar() 函数绘制柱状图的示例如下。

```
In [11]:# 创建包含 0~4 的一维数组
        x=np.arange(5)
        # 从上下限范围内随机选取整数，创建两个 2 行 5 列的数组
        y1, y2=np.random.randint(1, 31, size=(2, 5))
        width=0.25                              # 条形的宽度
        ax=plt.subplot(1, 1, 1)                 # 创建一个子图
        ax.bar(x, y1, width, color='r')         # 绘制红色的柱形图
        ax.bar(x+width, y2, width, color='g')   # 绘制另一个绿色的柱形图
        ax.set_xticks(x+width)                  # 设置 x 轴的刻度
        # 设置 x 轴的刻度标签
        ax.set_xticklabels(['January', 'February', 'March',
                            'April ', 'May '])
        plt.show()                              # 显示图形
```

在上述示例中，首先创建了包含整数 0~4 的数组，将其作为 x 轴的数据，接着又创建了两个 2 行 5 列的二维数组，这些数组的数据是从 1~30 内随机选取的整数，然后在指定编号为 1 的子图上，调用 bar() 函数绘制了两个柱形图，其中，第一个柱形图的 x、y 轴使用的数据为 x 和 y1，颜色为红色，第二个柱形图的 x、y 轴使用的数据为 x+width 和 y2，颜色为绿色，最后设置了 x 轴的刻度标签为"January、February、March、April 、May "，并显示了画好的图形。

运行结果如图 6-19 所示。

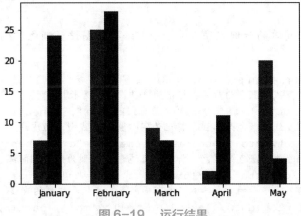

图 6-19　运行结果

☕ 多学一招：颜色、线型、标记的设置

在使用绘制图表的函数（比如 plot、scatter 等）画图时，可以设定线条的相关参数，包括颜色、线型和标记风格。其中，线条颜色使用 color 参数控制，线型使用 linestyle 参数控制，而标记风格使用 marker 参数控制。下面来列举每个参数所支持的取值。

color 参数支持表 6-3 中所列举的颜色值。linestyle 参数的取值与意义如表 6-4 所示。

marker 参数的取值与意义如表 6-5 所示。

表 6-3　color 参数支持的颜色值

颜 色 值	说 明
b（blue）	蓝色
g（green）	绿色
r（red）	红色
c（cyan）	青色
m（magenta）	品红
y（yellow）	黄色
k（black）	黑色
w（white）	白色

表 6-4　linestyle 参数支持的样式值

线 型 值	说 明
'-'	实线
'--'	长虚线
'-.'	短点相间线
':'	短虚线

表 6-5　marker 参数支持的标记值

标记风格值	说 明
'o'	实心圆圈
'D'	菱形
'h'	六边形 1
'H'	六边形 2
'8'	八边形
'p'	五边形
'+'	加号
'.'	点
's'	正方形
'*'	星形
'v'	倒三角形
'^'	正三角形
'>'	一角朝右的三角形
'<'	一角朝左的三角形

接下来，通过一个简单的示例程序来演示如何给折线图设置颜色、线型和标记风格，具体代码如下。

```
In [12]:  data=np.arange(1, 3, 0.3)
          # 绘制直线，颜色为青色，标记为 "x"，线型为长虚线
          plt.plot(data, color="c", marker="x", linestyle="--")
          # 绘制直线，颜色为品红，标记为实心圆圈，线型为短虚线
          plt.plot(data+1, color="m", marker="o", linestyle=":")
          # 绘制直线，颜色为黑色，标记为五边形，线型为短点相间线
          plt.plot(data+2, color="k", marker="p", linestyle="-.")
          # 也可采用下面的方式绘制三条不同颜色、标记和线型的直线
          # plt.plot(data, 'cx--', data+1, 'mo:', data+2, 'kp-.')
          plt.show()
```

运行结果如图 6-20 所示。

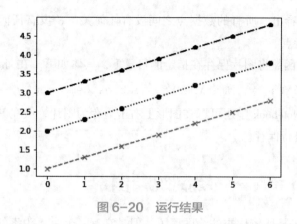

图 6-20　运行结果

6.2.7 本地保存图形

要想保存当前生成的图表，可以调用 savefig() 函数进行保存。savefig() 函数的语法格式如下：

```
savefig(fname, dpi=None, facecolor='w', edgecolor='w',
        orientation='portrait', papertype=None, format=None,
        transparent=False, bbox_inches=None, pad_inches=0.1,
        frameon=None, metadata=None)
```

上述函数中，fname 参数是一个包含文件名路径的字符串，或者是一个类似于 Python 文件的对象。如果 format 参数设为 None 且 fname 参数是一个字符串，则输出格式将根据文件名的扩展名推导出来。

根据随机的数据绘制一个折线图表，具体示例代码如下。

```
In [13]: # 创建包含 100 个数值的随机数组
         import numpy as np
         random_arr = np.random.randn(100)
         # 将随机数组的数据绘制线形图
         plt.plot(random_arr)
         plt.show()
```

运行结果如图 6-21 所示。

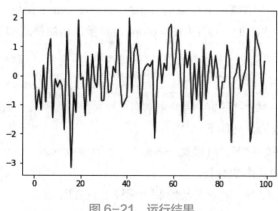

图 6-21　运行结果

从图 6-21 中可以看出，所有的数据点之间没有任何关系，没有任何明显的趋势，刚好验证了随机数无规律的特点。

最后使用 savefig() 函数将图片保存在指定的目录下，具体如下（在 show() 函数前插入）：

```
plt.savefig(r"C:\Users\admin\Desktop\tables\demo.png")
```

此外，在 Jupyter Notebook 中还可以在图形上右击另存为图片，或在 PyCharm 显示图形的窗口中，单击保存按钮进行保存。

6.3　Seaborn——绘制统计图形

Matplotlib 虽然已经是比较优秀的绘图库了，但是它有一个令人头疼的问题，那就是 API 使用过于复杂，它里面有上千个函数和参数，属于典型的那种可以用它做任何事，却无从下手。

Seaborn 基于 Matplotlib 核心库进行了更高级的 API 封装，可以轻松地画出更漂亮的图形，而 Seaborn 的漂亮主要体现在配色更加舒服，以及图形元素的样式更加细腻。不过，使用 Seaborn 绘制图表之前，需要导入绘图的接口，具体代码如下。

```
import seaborn as sns
```

另外，也可以在 Jupyter Notebook 中使用如下魔术命令绘图。

```
%matplotlib inline
```

接下来，我们正式进入 Seaborn 库的学习。

6.3.1　可视化数据的分布

当处理一组数据时，通常先要做的就是了解变量是如何分布的。对于单变量的数据来说，采用直方图或核密度曲线是个不错的选择，对于双变量来说，可采用多面板图形展现，比如散点图、二维直方图、核密度估计图形等。针对这种情况，Seaborn 库提供了对单变量和双变量分布的绘制函数，如 displot() 函数、jointplot() 函数，下面来介绍这些函数的使用，具体内容如下。

1. 绘制单变量分布

可以采用最简单的直方图描述单变量的分布情况。Seaborn 中提供了 distplot() 函数，它默认绘制的是一个带有核密度估计曲线的直方图。distplot() 函数的语法格式如下。

```
seaborn.distplot(a, bins=None,hist=True,kde=True,rug=False,
    fit=None,hist_kws=None,kde_kws=None,rug_kws=None,
    fit_kws=None,color=None,vertical=False,norm_hist=False,
    axlabel=None,label=None,ax=None)
```

上述函数中常用参数的含义如下：

（1）a：表示要观察的数据，可以是 Series、一维数组或列表。

（2）bins：用于控制条形的数量。

（3）hist：接收布尔类型，表示是否绘制（标注）直方图。

（4）kde：接收布尔类型，表示是否绘制高斯核密度估计曲线。

（5）rug：接收布尔类型，表示是否在支持的轴方向上绘制 rugplot。

通过 distplot() 函数绘制直方图的示例如下。

```
In [14]: import numpy as np
         sns.set()                        # 显式调用 set() 获取默认绘图
         np.random.seed(0)                # 确定随机数生成器的种子
         arr=np.random.randn(100)         # 生成随机数组
         ax=sns.distplot(arr, bins=10)    # 绘制直方图
```

上述示例中，首先导入了用于生成数组的 numpy 库，然后使用 seaborn 调用 set() 函数获取默认绘图，并且调用 random 模块的 seed() 函数确定随机数生成器的种子，保证每次产生的随机数是一样的，接着调用 randn() 函数生成包含 100 个随机数的数组，最后调用 distplot() 函数绘制直方图。

运行结果如图 6-22 所示。

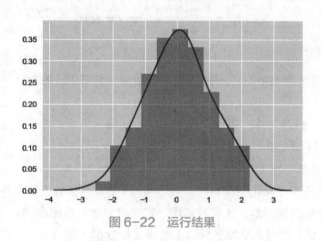

图 6-22　运行结果

从图 6-22 中看出，直方图共有 10 个条柱，每个条柱的颜色为蓝色，并且有核密度估计曲线。根据条柱的高度可知，位于 -1~1 区间的随机数值偏多，小于 -2 的随机数值偏少。

注意：如果希望 Seaborn 用 Matplotlib 的默认样式，之前可以通过从 Seaborn 库中导入 apionly 模块解决这个问题，但是现在已经弃用了（自 2017 年 7 月起）。因此，现在导入 Seaborn 时，需要显式地调用 set() 或 set_style()、set_context() 和 set_palette() 中的一个或多个函数，以获取 Seaborn 或者 Matplotlib 默认的绘图样式。

通常，采用直方图可以比较直观地展现样本数据的分布情况，不过，直方图存在一些问题，它会因为条柱数量的不同导致直方图的效果有很大的差异。为了解决这个问题，可以绘制核密度估计曲线进行展现。

核密度估计是在概率论中用来估计未知的密度函数，属于非参数检验方法之一，可以比较直观地看出数据样本本身的分布特征。

通过 distplot() 函数绘制核密度估计曲线的示例如下。

```
In [15]: # 创建包含 500 个位于 [0, 100) 之间的随机整数数组
         array_random=np.random.randint(0, 100, 500)
         # 绘制核密度估计曲线
```

```
        sns.distplot(array_random, hist=False, rug=True)
        Out[15]: <matplotlib.axes._subplots.AxesSubplot at 0xbe33588>
```

上述示例中，首先通过 random.randint() 函数返回一个最小值不低于 0、最大值低于 100 的 500 个随机整数数组，然后调用 distplot() 函数绘制核密度估计曲线。

运行结果如图 6-23 所示。

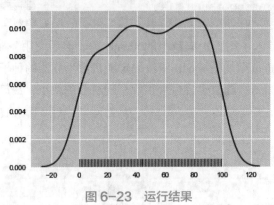

图 6-23　运行结果

从图 6-23 中看出，图表中有一条核密度估计曲线，并且在 x 轴的上方生成了观测数值的小细条。

除了使用 displot() 函数之外，还可以使用 kdeplot() 函数拟合并绘制核密度估计曲线，大家可以参阅官方文档进行深入学习，这里就不再赘述了。

2. 绘制双变量分布

两个变量的二元分布可视化也很有用。在 Seaborn 中最简单的方法是使用 jointplot() 函数，该函数可以创建一个多面板图形，比如散点图、二维直方图、核密度估计等，以显示两个变量之间的双变量关系及每个变量在单独坐标轴上的单变量分布。

jointplot() 函数的语法格式如下。

```
seaborn.jointplot(x, y, data=None, kind='scatter',
    stat_func=<function pearsonr>, color=None, size=6, ratio=5,
    space=0.2, dropna=True, xlim=None, ylim=None, joint_kws=None,
    marginal_kws=None, annot_kws=None, **kwargs)
```

上述函数中常用参数的含义如下：

（1）kind：表示绘制图形的类型。

（2）stat_func：用于计算有关关系的统计量并标注图。

（3）color：表示绘图元素的颜色。

（4）size：用于设置图的大小（正方形）。

（5）ratio：表示中心图与侧边图的比例。该参数的值越大，则中心图的占比会越大。

（6）space：用于设置中心图与侧边图的间隔大小。

（7）xlim，ylim：表示 x、y 轴的范围。

下面以散点图、二维直方图、核密度估计曲线为例，为大家介绍如何使用 Seaborn 绘制这些图形。

1）绘制散点图

调用 seaborn.jointplot() 函数绘制散点图的示例如下。

```
In [16]:  # 创建 DataFrame 对象
          dataframe_obj=pd.DataFrame({"x": np.random.randn(500),
                                      "y": np.random.randn(500)})
          # 绘制散点图
          sns.jointplot(x="x", y="y", data=dataframe_obj)
Out[16]:  <seaborn.axisgrid.JointGrid at 0xcaea240>
```

上述示例中，首先创建了一个 DataFrame 对象 dataframe_obj 作为散点图的数据，其中 x 轴和 y 轴的数据均为 500 个随机数，接着调用 jointplot() 函数绘制一个散点图，散点图 x 轴的名称为 "x"，y 轴的名称为 "y"。

运行结果如图 6-24 所示。

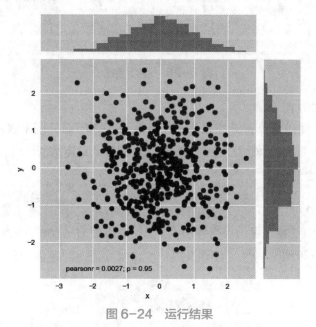

图 6-24　运行结果

从图 6-24 中看出，散点图的底部显示了计算的两个系数：pearsonr 和 p，另外在图表的上方和右侧增加了直方图，便于观察 x 和 y 轴数据的整体分布情况，并且它们的均值都是 0。

2）绘制二维直方图

二维直方图类似于 "六边形" 图，主要是因为它显示了落在六角形区域内的观察值的计数，适用于较大的数据集。当调用 jointplot() 函数时，只要传入 kind="hex"，就可以绘制二维直方图，具体示例代码如下。

```
In [17]:  # 绘制二维直方图
          sns.jointplot(x="x", y="y", data=dataframe_obj, kind="hex")
Out[17]:  <seaborn.axisgrid.JointGrid at 0xc274da0>
```

运行结果如图 6-25 所示。

从六边形颜色的深浅，可以观察到数据密集的程度，另外，图形的上方和右侧仍然给出了直方图。注意，在绘制二维直方图时，最好使用白色背景。

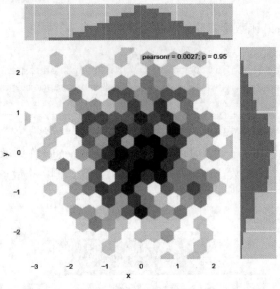

图 6-25　运行结果

3）绘制核密度估计图形

利用核密度估计同样可以查看二元分布，Seaborn 中用等高线图来表示。当调用 jointplot()
函数时只要传入 kind="kde"，就可以绘制核密度估计图形，具体示例代码如下。

```
In [18]: # 核密度估计
         sns.jointplot(x="x", y="y", data=dataframe_obj, kind="kde")
Out[18]: <seaborn.axisgrid.JointGrid at 0xcdf5588>
```

上述示例中，绘制了核密度的等高线图，另外，在图形的上方和右侧给出了核密度曲线图。
运行结果如图 6-26 所示。

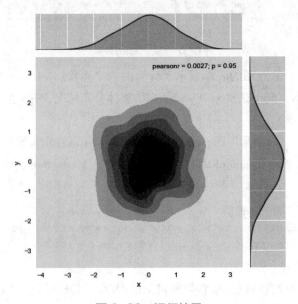

图 6-26　运行结果

通过观察等高线的颜色深浅，可以看出哪个范围的数值分布的最多，哪个范围的数值分布的最少。

3. 绘制成对的双变量分布

要想在数据集中绘制多个成对的双变量分布，则可以使用 pairplot() 函数实现，该函数会创建一个坐标轴矩阵，并且显示 DataFrame 对象中每对变量的关系。另外，pairplot() 函数也可以绘制每个变量在对角轴上的单变量分布。

接下来，通过 sns.pairplot() 函数绘制数据集变量间关系的图形，示例代码如下。

```
In [19]: # 加载 seaborn 中的数据集
         dataset=sns.load_dataset("tips")
# 绘制多个成对的双变量分布
         sns.pairplot(dataset)
Out[19]: <seaborn.axisgrid.PairGrid at 0xd3b26d8>
```

上述示例中，通过 load_dataset() 函数加载了 seaborn 中内置的数据集（单击链接 https://github.com/mwaskom/seaborn-data 可以查看内置的所有数据集），根据 tips 数据集绘制多个双变量分布。

运行结果如图 6-27 所示。

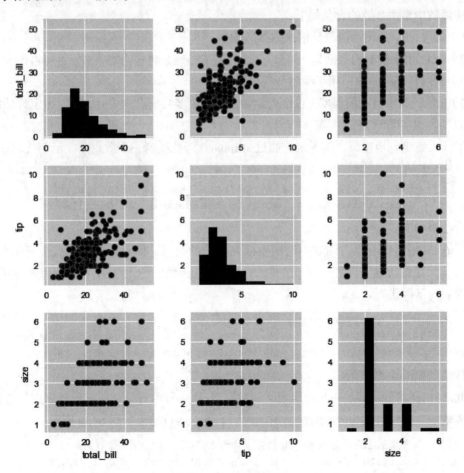

图 6-27　运行结果

6.3.2 用分类数据绘图

数据集中的数据类型有很多种，除了连续的特征变量之外，最常见的就是类目型的数据类型了，比如人的性别、学历、爱好等，这些数据类型都不能用连续的变量来表示，而是用分类的数据来表示。

Seaborn 针对分类数据提供了专门的可视化函数，这些函数大致可以分为如下三种：

◆ 分类数据散点图：swarmplot() 与 stripplot()。

◆ 分类数据的分布图：boxplot() 与 violinplot()。

◆ 分类数据的统计估算图：barplot() 与 pointplot()。

下面针对分类数据可绘制的图形进行简单介绍，具体内容如下。

1. 类别散点图

通过 stripplot() 函数可以画一个散点图，stripplot() 函数的语法格式如下。

```
seaborn.stripplot(x=None, y=None,hue=None,data=None,
    order=None,hue_order=None,jitter=False,dodge=False,
    orient=None,color=None,palette=None,size=5,
    edgecolor='gray',linewidth=0,ax=None,** kwargs)
```

上述函数中常用参数的含义如下：

（1）x，y，hue：用于绘制长格式数据的输入。

（2）data：用于绘制的数据集。如果 x 和 y 不存在，则它将作为宽格式，否则将作为长格式。

（3）order，hue_order：用于绘制分类的级别。

（4）jitter：表示抖动的程度（仅沿类别轴）。当很多数据点重叠时，可以指定抖动的数量，或者设为 True 使用默认值。

为了让大家更好地理解，接下来，通过 stripplot() 函数绘制一个散点图，示例代码如下。

```
In [20]: tips=sns.load_dataset("tips")
         sns.stripplot(x="day", y="total_bill", data=tips)
Out[20]: <matplotlib.axes._subplots.AxesSubplot at 0xd651668>
```

运行结果如图 6-28 所示。

从图 6-28 中可以看出，图表中的横坐标是分类的数据，而且一些数据点会互相重叠，不易于观察。为了解决这个问题，可以在调用 stripplot() 函数时传入 jitter 参数，以调整横坐标的位置，改后的示例代码如下。

```
In [21]: tips=sns.load_dataset("tips")
         sns.stripplot(x="day", y="total_bill", data=tips, jitter=True)
Out[21]: <matplotlib.axes._subplots.AxesSubplot at 0xd5fb390>
```

运行结果如图 6-29 所示。

除此之外，还可调用 swarmplot() 函数绘制散点图，该函数的好处是所有的数据点都不会重叠，可以很清晰地观察到数据的分布情况，示例代码如下。运行结果如图 6-30 所示。

```
In [22]: sns.swarmplot(x="day", y="total_bill", data=tips)
Out[22]: <matplotlib.axes._subplots.AxesSubplot at 0xd6743c8>
```

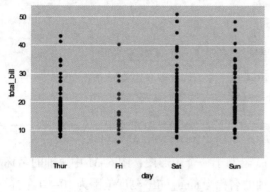

图 6-28 运行结果

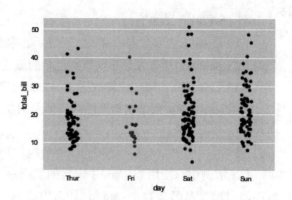

图 6-29 运行结果

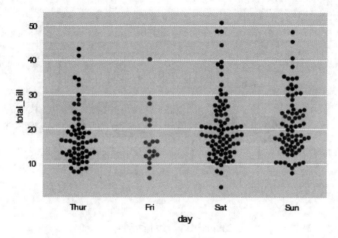

图 6-30 运行结果

2．类别内的数据分布

要想查看各个分类中的数据分布，显而易见，散点图是不满足需求的，原因是它不够直观。针对这种情况，我们可以绘制如下两种图形进行查看：

◆ 箱形图：利用箱形图可以提供有关数据分散情况的信息，可以很直观地查看数据的四分位分布（1/4 分位，中位数，3/4 分位以及四分位距）。

◆ 提琴图：箱形图与核密度图的结合，它可以展示任意位置的密度，可以很直观地看到哪些位置的密度较高。

接下来，针对 Seaborn 库中箱形图和提琴图的绘制进行简单的介绍。

1）绘制箱形图

seaborn 中用于绘制箱形图的函数为 boxplot()，其语法格式如下：

```
seaborn.boxplot(x=None, y=None,hue=None,data=None,
    order=None,hue_order=None,orient=None,color=None,
    palette=None,saturation=0.75,width=0.8,dodge=True,
    fliersize=5,linewidth=None,whis=1.5,notch=False,
    ax=None, ** kwargs)
```

常用参数的含义如下：

（1）orient：表示数据垂直或水平显示，取值为"v" | "h"。

（2）palette：用于设置不同级别色相的颜色变量。

（3）saturation：用于设置数据显示的颜色饱和度。

使用 boxplot() 函数绘制箱形图的具体示例如下。

```
In [23]: sns.boxplot(x="day", y="total_bill", data=tips)
Out[23]: <matplotlib.axes._subplots.AxesSubplot at 0xfd60860>
```

上述示例中，使用 seaborn 中内置的数据集 tips 绘制了一个箱形图，图 6-31 中 x 轴的名称为 day，其刻度范围是 Thur~Sun（周四至周日），y 轴的名称为 total_bill，刻度范围为 10~50 左右。

运行结果如图 6-31 所示。

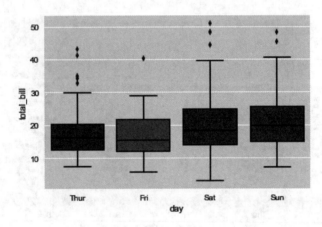

图 6-31　运行结果

从图 6-31 中可以看出，Thur 列大部分数据都小于 30，不过有 5 个大于 30 的异常值，Fri 列中大部分数据都小于 30，只有一个异常值大于 40，Sat 一列中有 3 个大于 40 的异常值，Sun 一列中有两个大于 40 的异常值。

2）绘制提琴图

seaborn 中用于绘制提琴图的函数为 violinplot()，其语法格式如下：

```
seaborn.violinplot(x=None,y=None,hue=None,data=None,
    order=None,hue_order=None,bw='scott',cut=2,scale='area',
    scale_hue=True,gridsize=100,width=0.8,inner='box',
    split=False,dodge=True,orient=None,linewidth=None,
    color=None,palette=None,saturation=0.75,ax=None,** kwargs)
```

通过 violinplot() 函数绘制提琴图的示例代码如下。

```
In [24]: sns.violinplot(x="day", y="total_bill", data=tips)
Out[24]: <matplotlib.axes._subplots.AxesSubplot at 0x100f7ba8>
```

上述示例中，使用 seaborn 中内置的数据集 tips 绘制了一个提琴图，图 6-32 中 x 轴的名称为 day，y 轴的名称为 total_bill。

运行结果如图 6-32 所示。

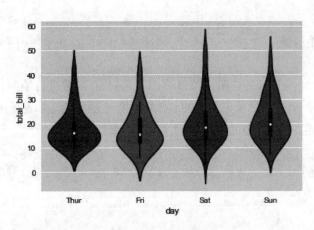

图 6-32　运行结果

从图 6-32 中可以看出，Thur 一列中位于 5~25 之间的数值较多，Fri 列中位于 5~30 之间的数值较多，Sat 一列中位于 5~35 之间的数值较多，Sun 一列中位于 5~40 之间的数值较多。

3. 类别内的统计估计

要想查看每个分类的集中趋势，则可以使用条形图和点图进行展示。Seaborn 库中用于绘制这两种图表的具体函数如下：

◆ barplot() 函数：绘制条形图。

◆ pointplot() 函数：绘制点图。

这些函数的 API 与上面那些函数都是一样的，这里只讲解函数的应用，不再过多对函数的语法进行讲解了。

1）绘制条形图

最常用的查看集中趋势的图形就是条形图。默认情况下，barplot() 函数会在整个数据集上使用均值进行估计。若每个类别中有多个类别时（使用了 hue 参数），则条形图可以使用引导来计算估计的置信区间（是指由样本统计量所构造的总体参数的估计区间），并使用误差条来表示置信区间。

使用 barplot() 函数的示例如下，运行结果如图 6-33 所示。

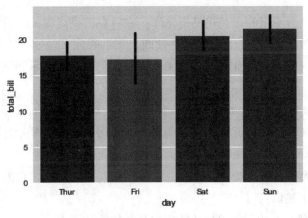

图 6-33　运行结果

```
In [25]: sns.barplot(x="day", y="total_bill", data=tips)
Out[25]: <matplotlib.axes._subplots.AxesSubplot at 0x101cdb00>
```

2）绘制点图

另外一种用于估计的图形是点图，可以调用 pointplot() 函数进行绘制，该函数会用高度估计值对数据进行描述，而不是显示完整的条形，它只会绘制点估计和置信区间。

通过 pointplot() 函数绘制点图的示例如下，运行结果如图 6-34 所示。

```
In [26]: sns.pointplot(x="day", y="total_bill", data=tips)
Out[26]: <matplotlib.axes._subplots.AxesSubplot at 0x1022e4a8>
```

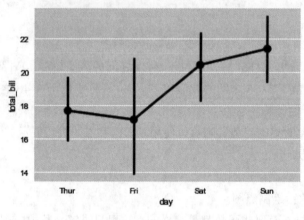

图 6-34　运行结果

6.4　Bokeh——交互式可视化库

Bokeh 是一个专门针对 Web 浏览器使用的交互式可视化库，这是与其他可视化库相比最核心的区别。接下来，本节将针对 Bokeh 库的基本应用进行详细地介绍。

6.4.1　认识 Bokeh 库

Bokeh 是针对浏览器使用的交互式可视化库，它旨在提供优雅、简洁的通用图形构建，并且在大的数据集或流媒体数据集上扩展这种性能，帮助程序员快速、轻松地创建交互图、数据应用程序等。接下来，通过一张图来说明 Bokeh 是如何将数据展示到浏览器上面的，具体如图 6-35 所示。

从图 6-35 中可以看出，Bokeh 库捆绑了多种语言，包括 Python、R 语言、lua 和 Julia，结合这些语言产生了 JSON 文档，此文档将作为 BokehJS（JavaScript 库）的输入，之后将数据展示到 Web 浏览器上面。

Bokeh 提供了强大而灵活的功能，使其操作简单且高度定制化，它为用户提供了多个可视化界面，具体包含以下接口：

◆ Charts：高级接口，用于简单快速地创建复杂的统计图表。

◆　Plotting：中级接口，用于构建各种组装图形元素。

◆　Models：底层接口，为开发者提供最大的灵活性。

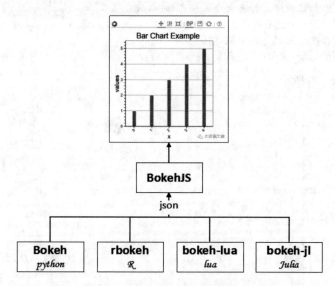

图 6-35　bokeh 显示数据到浏览器的原理

很早以前，Charts 接口就已经被弃用了，它被移除到另外一个项目 bkcharts 中，需要单独安装使用。不过，目前 bkcharts 正在维护，无法与最新版本的 Bokeh 核心完全兼容，所以这里只介绍 Plotting 接口的基本使用。

6.4.2　通过 Plotting 绘制图形

Plotting 是以构建视觉符号为核心的接口，可以结合各种视觉元素（例如，点、圆、线等其他元素）和工具（例如，缩放、保存、重置等其他工具）创建可视化图形。使用 bokeh.plotting 创建图表的基本步骤如下：

（1）导入 Bokeh 库中用到的一些方法或函数。

（2）准备数据，这些数据既可以是普通的 Python 列表，也可以是 NumPy 数组或 Series 对象。

（3）选择输出方式，一种是使用 output_file() 函数生成 HTML 文档，另一种是使用 output_notebook() 函数用在 Jupyter Notebook 上。

（4）调用 figure() 创建一个具有典型默认选项的图形，并且可以轻松地定制标题、工具和坐标轴标签。

（5）添加渲染器。例如，使用 line() 函数操作数据，指定颜色、图例和宽度等可视化定制。

（6）显示或保存图表。通过调用 save() 或 show() 函数将画好的图形保存到 HTML 文件，或选择性地将其显示在浏览器中。

为了让读者更好地理解，接下来，按照上述的步骤，使用 Bokeh 库绘制二维散点图，示例代码如下。

```
In [27]:  from bokeh.plotting import figure, output_notebook, show
```

```
# 输出到计算机屏幕上
output_notebook()
fig_obj = figure(plot_width=400, plot_height=400)
# 添加矩形框，标有大小、颜色和 alpha 值
fig_obj.square([2, 5, 6, 4], [2, 3, 2, 1], size=20, color="navy")
# 在默认的浏览器中显示图表
show(fig_obj)
```

运行结果如图 6-36 所示。

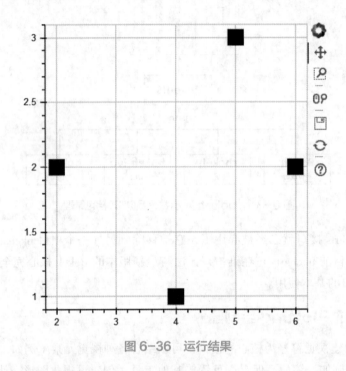

图 6-36　运行结果

在图 6-36 中，分别在四个不同的位置绘制了矩形框。在图表的右侧有一排工具选项，比如缩放、平移、刷新或保存，使用这些工具可以与图表进行互动。与此同时，还可以看到多个图表选项，比如坐标网格线、x 轴名标注、y 轴名标注等。

有关 Bokeh 库的使用大同小异，都是基于上述的基本步骤完成的，大家可以参考官方文档绘制一些其他的图形，这里就不再赘述了。

6.5　案例——画图分析某年旅游景点数据

对于奔波于都市的人群而言，旅游是个非常不错的休闲方式，不仅能给人积极的生活态度，而且能缓解工作所带来的压力。随着"互联网+"时代的到来，在线旅游更是推动了旅游行业的发展，国内的景区都开启了旅游的热潮。接下来，通过本章所学的 Matplotlib 知识，画图分析某年统计的各景区的信息，比如哪个地方旅游人数最多等。

6.5.1 案例需求

本案例主要以河北省的景点为例，再结合所学的图表工具，把采集到的数据绘制成图表辅助分析，以得到如下几个指标：

（1）河北省总面积和游客量位居前三的景点。

（2）河北省游客量的占比哪个最多，哪个最少。

如果想直观地比较出一列数据中数量位于前三的景点，则可以选择条形图展示，如果要比较一组数据的占比情况，那么就非饼图莫属了。

6.5.2 数据准备

我们从网上收集了某年旅游景点的相关信息，并将这些信息整理到 CSV 文件中，用 Excel 工具打开后如图 6-37 所示。

	A	B	C	D
1	省份	名称	总面积（平方千米）	游客量（万人次）
2	北京	十三陵	123	493.9
3	北京	八达岭	55	737.5
4	北京	石花洞	85	64.4
5	天津	盘山	106	228.3
6	河北	苍岩山	63	54
7	河北	嶂石岩	120	7.8
8	河北	西柏坡-天桂山	256	780
9	河北	秦皇岛北戴河	366	823
10	河北	响堂山	41	10
11	河北	娲皇宫	132	365.1
12	河北	太行大峡谷	20	9.8
13	河北	崆山白云洞	161	86
14	河北	野三坡	499	275

图 6-37 风景名胜区 CSV 文件

通过观察图 6-37 可知，表格里面有省份、名称、总面积、游客量共 4 个标题，并已经将所有的旅游景点按照地区进行了排列。如果希望拿到河北地区的景点数据，则只需要先按照"省份"一列进行分组，再拿出"河北"分组的数据即可。

6.5.3 功能实现

由于数据都保存在 CSV 文件中，所以可以用 read_csv() 函数来读取"风景名胜区 .csv"文件中的数据，并将这些数据转换成 DataFrame 对象展示，具体代码如下。

```
In [28]: import pandas as pd
         import numpy as np
         # 使用 read_csv() 函数进行读取
         scenery_file_path=open(r'C:/Users/admin/Desktop'
                                r'/ 风景名胜区 .csv')
         scenery_data=pd.read_csv(scenery_file_path)
         scenery_data
```

```
Out[28]:
        省份      名称          总面积（平方千米）        游客量（万人次）
0       北京      十三陵          123.0              493.9
1       北京      八达岭          55.0               737.5
2       北京      石花洞          85.0               64.4
3       天津      盘山           106.0              228.3
4       河北      苍岩山          63.0               54.0
5       河北      嶂石岩          120.0              7.8
6       河北      西柏坡 - 天桂山    256.0.             780.0
..      ...     ...          ...                ...
212     西藏      雅砻河          NaN                NaN
213     西藏      唐古拉山 - 怒江源   7998.0             NaN
..      ...     ...          ...                ...
227     新疆      赛里木湖         1301.0             55.0
228     新疆      罗布人村寨        134.0              60.1
229     新疆      博斯腾湖         3550.0             82.0
[230 rows x 4 columns]
```

从输出结果中可以看到有缺失的数据，为了保证数据的完整性，这里将使用"总面积"一列和"游客量"一列的平均值来替换缺失的数据，这也是处理缺失值常用的方式，具体代码如下。

```
In [29]:  # 计算 '总面积（平方千米）' 的平均数，并保留一位小数
          area=float("{:.1f}".format(
              scenery_data['总面积（平方千米）'].mean()))
          # 计算 '游客量（万人次）' 平均数，并保留一位小数
          tourist=float("{:.1}".format(
              scenery_data['游客量（万人次）'].mean()))
          # 将上述计算的平均值，使用 fillna() 函数，字典映射的形式进行填充
          values={"总面积（平方千米）":area,"游客量（万人次）":tourist}
          scenery_data=scenery_data.fillna(value=values)
          scenery_data.head
Out[29]:
        省份      名称          总面积（平方千米）        游客量（万人次）
0       北京      十三陵          123.0              493.9
1       北京      八达岭          55.0               737.5
2       北京      石花洞          85.0               64.4
3       天津      盘山           106.0              228.3
4       河北      苍岩山          63.0               54.0
5       河北      嶂石岩          120.0              7.8
..      ...     ...          ...                ...
226     新疆      天山天池         548.0              185.7
227     新疆      赛里木湖         1301.0             55.0
228     新疆      罗布人村寨        134.0              60.1
229     新疆      博斯腾湖         3550.0             82.0
[230 rows x 4 columns]
```

接下来，便可以选择一个具体的景点地区进行具体的分析，这里以河北省的景点为例，将 scenery_data 中"省份"一列作为分组键，然后取出"河北"分组的数据，具体代码如下。

```
In [30]:  # 通过 groupby() 函数按 " 省份 " 一列拆分 scenery_data
          data=scenery_data.groupby(" 省份 ")
          # 显示 " 河北 " 地区的数据
          hebei_scenery=dict([x for x in data])[' 河北 ']
          hebei_scenery
Out[30]:
          省份          名称          总面积 ( 平方千米 )      游客量 ( 万人次 )
    4     河北          苍岩山         63.0              54.0
    5     河北          嶂石岩         120.0             7.8
    6     河北      西柏坡 - 天桂山       256.0             780.0
    7     河北        秦皇岛北戴河        366.0             823.0
    8     河北          响堂山         41.0              10.0
    9     河北          娲皇宫         132.0             365.1
    10    河北         太行大峡谷        20.0              9.8
    11    河北         崆山白云洞        161.0             86.0
    12    河北          野三坡         499.0             275.0
    13    河北      承德避暑山庄外八庙      564.0             135.0
```

拿到河北省的景区数据以后，根据前面设立的第一个指标，找出河北省占地面积与游客量位居前三的景点，它们用到的是"总面积"和"游客量"这两列的数据。为了能够更加直观地看到这两组数据，我们可以使用 Matplotlib 库绘制一个条形图，此图的 x 轴表示景点名称、y 轴表示占地面积与游客量的数值，两个条形的高度分别对应着景区的总面积和游客量，具体代码如下。

```
In [31]:  import matplotlib.pyplot as plt
          %matplotlib inline
          plt.rcParams['font.sans-serif']=['SimHei']   # 正常显示中文标签
          plt.rcParams['axes.unicode_minus']=False     # 正常显示负号
          area=hebei_scenery[' 总面积 ( 平方千米 )'].values
          tourist=hebei_scenery[' 游客量 ( 万人次 )'].values
          # 设置尺寸
          plt.figure(figsize=(12, 6))
          x_num=range(0, len(area))
          x_dis=[i + 0.3 for i in x_num]
          plt.bar(x_num, area, color='g', width=.3, label=' 总面积 ')
          plt.bar(x_dis, tourist, color='r', width=.3, label=' 游客量 ')
          plt.ylabel(' 单位：平方千米 / 万人次 ')
          plt.title(' 河北景点面积及游客数量 ')
          # 设置图例
          plt.legend(loc='upper right')
          plt.xticks(range(0, 10),[' 苍岩山 ', ' 嶂石岩 ', ' 西柏坡 - 天桂山 ',
                     ' 秦皇岛北戴河 ',' 响堂山 ',' 娲皇宫 ',' 太行大峡谷 ',
                     ' 崆山白云洞 ',' 野三坡 ',' 承德避暑山庄外八庙 '])
          plt.show()
```

运行结果如图 6–38 所示。

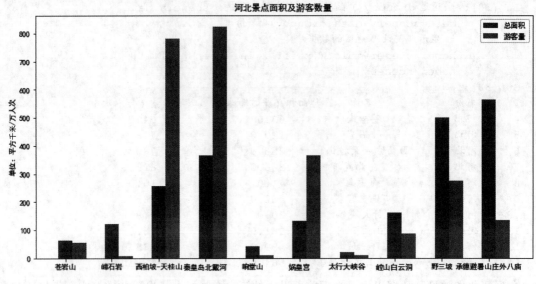

图 6-38 运行结果

从生成的条形图中可以看出，接待游客数量处于前三名的景点分别是秦皇岛北戴河、西柏坡 – 天桂山、娲皇宫，而景点占地总面积排行前三名的景点分别是避暑山庄外八庙、野三坡和秦皇岛北戴河。

接下来，我们再分析一下河北哪个景点的游客量占比最多，哪个景点的游客量占比最少，遇到这种统计占比情况的数据，可以直接使用饼图展示，具体代码如下。

```
In [32]: import matplotlib.pyplot as plt
         every_scenery=hebei_scenery['游客量（万人次）'].values
         all_scenery=hebei_scenery['游客量（万人次）'].sum()
         # 计算每个景点游客所占百分比  保留两位小数
         percentage=(every_scenery/all_scenery)*100
         np.set_printoptions(precision=2)
         labels=['苍岩山', '嶂石岩', '西柏坡 – 天桂山',
                 '秦皇岛北戴河','响堂山','娲皇宫','太行大峡谷',
                 '崆山白云洞','野三坡','承德避暑山庄外八庙']
         plt.axes(aspect=1)
         plt.pie(x= percentage, labels=labels, autopct='%3.2f %%',
                 shadow=True, labeldistance=1.2,
         startangle = 90,pctdistance = 0.7)
         plt.legend(loc='left')
         plt.show()
```

运行结果如图 6-39 所示。

通过生成的饼图可以看出，河北省游客量最多的景点是秦皇岛北戴河，占比为 32.33%，其次是西柏坡 – 天桂山，占比为 30.64%，位居第三的是娲皇宫，占比为 14.34%，这三个景点的游客量达到了河北接待游客量的 77.31%，而游客量最少的景点是封石岩和响堂山，它们总共接待的游客量占比都不到 1%。

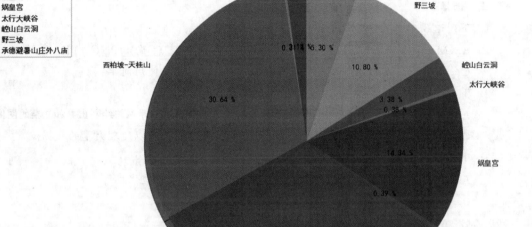

图 6-39 运行结果

小　结

本章主要讲解了数据可视化的相关内容，具体包括数据可视化的概念、常用的图表类型，以及常用的数据可视化工具：Matplotlib、seaborn、bokeh，最后运用所学的图表工具，开发了旅游景点数据分析的案例。希望大家通过本章的学习，能够掌握这些可视化工具的用法，以便能够更好地辅助到数据分析。

习　题

一、填空题

1. bokeh 是针对_____使用的交互式可视化库。

2. 数据可视化常见的统计图表有_____、_____、_____。（写出 3 个即可）

3. 在使用 Matplotlib 绘制图表时，需要导入_____模块。

4. 在直方图中一般使用横轴表示_____，用纵轴表示_____。

5. 在使用 Matplotlib 绘制柱状图时，可以使用 pyplot 模块中的_____函数。

二、判断题

1. Seaborn 是基于 Matplotlib 核心库。　　　　　　　　　　　　　　　　　（　　）

2. Figure 对象可以划分多个绘图区域，每个绘图区域都是一个 Axes 对象。（　　）

3. 绘制图表时，可以使用 subplot() 函数创建多个子图。　　　　　　　　（　　　）

4. Matplotlib 默认支持中文显示。　　　　　　　　　　　　　　　　（　　　）

5. Matplotlib 生成的图表可以保存在本地。　　　　　　　　　　　　（　　　）

三、选择题

1. 下列选项中，关于 Matplotlib 库说法不正确是（　　　）。

　　A. Matplotlib 是一个 Python 3D 绘图库　　　B. 可输出 PNG、PDF 等格式

　　C. 渐进、交互的方式实现数据可视化　　　D. 使用简单

2. 下列选项中，不属于 Seaborn 库特点的是（　　　）。

　　A. Seaborn 是基于 Matplotlib 的可视化库　　　B. 基于网格绘制出更加复杂的图像集合

　　C. 多个内置主题及颜色主题　　　D. 可以处理大量的数据流

3. 下列选项中，关于 bokeh 库说法不正确的是（　　　）。

　　A. bokeh 是一个专门针对 Web 浏览器使用的交互式可视化库

　　B. Plotting 接口用于构建各种组装图形元素

　　C. Models 接口可以为开发者提供最大的灵活性

　　D. Charts 库可直接使用，不需要单独安装

4. 在 Matplotlib 中，用于绘制散点图的函数是（　　　）。

　　A. hist()　　　　　　B. scatter()　　　　　　C. bar()　　　　　　D. pie()

5. 下列选项中，针对图表描述不正确的是（　　　）。

　　A. 箱形图可以提供有关数据分散情况的信息，可以很直观地查看数据的四分位分布

　　B. 折线图是用直线段将数据连接起来而组成的图形，以折线的方式显式数据的变化

　　C. 饼图显示一个数据序列中的各项的大小与各项总和的比例

　　D. 条形图是由一系列高度不等的纵向条纹或线段表示数据分布情况

四、程序题

现有如下图所示的股票数据，根据图中的数据，完成以下需求：

证券代码	证券简称	最新价	涨跌幅 %
000609	中迪投资	4.80	10.09
000993	闽东电力	4.80	10.09
002615	哈尔斯	5.02	10.09
000795	英洛华	3.93	10.08
002766	索菱股份	6.78	10.06
000971	高升控投	3.72	10.06
000633	合金投资	4.60	10.06
300173	智慧松德	4.60	10.05
300279	和晶科技	5.81	10.05
000831	五矿稀土	9.87	10.04

1. 基于上图中的表格数据创建 DataFrame 对象。

2. 以证券简称为 x 轴，最新价为 y 轴使用条形图展示，将生成的条形图以 shares_bar.png 为文件名保存在桌面上。

第7章
时间序列分析

学习目标

◆了解什么是时间序列，会创建时间序列。

◆会使用时间戳索引和切片选取子集。

◆学会创建固定频率的时间序列，能够调整时间序列的频率。

◆掌握时期对象，能够转换时期的频率。

◆掌握重采样，可以实现降采样和升采样。

◆熟悉滑动窗口的使用。

勇攀科技高峰

时间序列分析常用在国民经济宏观控制、企业经营管理、市场潜量预测、气象预报等方面，主要是通过观察历史数据，分析变化过程和发展情况，推测未来发展趋势，比如通过分析前两年的股票的收盘价来预测近几个月的收盘价。

时间序列是指多个时间点上形成的数值序列，它既可以是定期出现的，也可以是不定期出现的。时间序列的数据主要有以下几种：

（1）时间戳（Timestamp），表示特定的时刻，比如现在。

（2）时期（Period），比如 2018 年或者 2018 年 10 月。

（3）时间间隔（Interval），由起始时间戳和结束时间戳表示。

Pandas 中提供了一组标准的时间序列处理工具和数据算法，可以高效且轻松地操作时间序列数据，具有很强的实用性。接下来，本章将针对时间序列分析的内容进行详细的讲解。

▌ 7.1 时间序列的基本操作

7.1.1 创建时间序列

对于时间序列数据而言，必然少不了时间戳这一关键元素。Pandas 中，时间戳使用

Timestamp（Series 派生的子类）对象表示，该对象与 datetime 有高度兼容性，可以直接通过 to_datetime() 函数将 datetime 转换为 TimeStamp 对象，具体示例如下。

```
In [1]: import pandas as pd
        from datetime import datetime
        import numpy as np
        pd.to_datetime('20180828')   # 将 datetime 转换为 Timestamp 对象
Out[1]: Timestamp('2018-08-28 00:00:00')
```

如果传入的是多个 datetime 组成的列表，则 Pandas 会将其强制转换为 DatetimeIndex 类对象，示例代码如下。

```
In [2]: # 传入多个 datetime 字符串
        date_index=pd.to_datetime(['20180820', '20180828', '20180908'])
        date_index
Out[2]: DatetimeIndex(['2018-08-20', '2018-08-28', '2018-09-08'],
                        dtype='datetime64[ns]', freq=None)
In [3]: date_index[0]    # 取出第一个时间戳
Out[3]: Timestamp('2018-08-20 00:00:00')
```

上述示例输出了一个 DatetimeIndex 对象，表示由一组时间戳构成的索引，它里面 ['2018-08-20', '2018-08-28', '2018-09-08'] 序列中的每个标量值（如 2018-08-20）都是一个 Timestamp 对象，dtype='datetime64[ns]' 表示数据的类型为 datetime64[ns]，freq=None 表示没有日期频率。

在 Pandas 中，最基本的时间序列类型就是以时间戳为索引的 Series 对象。创建一个 Series 对象，然后将刚创建的 date_index 作为该对象的索引，示例代码如下。

```
In [4]: # 创建时间序列类型的 Series 对象
        date_ser=pd.Series([11, 22, 33], index=date_index)
        date_ser
Out[4]:
2018-08-20    11
2018-08-28    22
2018-09-08    33
dtype: int64
```

从输出结果中可以看出，Series 对象的索引变成了"年 – 月 – 日"格式的日期，日期索引对应的数据是 11、22、33。

除此之外，还可以直接将包含多个 datetime 对象的列表传给 index 参数，同样能创建具有时间戳索引的 Series 对象，具体示例如下。

```
In [5]: # 指定索引为多个 datetime 的列表
        date_list=[datetime(2018, 1, 1), datetime(2018, 1, 15),
                   datetime(2018, 2, 20), datetime(2018, 4, 1),
                   datetime(2018, 5, 5), datetime(2018, 6, 1)]
        time_se=pd.Series(np.arange(6), index=date_list)
        time_se
Out[5]:
2018-01-01    0
2018-01-15    1
2018-02-20    2
```

```
2018-04-01    3
2018-05-05    4
2018-06-01    5
dtype: int32
```

如果希望 DataFrame 对象具有时间戳索引，也可以采用上述方式进行创建，示例代码如下。

```
In [6]: data_demo=[[11, 22, 33], [44, 55, 66],
                   [77, 88, 99], [12, 23, 34]]
        date_list=[datetime(2018, 1, 23), datetime(2018, 2, 15),
                   datetime(2018, 5, 22), datetime(2018, 3, 30)]
        time_df=pd.DataFrame(data_demo, index=date_list)
        time_df
Out[6]:
             0    1    2
2018-01-23  11   22   33
2018-02-15  44   55   66
2018-05-22  77   88   99
2018-03-30  12   23   34
```

7.1.2 通过时间戳索引选取子集

DatetimeIndex 的主要作用之一是用作 Pandas 对象的索引，使用它作为索引除了拥有普通索引对象的所有基本功能外，还拥有一些专门对时间序列数据操作的高级用法，比如根据日期的年份或月份获取数据，下面进行一一介绍。

创建一个时间序列类型的 Series 对象，示例代码如下。

```
In [7]: # 指定索引为多个日期字符串的列表
        date_list=['2015/05/30', '2017/02/01',
                   '2015.6.1', '2016.4.1',
                   '2017.6.1', '2018.1.23']
        # 将日期字符串转换为 DatetimeIndex
        date_index=pd.to_datetime(date_list)
        # 创建以 DatetimeIndex 为索引的 Series 对象
        date_se = pd.Series(np.arange(6), index=date_index)
        date_se
Out[7]:
2015-05-30    0
2017-02-01    1
2015-06-01    2
2016-04-01    3
2017-06-01    4
2018-01-23    5
dtype: int32
```

最简单的选取子集的方式，是直接使用位置索引来获取具体的数据，示例代码如下。

```
In [8]: # 根据位置索引获取数据
        time_se[3]
Out[8]: 3
```

还可以使用 datetime 构建的日期获取其对应的数据，示例代码如下。

```
In [9]: date_time=datetime(2015, 6, 1)
        date_se[date_time]
Out[9]: 2
```

还可以在操作索引时，直接使用一个日期字符串（符合可以被解析的格式）进行获取，示例代码如下。

```
In [10]: date_se['20150530']
Out[10]:
2015-05-30    0
dtype: int32
In [11]: date_se['2016-04-01']
Out[11]:
2016-04-01    3
dtype: int32
In [12]: date_se['2018/01/23']
Out[12]:
2018-01-23    5
dtype: int32
In [13]: date_se['6/1/2017']
Out[13]:
2017-06-01    4
dtype: int32
```

如果希望获取某年或某个月的数据，则可以直接用指定的年份或者月份操作索引。例如，获取 2015 年的所有数据，示例代码如下。

```
In [14]: date_se['2015']    # 获取 2015 年的数据
Out[14]:
2015-05-30    0
2015-06-01    2
dtype: int32
```

除了使用索引的方式以外，还可以通过 truncate() 方法截取 Series 或 DataFrame 对象，该方法的语法格式如下：

```
truncate(before=None,after=None,axis=None,copy=True)
```

部分参数含义如下：

（1）before：表示截断此索引值之前的所有行。

（2）after：表示截断此索引值之后的所有行。

（3）axis：表示截断的轴，默认为行索引方向。

例如，截取 2016 年 1 月 1 日之前、2016 年 7 月 31 日之后的数据，示例代码如下。

```
In [15]: # 扔掉 2016-1-1 之前的数据
         sorted_se=date_se.sort_index()
         sorted_se.truncate(before='2016-1-1')
Out[15]:
2016-04-01    3
2017-02-01    1
2017-06-01    4
```

```
2018-01-23     5
dtype: int32
In [16]: # 截断 2016-7-31 之后的数据
         sorted_se.truncate(after='2016-7-31')
Out[16]:
2015-05-30     0
2015-06-01     2
2016-04-01     3
dtype: int32
```

7.2　固定频率的时间序列

上个小节中，DatetimeIndex 对象中的时间戳并没有什么规律，不过有时候可能会碰到一些特殊的场合，比如每周一开例会汇报上周的工作情况，这时就会要求数据具有固定的时间频率，这个频率可以是年份、季度、月份或其他时间形式。

7.2.1　创建固定频率的时间序列

Pandas 中提供了一个 date_range() 函数，主要用于生成一个具有固定频率的 DatetimeIndex 对象，该函数的语法格式如下：

```
pandas.date_range(start=None, end=None, periods=None,
                  freq=None, tz=None, normalize=False,
                  name=None, closed=None, **kwargs)
```

部分参数的含义如下：

（1）start：表示起始日期，默认为 None。

（2）end：表示终止日期，默认为 None。

（3）periods：表示产生多少个时间戳索引值。若设置为 None，则 start 与 end 必须不能为 None。

（4）freq：表示以自然日为单位，这个参数用来指定计时单位，比如 '5H' 表示每隔 5 个小时计算一次。

（5）tz：表示时区，比如 Asia/Hong_Kong。

（6）normalize：接收布尔值，默认值为 False。如果设为 True 的话，那么在产生时间戳索引值之前，会将 start 和 end 都转化为当日的午夜 0 点。

（7）name：给返回的时间序列索引指定一个名字。

（8）closed：表示 start 和 end 这个区间端点是否包含在区间内，可以取值为如下选项：

◆ left：表示左闭右开区间。

◆ right：表示左开右闭区间。

◆ None：表示两边都是闭区间。

需要注意的是，start、end、periods、freq 这四个参数至少要指定三个参数，否则会出现错误。

当调用 date_range() 函数创建 DatetimeIndex 对象时，如果只是传入了开始日期（start 参数）

与结束日期（end 参数），则默认生成的时间点是按天计算的，即 freq 参数为 D，示例代码如下。

```
In [17]: # 创建 DatetimeIndex 对象时，只传入开始日期与结束日期
         pd.date_range('2018/08/10', '2018/08/20')
Out[17]:
DatetimeIndex(['2018-08-10', '2018-08-11', '2018-08-12', '2018-08-13',
               '2018-08-14', '2018-08-15', '2018-08-16', '2018-08-17',
               '2018-08-18', '2018-08-19', '2018-08-20'],
              dtype='datetime64[ns]', freq='D')
```

如果只是传入了开始日期或结束日期，则还需要用 periods 参数指定产生多少个时间戳，示例代码如下。

```
In [18]: # 创建 DatetimeIndex 对象时，传入 start 与 periods 参数
         pd.date_range(start='2018/08/10', periods=5)
Out[18]:
DatetimeIndex(['2018-08-10', '2018-08-11', '2018-08-12', '2018-08-13',
               '2018-08-14'], dtype='datetime64[ns]', freq='D')
In [19]: # 创建 DatetimeIndex 对象时，传入 end 与 periods 参数
         pd.date_range(end='2018/08/10', periods=5)
Out[19]:
DatetimeIndex(['2018-08-06', '2018-08-07', '2018-08-08', '2018-08-09',
               '2018-08-10'], dtype='datetime64[ns]', freq='D')
```

由此可知，起始日期与结束日期定义了时间序列索引的严格边界。

如果希望时间序列中的时间戳都是每周固定的星期日，则可以在创建 DatetimeIndex 时将 freq 参数设为 "W-SUN"。例如，创建一个 DatetimeIndex 对象，它是从 2018 年 01 月 01 日开始每隔一周连续生成五个星期日的日期，示例代码如下。

```
In [20]: dates_index=pd.date_range('2018-01-01',    # 起始日期
                        periods=5,                   # 周期
                        freq='W-SUN')                # 频率
         dates_index
Out[20]:
DatetimeIndex(['2018-01-07', '2018-01-14', '2018-01-21', '2018-01-28',
               '2018-02-04'],
              dtype='datetime64[ns]', freq='W-SUN')
```

上述示例中，创建了一个固定频率的 DatetimeIndex 对象，其中 start 参数传入的是 2018-01-01，说明从 2018 年 1 月 1 日开始算起，periods 参数传入的是 5，说明会生成 5 个日期，freq 参数传入的是 W-SUN，表示按每周日计算一次。

从输出结果可以看出，DatetimeIndex 对象的列表中一共有五个日期字符串，第一个字符串表示的日期 2018-01-07 是 2018 年的第 1 个周日，第二个字符串表示的日期 2018-01-14 是 2018 年第 2 个周日，依次类推，每个字符串代表的都是 2018 年的周日。

例如，创建一个 Series 对象，将刚创建的 dates_index 作为该对象的索引，示例代码如下。

```
In [21]: ser_data=[12, 56, 89, 99, 31]
         pd.Series(ser_data, dates_index)
Out[21]:
2018-01-07    12
```

```
2018-01-14     56
2018-01-21     89
2018-01-28     99
2018-02-04     31
Freq: W-SUN, dtype: int64
```

默认情况下，如果开始日期或起始日期中带有与时间相关的信息（如，12:13），则生成的时间序列中会保留时间信息。不过，从标准来说，每一天是从 0 点开始的，要想产生一组被规范化到当天午夜（00:00:00）的时间戳，可以将 normalize 参数的值设为 True，示例代码如下。

```
In [22]: # 创建 DatetimeIndex，并指定开始日期、产生日期个数、默认的频率，以及时区
         pd.date_range(start='2018/8/1 12:13:30', periods=5,
                       tz='Asia/Hong_Kong')
Out[22]:
DatetimeIndex(['2018-08-01 12:13:30+08:00', '2018-08-02 12:13:30+08:00',
               '2018-08-03 12:13:30+08:00', '2018-08-04 12:13:30+08:00',
               '2018-08-05 12:13:30+08:00'],
              dtype='datetime64[ns, Asia/Hong_Kong]', freq='D')
In [23]: # 规范化时间戳
         pd.date_range(start='2018/8/1 12:13:30', periods=5,
                       normalize=True, tz='Asia/Hong_Kong')
Out[23]:
DatetimeIndex(['2018-08-01 00:00:00+08:00', '2018-08-02 00:00:00+08:00',
               '2018-08-03 00:00:00+08:00', '2018-08-04 00:00:00+08:00',
               '2018-08-05 00:00:00+08:00'],
              dtype='datetime64[ns, Asia/Hong_Kong]', freq='D')
```

在上述两个示例中，第一个示例中生成的时间戳没有进行规范，它的时间信息为 12:13:30，而第二个示例中对生成的时间戳进行了规范，它的时间信息为 00:00:00。

7.2.2　时间序列的频率、偏移量

通常，默认生成的时间序列数据是按天计算的，即频率为 "D"。"D" 是一个基础频率，通过用一个字符串的别名表示，比如 "D" 是 "day" 的别名。Pandas 中的频率是由一个基础频率和一个乘数组成的，比如，"5D" 表示每 5 天。

接下来，通过一张表来列举时间序列的基础频率，如表 7-1 所示。

表 7-1　时间序列的基础频率

别　　名	说　　明
D	每日历日
B	每工作日
H	每小时
T 或 min	每分
S	每秒
L 或 ms	每毫秒

别　名	说　　明
U	每微秒
M	每月最后一个日历日
BM	每月最后一个工作日
MS	每月第一个日历日
BMS	每月第一个工作日
W-MON、W-TUE…	从指定的星期几（MON、TUE、WED、THU、FRI、SAT、SUN）开始算起，每周几
WOM-1MON、WOM-2MON…	每月第一周、第二周、第三周或第四周的星期几
Q-JAN、Q-FEB…	对于以指定月份（JAN、FEB、MAR、APR、MAY、JUN、JUL、AUG、SEP、OCT、NOV、DEC）结束的年度，每季度最后一月的最后一个日历日
BQ-JAN、BQ-FEB…	对于以指定月份结束的年度，每季度最后一月的最后一个工作日
QS-JAN、QS-FEB…	对于以指定月份结束的年度，每季度最后一月的最后一个日历日
BQS-JAN、BQS-FEB…	对于以指定月份结束的年度，每季度最后一月的第一个工作日
A-JAN、A-FEB…	每年指定月份的最后一个日历日
BA-JAN、BA-FEB…	每年指定月份的最后一个工作日
AS-JAN、AS-FEB…	每年指定月份的第一个日历日
BAS-JAN、BAS–FEB…	每年指定月份的第一个工作日

为了让读者更好地理解，接下来，通过一个示例来演示如何设置 DatetimeIndex 对象的频率，示例代码如下。

```
In [24]: pd.date_range(start='2018/2/1', end='2018/2/28', freq='5D')
Out[24]:
DatetimeIndex(['2018-02-01', '2018-02-06', '2018-02-11', '2018-02-16',
               '2018-02-21', '2018-02-26'],
              dtype='datetime64[ns]', freq='5D')
```

上述示例中，创建了一个固定频率的 DatetimeIndex 对象，该对象的起始日期为 2018-02-01，结束日期为 2018-02-06，频率为 5D，说明每 5 天采集一次数据。

从输出结果看出，生成的第一个时间戳为 2018-02-01，第二个时间戳为 2018-02-06，第三个时间戳为 2018-02-11……每个时间戳的间隔都是 5 天。

除此之外，每个基础频率还可以跟着一个被称为日期偏移量的 DateOffset 对象。如果想要创建一个 DateOffset 对象，则需要先导入 pd.tseries.offsets 模块后才行。比如，创建 14 天 10 小时的偏移量，具体代码如下。

```
In [25]: from pandas.tseries.offsets import *
         DateOffset(weeks=2, hours=10)
Out[25]: <DateOffset: hours=10, weeks=2>
```

还可以使用 offsets 模块中提供的偏移量类型进行创建。例如，创建 14 天 10 小时的偏移量，可以换算为两周零十个小时，其中"周"使用 Week 类型表示，"小时"使用 Hour 类型表示，它们之间可以使用加号连接，示例代码如下。

```
In [26]: Week(2)+Hour(10)
Out[26]: Timedelta('14 days 10:00:00')
```

上述代码创建了一个 Timedelta 类对象，该对象用来表示持续时间，两个日期或时间之间的差异。

接下来，通过一个示例来演示如何使用日期偏移量创建 DatetimeIndex 对象，示例代码如下。

```
In [27]: # 生成日期偏移量
         date_offset=Week(2)+Hour(10)
         pd.date_range('2018/3/1', '2018/3/31', freq=date_offset)
Out[27]: DatetimeIndex(['2018-03-01 00:00:00', '2018-03-15 10:00:00',
                        '2018-03-29 20:00:00'],
                       dtype='datetime64[ns]', freq='346H')
```

上述示例中，创建了一个 DatetimeIndex 对象，它是从 2018-03-01 00:00:00 开始算起的，到 2018-03-31 00:00:00 结束，并且每隔 14 天 10 小时计算一次

从输出结果可以看出，第一个时间戳为 2018-03-01 00:00:00，第二个时间戳为 2018-03-15 10:00:00，正好相差了 14 天 10 个小时，依此类推。

7.2.3 时间序列的移动

移动（shifting）是指沿着时间轴方向将数据进行前移或后移。Pandas 对象中提供了一个 shift() 方法，用来前移或后移数据，但索引保持不变。shift() 方法的语法格式如下：

```
shift(periods=1, freq=None, axis=0)
```

部分参数含义如下：

（1）periods：表示移动的幅度，可以为正数，也可以为负数，默认值是 1，代表移动一次。

（2）freq：如果这个参数存在，那么会按照参数值移动时间戳索引，而数据值没有发生变化。

为了让读者更好地理解，下面以 Series 对象为例，通过一张图来描述向前移动与向后移动发生的变化，具体如图 7-1 所示。

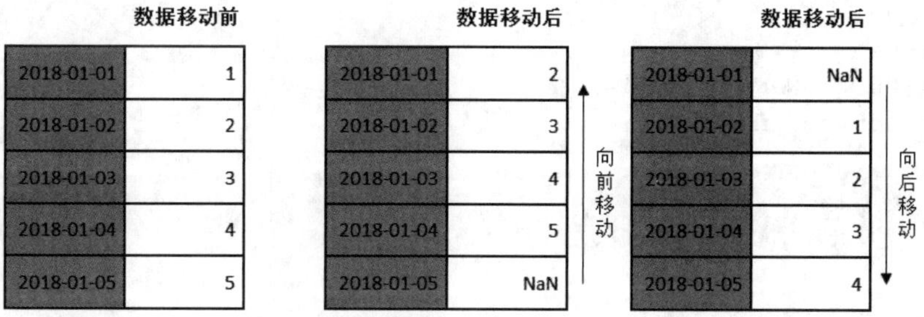

图 7-1 移动数据

在图 7-1 中，时间序列数据经过移动操作后，数据发生了变化，而时间戳索引没有发生任

何变化。数据向前移动一次，位于最前面的数据被丢弃，位于末尾一行的数据因原数据向前移动变成了 NaN；数据向后移动一次，位于末尾的数据被丢弃，位于开头一行的数据因原数据向后移动变为 NaN。由此可见，数据由于前后移动出现了边界情况。

接下来，通过一个示例来演示如何让时间序列数据发生前移或后移，达到图 7-1 中展示的效果。

首先，创建一个使用 DatetimeIndex 作为索引的 Series 对象，示例代码如下。

```
In [28]: date_index=pd.date_range('2018/01/01', periods=5)
         time_ser=pd.Series(np.arange(5)+1, index=date_index)
         time_ser
Out[28]:
2018-01-01    1
2018-01-02    2
2018-01-03    3
2018-01-04    4
2018-01-05    5
Freq: D, dtype: int32
```

然后，调用 shift() 方法时传入一个正数 1，这表明沿着纵轴方向移动一次，示例代码如下。

```
In [29]: # 向后移动一次
time_ser.shift(1)
Out[29]:
2018-01-01    NaN
2018-01-02    1.0
2018-01-03    2.0
2018-01-04    3.0
2018-01-05    4.0
Freq: D, dtype: float64
```

接着，调用 shift() 方法时传入一个负数 –1，这表明沿着纵轴方向反方向移动一次，示例代码如下。

```
In [30]: # 向前移动一次
         time_ser.shift(-1)
Out[30]:
2018-01-01    2.0
2018-01-02    3.0
2018-01-03    4.0
2018-01-04    5.0
2018-01-05    NaN
Freq: D, dtype: float64
```

7.3　时间周期及计算

7.3.1　创建时期对象

在 Pandas 中，Period 类表示一个标准的时间段或时期，比如某年、某月、某日、某小时等。

创建 Period 对象的方式比较简单，只需要在 Period 类的构造方法中以字符串或整数的形式传入一个日期即可，示例代码如下。

```
In [32]:  # 创建 Period 对象，表示的是从 2018-01-01 到 2018-12-31 之间的时间段
          pd.Period(2018)
Out[32]:  Period('2018', 'A-DEC')
In [33]:  # 创建 Period 对象，表示的是从 2017-06-01 到 2017-06-30 之间的整月时间
          period=pd.Period('2017/6')
          period
Out[33]:  Period('2017-06', 'M')
```

从输出结果可以看出，Period 对象中包含两部分，第 1 部分是表示日期的字符串，第 2 部分是表示时期的单位，它会根据传入的日期自动识别，另外，也可以在创建时指定。

Period 对象能够参与数学运算。如果 Period 对象加上或者减去一个整数，则会根据具体的时间单位进行位移操作，具体示例如下。

```
In [34]:  period+1                # Period 对象加上一个整数
Out[34]:  Period('2017-07', 'M')
In [35]:  period-5                # Period 对象减去一个整数
Out[35]:  Period('2017-01', 'M')
```

如果相同频率的两个 Period 对象进行数学运算，那么计算结果为它们的单位数量，具体示例如下。

```
In [36]:  # 创建一个与 period 频率相同的 Period 对象
          other_period=pd.Period(201201, freq='M' )
          period-other_period
Out[36]:  65
```

如果希望创建多个固定频率的 Period 对象，则可以通过 period_range() 函数实现，示例代码如下。

```
In [37]:  period_index=pd.period_range('2012.1.8', '2012.5.31', freq='M')
          period_index
Out[37]:
PeriodIndex(['2012-01', '2012-02', '2012-03', '2012-04', '2012-05'],
            dtype='period[M]', freq='M')
```

上述示例返回了一个 PeriodIndex 对象，是由一组时期对象构成的索引，它里面的 ['2012-01', '2012-02', '2012-03', '2012-04', '2012-05'] 是一个时期序列，序列中的每个元素都是一个 Period 对象，dtype='period[M] ' 代表时期的数据类型为 period[M]，freq='M' 表明时期的计算单位为每月。

除了使用上述方式创建 PeriodIndex 外，还可以直接在 PeriodIndex 的构造方法中传入一组日期字符串，示例代码如下。

```
In [38]:  str_list=['2010', '2011', '2012']
          pd.PeriodIndex(str_list, freq='A-DEC')
Out[38]:
PeriodIndex(['2010', '2011', '2012'], dtype='period[A-DEC]', freq='A-DEC')
```

同 DatetimeIndex 对象相比，PeriodIndex 对象也可以作为 Series 或 DataFrame 的索引使用，示例代码如下。

```
In [39]: period_ser=pd.Series(np.arange(5), period_index)
         period_ser
Out[39]:
2012-01    0
2012-02    1
2012-03    2
2012-04    3
2012-05    4
Freq: M, dtype: int32
```

注意： DatetimeIndex 和 PeriodIndex 在日常使用的过程中并没有太大的区别，其中，DatetimeIndex 是用来指代一系列时间点的一种索引结构，而 PeriodIndex 则是用来指代一系列时间段的索引结构。

7.3.2 时期的频率转换

在工作中统计数据时，可能会遇到类似于这样的问题，比如将某年的报告转换为季报告或月报告。为了解决这个问题，Pandas 中提供了一个 asfreq() 方法来转换时期的频率，比如把某年转换为某月。

asfreq() 方法的语法格式如下：

asfreq（freq, method=None, how=None, normalize=False, fill_value=None）

部分参数含义如下：

（1）freq：表示计时单位，可以是 DateOffset 对象或字符串。

（2）how：可以取值为 start 或 end，默认为 end，仅适用于 PeriodIndex。

（3）normalize：布尔值，默认为 False，表示是否将时间索引重置为午夜。

（4）fill_value：用于填充缺失值的值，在升采样期间应用。

为了让读者更好地理解，接下来，通过一段示例来演示如何将年度时期转换为年初或年末的月度时期，示例代码如下。

```
In [40]: # 创建时期对象
         period=pd.Period('2017', freq='A-DEC')
         # 转换时期频率
period.asfreq('M', how='start')
Out[40]: Period('2017-01', 'M')
In [41]: period.asfreq('M', how='end')
Out[41]: Period('2017-12', 'M')
```

上述示例中，首先创建了一个表示 2017 年全年的时期对象 period，然后调用 asfreq() 方法转换频率为每月，此时 period 所表示的范围为 2017-01~2017-12 并分别获取了 period 的开始和结束。从输出结果看出，整个时间段的起始日期为 2017-01，结束日期为 2017-12。

7.4 重采样

重采样是指将时间序列从一个频率转换到另一个频率的处理过程。如果是将高频率数据聚合到低频率，比如将每日采集的频率变成每月采集，则称为降采样（downsamling）；如果将低频率数据转换到高频率数据，比如将每月采集的频率变成每日采集，则称为升采样（upsampling）。

并不是所有的重采样都会划分到降采样与升采样两大类中，比如，将采集数据的频率由每周一转换为每周口，类似于这样的转换既不属于降采样，也不属于升采样。

7.4.1 重采样方法（resample）

Pandas 中的 resample() 是一个对常规时间序列数据重新采样和频率转换的便捷的方法，可以对原样本重新处理，其语法格式如下：

```
resample(rule, how=None, axis=0, fill_method=None, closed=None,
         label=None, convention='start', kind=None, loffset=None,
         limit=None, base=0, on=None, level=None)
```

部分参数含义如下：

（1）rule：表示重采样频率的字符串或 DateOffset，比如 M、5min 等。

（2）how：用于产生聚合值的函数名或函数数组，默认为 None。

（3）fill_method：表示升采样时如何插值，可以取值为 ffill、bfill 或 None，默认为 None。

（4）closed：设置降采样哪一端是闭合的，可取值为 right 或 left。若设为 right，则表示划分为左开右闭的区间；若设为 left，则表示划分为左闭右开的区间。

（5）label：表示降采样时设置聚合值的标签。

（6）convention：重采样日期时，低频转高频采用的约定，可以取值为 start 或 end，默认为 start。

（7）limit：表示前向或后向填充时，允许填充的最大时期数。

接下来，创建一个时间序列类型的 Series 对象，示例代码如下。

```
In [42]: date_index=pd.date_range('2017.7.8', periods=30)
         time_ser=pd.Series(np.arange(30), index=date_index)
         time_ser
Out[42]:
2017-07-08    0
2017-07-09    1
2017-07-10    2
… 省略 N 行 …
2017-08-01    24
2017-08-02    25
2017-08-03    26
2017-08-04    27
2017-08-05    28
2017-08-06    29
Freq: D, dtype: int32
```

上述创建的 Series 对象是按每天进行采样的，从 2017 年 7 月 8 日开始采集，一共有 30 天的数据。这时，如果需要改成按每周进行采样，此时可以使用 resample() 方法重新采样，具体代码如下。

```
In [43]: time_ser.resample('W-MON', how='mean')
```

运行上述代码，在单元格下方出现如图 7-2 所示的警告信息。

```
C:\ProgramData\Anaconda3\lib\site-packages\ipykernel_launcher.py:1: FutureWarning:
 how in .resample() is deprecated
the new syntax is .resample(...).mean()
 """Entry point for launching an IPython kernel.
```

图 7-2　警告信息

图 7-2 中的警告表明，how 参数不再建议使用，而是采用新的方式 ".resample(...).mean()"
求平均值。接下来，使用新的方式计算平均值，具体如下。

```
In [44]: time_ser.resample('W-MON').mean()
Out[44]:
2017-07-10     1.0
2017-07-17     6.0
2017-07-24    13.0
2017-07-31    20.0
2017-08-07    26.5
Freq: W-MON, dtype: float64
```

从输出结果中可以看出，生成的 Series 对象中，它的时间戳索引为每周一，数据为每周求
得的平均值，相当于 Pandas 中的分组操作，只不过是按周进行分组。

如果重新采样时传入 closed 参数为 left，则表示采样的范围是左闭右开型的，也就是说位
于此范围的时间序列中，开头的时间戳包含在内，结尾的时间戳是不包含在内的，示例代码如下。

```
In [45]: time_ser.resample('W-MON', closed='left').mean()
Out[45]:
2017-07-10     0.5
2017-07-17     5.0
2017-07-24    12.0
2017-07-31    19.0
2017-08-07    26.0
Freq: W-MON, dtype: float64
```

注意：要进行重采样的对象，必须具有与时间相关的索引，比如 DatetimeIndex、
PeriodIndex 或 TimedeltaIndex。

7.4.2　降采样

降采样时间颗粒会变大，比如原来是按天统计的数据，现在要变成按周统计。降采样时数
据量是减少的，为了避免有些时间戳对应的数据闲置，可以利用内置方法（比如 sum、mean 等）
聚合数据。

在金融领域中，股票数据比较常见的是 OHLC 重采样，包括开盘价（open）、最高价（high）、
最低价（low）和收盘价（close）。为此，Pandas 中专门提供了一个 ohlc() 方法，示例代码如下。

```
In [46]: date_index=pd.date_range('2018/06/01', periods=30)
         shares_data=np.random.rand(30)
```

```
        time_ser=pd.Series(shares_data, index=date_index)
        time_ser
Out[46]:
2018-06-01    0.217872
2018-06-02    0.392067
2018-06-03    0.127837
2018-06-04    0.346601
2018-06-05    0.078589
… 省略 N 行 …
2018-06-25    0.468722
2018-06-26    0.266006
2018-06-27    0.630626
2018-06-28    0.690746
2018-06-29    0.840611
2018-06-30    0.969173
Freq: D, dtype: float64
In [47]: time_ser.resample('7D').ohlc()   # OHLC 重采样
Out[47]:
                open      high       low     close
2018-06-01   0.207359  0.817076  0.207359  0.817076
2018-06-08   0.348861  0.917179  0.243257  0.744128
2018-06-15   0.698345  0.698345  0.240547  0.418569
2018-06-22   0.203373  0.891738  0.111924  0.344488
2018-06-29   0.935986  0.935986  0.920508  0.920508
```

上述示例输出了 2018 年 6 月份每周的开盘价、最高价、最低价、收盘价。注意，这些股票数据都是随机数，只供大家学习使用，并不是真实的数据。

重采样就相当于另外一种形式的分组操作，它会按照日期将时间序列进行分组，之后对每个分组应用聚合方法得出一个结果，同样实现了对时间序列数据降采样的效果，示例代码如下。

```
In [48]: # 通过 groupby 技术实现降采样
        time_ser.groupby(lambda x: x.week).mean()
Out[48]:
22    0.358104
23    0.366116
24    0.486968
25    0.484954
26    0.664579
dtype: float64
```

7.4.3　升采样

时间序列数据在降采样时，总体的数据量是减少的，只需要从高频向低频转换时，应用聚合函数即可。与降采样不同，升采样的时间颗粒是变小的，比如按周统计的数据要变成按天统计，数据量会增多，这很有可能导致某些时间戳没有相应的数据。

接下来，我们创建一个时间序列类型的 DataFrame 对象，示例代码如下。

```
In [49]: data_demo=np.array([['101', '210', '150'], ['330', '460', '580']])
        date_index=pd.date_range('2018/06/10', periods=2, freq='W-SUN')
```

```
        time_df=pd.DataFrame(data_demo, index=date_index,
                            columns=['A产品', 'B产品', 'C产品'])
        time_df
Out[49]:
            A产品  B产品  C产品
2018-06-10  101   210   150
2018-06-17  330   460   580
```

上述样本数据是从 2018 年 6 月 10 日开始采集的，每周一统计一次，总共统计了两周。现在有个新的需求，要求重新按天采样，这时需要使用 resample() 和 asfreq() 两个方法实现，asfreq() 方法会将数据转换为指定的频率，示例代码如下。

```
In [50]: time_df.resample('D').asfreq()
Out[50]:
            A产品  B产品  C产品
2018-06-10  101   210   150
2018-06-11  NaN   NaN   NaN
2018-06-12  NaN   NaN   NaN
2018-06-13  NaN   NaN   NaN
2018-06-14  NaN   NaN   NaN
2018-06-15  NaN   NaN   NaN
2018-06-16  NaN   NaN   NaN
2018-06-17  330   460   580
```

上述示例中，通过 resample() 和 asfreq() 方法将 time_df 中的数据重新按天采样。从输出结果可以看出，没有指定数据的部分都被填充为 NaN 值。

遇到这种情况，常用的解决办法就是插值，具体有如下几种方式：

（1）通过 ffill(limit) 或 bfill(limit) 方法，取空值前面或后面的值填充，limit 可以限制填充的个数。

（2）通过 fillna('ffill') 或 fillna('bfill') 进行填充，传入 ffill 则表示用 NaN 前面的值填充，传入 bfill 则表示用后面的值填充。

（3）使用 interpolate() 方法根据插值算法补全数据。

例如，通过 ffill() 方法用 NaN 值前面的值填充，示例代码如下。

```
In [51]: time_df.resample('D').ffill()
Out[51]:
            A产品  B产品  C产品
2018-06-10  101   210   150
2018-06-11  101   210   150
2018-06-12  101   210   150
2018-06-13  101   210   150
2018-06-14  101   210   150
2018-06-15  101   210   150
2018-06-16  101   210   150
2018-06-17  330   460   580
```

▌ 7.5　数据统计——滑动窗口

在时间序列中，还有另外一个比较重要的概念——滑动窗口。滑动窗口指的是根据指定的单位长度来框住时间序列，从而计算框内的统计指标。相当于一个长度指定的滑块在刻度尺上面滑动，每滑动一个单位即可反馈滑块内的数据。

滑动窗口的概念比较抽象，下面我们来举个例子描述一下。某分店按天统计了 2017 年全年（1月 1 日 ~12 月 31 日）的销售数据，现在总经理想抽查分店 8 月 28 日（七夕）的销售情况，如果只是单独拎出来 8 月 28 日当天的数据，如图 7-3 所示，则这个数据比较绝对，无法很好地反映出这个日期前后销售的整体情况。

图 7-3　时间序列中取单个值

为了提升数据的准确性，可以将某个点的取值扩大到包含这个点的一段区间，用区间内的数据进行判断。例如，我们可以将 8 月 24 日到 9 月 2 日的数据拿出来，求此区间的平均值作为抽查结果，示意图如图 7-4 所示。

图 7-4　时间序列中一段区间

图 7-4 中的方块是一段区间，这个区间就是窗口，它的单位长度为 10，数据是按天统计的，所以统计的是 10 天的平均指标。这样显得更加合理，可以很好地反映了七夕活动的整体情况。

移动窗口就是窗口向一端滑行，每次滑行并不是区间整块的滑行，而是一个单位一个单位地滑行。例如，把图 7-4 的窗口向右边滑行一个单位，此时窗口框住的时间区间范围为 2017-08-25 到 2017-09-03，具体如图 7-5 所示。

图 7-5　窗口向右滑行一个单位

每次窗口移动，一次只会移动一个单位的长度，并且窗口的长度始终为 10 个单位长度，直至移动到末端。由此可知，通过滑动窗口统计的指标会更加平稳一些，数据上下浮动的范围会比较小。

Pandas 中提供了一个窗口方法 rolling()，其语法格式如下：

```
rolling(window, min_periods=None, center=False, win_type=None, on=None,
        axis=0, closed=None)
```

部分参数含义如下：

（1）window：表示窗口的大小，值可以是 int（整数值）或 offset（偏移）。如果是整数值的话，每个窗口是固定的大小，即包含相同数量的观测值。如果值为 offset，则指定了每个窗口包含的时间段，每个窗口包含的观测值的数量是不一定的。

（2）min_periods：每个窗口最少包含的观测值数量。当值是 int 类型时默认为 None，当值是 offset 类型时默认为 1。

（3）center：是否把窗口的标签设置为居中，默认为 False。

（4）win_type：表示窗口的类型。

（5）on：对于 dataframe 而言，指定要计算滚动窗口的列，值为列名。

（6）axis：默认为 0，表示对列进行计算。

（7）closed：用于定义区间的开闭。

为了让读者更好地理解，接下来，我们通过一段示例程序来演示如何在时间窗口上应用 mean() 方法。首先，创建一组时间序列数据，示例代码如下。

```
In [52]: year_data=np.random.randn(365)
         date_index=pd.date_range('2017-01-01', '2017-12-31', freq='D')
         ser=pd.Series(year_data, date_index)
         ser.head()
Out[52]:
2017-01-01   -1.652917
2017-01-02   -2.708868
2017-01-03   -0.325617
2017-01-04    1.068916
2017-01-05    0.989759
Freq: D, dtype: float64
```

调用 rolling() 方法按指定的单位长度创建一个滑动窗口，示例代码如下。

```
In [53]: roll_window=ser.rolling(window=10)
         roll_window
Out[53]:
Rolling [window=10, center=False, axis=0]
```

上述示例返回了一个 Rolling 类对象，表示一个滑动窗口，它里面的 window=10 代表窗口的大小为 10，center=False 代表窗口的标签不居中，axis=0 代表对列进行计算。窗口会按照从左向右的方向，一个单位一个单位地向右滑行。

如果要在窗口中统计一些指标，比如中位数、平均值等，则可以对窗口应用相应的统计方法。例如，在时间窗口中计算这一段数据的平均值，示例代码如下。

```
In [54]: roll_window.mean()
Out[54]:
2017-01-01        NaN
2017-01-02        NaN
2017-01-03        NaN
2017-01-04        NaN
2017-01-05        NaN
2017-01-06        NaN
```

```
2017-01-07        NaN
2017-01-08        NaN
2017-01-09        NaN
2017-01-10     -0.165571
2017-01-11     -0.083827
2017-01-12      0.413157
2017-01-13      0.506253
                  ...
2017-12-29     -0.201605
2017-12-30     -0.111516
2017-12-31      0.090050
Freq: D, Length: 365, dtype: float64
```

从输出结果中可以看出，由于前 9 个时间戳的单位长度小于 10，所以返回的数据都为 NaN，从第 10 个时间戳开始，所有时间戳对应的都是每个窗口的平均值。

为了更好地观测窗口的特点，接下来，使用 matplotlib 画图工具来展示原始数据与所有窗口中数据的区别，示例代码如下。

```
In [55]: import matplotlib.pyplot as plt
         %matplotlib inline
         ser.plot(style='y--')
         ser_window = ser.rolling(window=10).mean()
         ser_window.plot(style='b')
Out[55]:
<matplotlib.axes._subplots.AxesSubplot at 0x924a8d0>
```

上述示例中，根据原始数据绘制了黄色、线型为虚线的折线，根据窗口中的数据绘制了深蓝色、线型为实线的折线。

运行结果如图 7-6 所示。

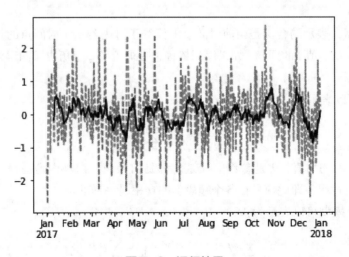

图 7-6　运行结果

从图 7-6 的折线图中可以看出，由于随机数本身的特点，所有的数据浮动的幅度比较大，而窗口数据的整体动向相对趋于平稳。

▌ 7.6　时序模型——ARIMA

ARIMA 模型的全称叫做差分整合移动平均自回归模型，又称作整合移动平均自回归模型（移动也可称作滑动），是一种用于时间序列预测的常见统计模型，记作 ARIMA(p,d,q)。

ARIMA 模型主要由 AR、I 与 MA 模型三个部分组成，有关它们的具体介绍如下：

1. AR 模型

自回归模型，表示当前时间点的值等于过去若干个时间点的值的回归——因为不依赖于别的解释变量，只依赖于自己过去的历史值，故称为自回归。如果依赖过于最近的 p 个历史值，称阶数为 p，记为 AR(p) 模型。

AR(p) 模型可以表示为：

$$X_t = c + \sum_{i=1}^{p} \varphi_i X_{t-i} + \varepsilon_t$$

上述公式中，c 表示常数项，ε_t 被假设为平均数等于 0，标准差等于 σ 的随机误差值，σ 被假设为对于任何的 t 都不变。整个公式可以用文字叙述为：X 的当期值等于一个或数个落后期的线性组合，加上常数项，加上随机误差。

2. I 模型

I 模型表示的含义是模型对时间序列进行了差分。时间序列分析要求具有平稳性，对于不平稳的序列需要通过一定手段转化为平稳序列，一般采用的手段就是差分。

最简单形式的差分方程如下：

$$d = y_t - y_{t-1}$$

上述公式中，d 表示差分的阶数，t 时刻的值减去 $t-1$ 时刻的值，得到新的时间序列称为 1 阶差分序列。

3. MA 模型

移动平均模型，表示的含义是当前时间点的值等于过去若干个时间点的预测误差（预测误差 = 模型预测值 – 真实值）的回归。如果序列依赖过去最近的 q 个历史预测误差值，称阶数为 q，记为 MA(q) 模型。

MA(q) 模型可以表示为：

$$X_t = \mu + \varepsilon_t + \sum_{i=1}^{p} \theta_i \varepsilon_{t-i}$$

其中，μ 是序列的均值，θ_i 是参数，ε_t 或 ε_{t-i} 都是白噪声。白噪声是一种功率谱密度为常数的随机信号或随机过程，即此信号在各个频段上的功率是一样的。

ARIMA(p,d,q) 模型可以表示为：

$$\left(1 - \sum_{i=1}^{p} \phi_i L^i\right)(1-L)^d X_t = \left(1 + \sum_{i=1}^{q} \theta_i L^i\right)\varepsilon_t$$

上述公式中共有 p、d、q 三个参数，它们表示的含义如下：

（1）p 代表预测模型中采用的时序数据本身的滞后数，即自回归项数。

（2）d 代表时序数据需要进行几阶差分化，才是稳定的，即差分的阶数。

（3）q 代表预测模型中采用的预测误差的滞后数，即滑动平均项数。

ARIMA 模型的基本思想是：将预测对象随时间推移而形成的数据序列视为一个随机序列，用一定的数学模型来近似描述这个序列，这个模型一旦被识别后，就可以从时间序列的过去值及现在值来预测未来值。

通常，ARIMA 模型建立的基本步骤如下：

（1）获取被观测的时间序列数据。

（2）根据时间序列数据进行绘图，观测是否为平稳时间序列。对于非平稳时间序列，需要进行 d 阶差分运算，转化为平稳时间序列。

（3）对以上平稳的时间序列，分别求得其自相关系数 ACF 和偏自相关系数 PACF，通过对自相关图和偏自相关图的分析，得到最佳的阶层 p 和阶数 q。

（4）根据上述计算的 d、q、p 得到 ARIMA 模型，然后对模型进行检验。

需要注意的是，对于一个时间序列来说，如果它的均值没有系统的变化（无趋势），方差没有系统变化，并且严格消除了周期性的变化，就称为是平稳的。

7.7　案例——股票收盘价分析

在股票市场中，行情的变化与国家的宏观经济发展、法律法规的制定、公司的运营、股民的信心等都有关联，很难准确地预测，即使证券分析师的预测也只是股民入市操作的参考意见。接下来，本节以“五粮液”股票数据为例，结合时间序列及 ARIMA 模型对股票收盘价进行分析。

7

7.7.1　案例需求

以“五粮液”股票数据为例，使用爬虫拿到自 2003 年 1 月 1 日至 2018 年 8 月 31 日的股票数据，其中 2014—2017 年的数据为训练数据，通过对这些数据的训练，实现对 2018 年 1 月至 3 月的收盘价进行预测，并将预测的结果与爬到的真实股票数据进行绘制对比。

7.7.2　数据准备

利用网络爬虫技术爬取股票数据，并将这些数据保存到“五粮液股票数据 .csv”文件中，使用 Excel 工具打开该文件，如图 7-7 所示。

	A	B	C	D	E	F	G	H	I	J	K
1	股票代码	交易日期	开盘价	最高价	最低价	收盘价	昨收价	涨跌额	涨跌幅	成交量（手）	成交额（千元）
2	000858. SZ	20180831	62. 99	62. 99	61. 63	61. 9	63. 4	-1. 5	-2. 3659	244560. 55	1517434. 104
3	000858. SZ	20180830	63. 7	64. 5	63. 12	63. 4	63. 68	-0. 28	-0. 4397	189692. 37	1209290. 718
4	000858. SZ	20180829	64. 29	64. 51	63. 34	63. 68	64. 3	-0. 62	-0. 9642	242285. 64	1543978. 648
5	000858. SZ	20180828	66. 03	66. 18	63. 97	64. 3	65. 31	-1. 01	-1. 5465	390976. 78	2527105. 908
6	000858. SZ	20180827	63. 1	65. 31	63. 1	65. 31	62. 96	2. 35	3. 7325	340401. 26	2198875. 203
7	000858. SZ	20180824	63. 9	63. 9	62. 5	62. 96	64. 15	-1. 19	-1. 855	184769. 28	1163742. 383
8	000858. SZ	20180823	63. 98	64. 83	63. 18	64. 15	63. 69	0. 46	0. 7222	178918. 1	1147044. 329
9	000858. SZ	20180822	63. 99	64. 37	63. 28	63. 69	64. 33	-0. 64	-0. 9949	147732. 68	942536. 719
10	000858. SZ	20180821	62. 05	64. 66	61. 9	64. 33	62. 03	2. 3	3. 7079	355392. 12	2262787. 702
11	000858. SZ	20180820	60. 99	62. 15	59. 58	62. 03	60. 61	1. 42	2. 3428	291249. 79	1771847. 023
12	000858. SZ	20180817	61. 85	62. 3	60. 3	60. 61	61. 15	-0. 54	-0. 8831	259935. 42	1592610. 464
13	000858. SZ	20180816	62. 33	63. 41	61. 14	61. 15	63. 33	-2. 18	-3. 4423	308055. 73	1913089. 768
14	000858. SZ	20180815	65. 11	65. 11	63. 28	63. 33	65. 1	-1. 77	-2. 7189	207112. 86	1320142. 86
15	000858. SZ	20180814	64. 99	65. 92	64. 11	65. 1	64. 41	0. 69	1. 0713	294337. 38	1910064. 58
16	000858. SZ	20180813	65. 25	65. 25	63. 1	64. 41	66. 05	-1. 64	-2. 483	365521. 37	2343183. 704
17	000858. SZ	20180810	66. 26	67. 19	65. 34	66. 05	66. 36	-0. 31	-0. 4671	212833. 69	1409830. 87

五粮液股票数据

图 7-7　五粮液股票历史数据

7.7.3 功能实现

使用 Pandas 的 read_csv() 函数，从"五粮液股票数据 .csv"文件中读取数据，并转换成 DataFrame 对象展示，具体代码如下。

```
In [56]: # 导入需要使用的包
         import pandas as pd
         import datetime
         import matplotlib.pylab as plt
         # 导入统计模型 ARIMA 与相关函数
         from statsmodels.tsa.arima_model import ARIMA
         from statsmodels.graphics.tsaplots import plot_acf, plot_pacf
         # 解决 matplotlib 显示中文问题
         # 指定默认字体
         plt.rcParams['font.sans-serif']=['SimHei']
         # 解决保存图像是负号 '-' 显示为方块的问题
         plt.rcParams['axes.unicode_minus']=False
In [57]: # 读取历史股票数据
         data_path = open(r'C:\Users\admin\Desktop\ 五粮液股票数据 .csv')
         shares_info = pd.read_csv(data_path)
         shares_info
Out[57]:
         股票代码      交易日期      开盘价   ...    涨跌幅     成交量（手）    成交额（千元）
0        000858.SZ  20180920  64.40  ...  -0.0776  164165.71  1.056728e+06
1        000858.SZ  20180919  62.99  ...   1.9459  411364.31  2.653606e+06
2        000858.SZ  20180918  61.62  ...   2.1823  263861.24  1.647394e+06
3        000858.SZ  20180917  61.40  ...   0.5363  235508.59  1.458776e+06
4        000858.SZ  20180914  60.45  ...   2.5842  294960.29  1.800648e+06
5        000858.SZ  20180913  60.39  ...   0.5532  206865.36  1.232442e+06
...      ...        ...       ...    ...  ...      ...        ...
3815     000858.SZ  20030109  11.40  ...   1.7600  16065.15   1.852814e+04
3816     000858.SZ  20030108  11.12  ...   2.0700  3722.07    4.183312e+03
3817     000858.SZ  20030107  11.10  ...  -0.9800  3861.13    4.303665e+03
3818     000858.SZ  20030106  11.18  ...   0.4500  4205.45    4.692610e+03
3819     000858.SZ  20030103  11.14  ...   0.2700  4821.27    5.379806e+03
3820     000858.SZ  20030102  11.45  ...  -3.8000  6501.25    7.293120e+03
[3821 rows x 11 columns]
```

从输出的结果中可以看出，shares_info 对象的行索引是默认值，即从 0~N 的递增数值，一般股票数据应该是按照日期进行分析的，所以需要将行索引改为时间戳索引，也就是说将"交易日期"一列的数据作为每行的索引。

在设置新的行索引之前，我们需要将"交易日期"一列的数据转换成 TimeStamp 对象，然后通过 set_index() 方法将其设置为 shares_info 的新索引，具体代码如下：

```
In [58]: # 将"交易日期"一列设置为行索引
         dates=pd.to_datetime(shares_info[' 交易日期 '].values,
                              format='%Y%m%d')
         shares_info=shares_info.set_index(dates)
         shares_info
Out[58]:
```

	股票代码	交易日期	...	成交量（手）	成交额（千元）
2018-09-20	000858.SZ	20180920	...	164165.71	1.056728e+06
2018-09-19	000858.SZ	20180919	...	411364.31	2.653606e+06
2018-09-18	000858.SZ	20180918	...	263861.24	1.647394e+06
2018-09-17	000858.SZ	20180917	...	235508.59	1.458776e+06
2018-09-14	000858.SZ	20180914	...	294960.29	1.800648e+06
2018-09-13	000858.SZ	20180913	...	206865.36	1.232442e+06
...	...	...	...	...	...
2003-01-08	000858.SZ	20030108	...	3722.07	4.183312e+03
2003-01-07	000858.SZ	20030107	...	3861.13	4.303665e+03
2003-01-06	000858.SZ	20030106	...	4205.45	4.692610e+03
2003-01-03	000858.SZ	20030103	...	4821.27	5.379806e+03
2003-01-02	000858.SZ	20030102	...	6501.25	7.293120e+03

[3821 rows x 11 columns]

这里为了更直接地看到分析的效果，所以采用图表的方式进行展示。首先，我们先来看一下历年来股票每天的收盘价格，以了解近些年来收盘价格的趋势，这时可以根据shares_info中"收盘价"一列的数据绘制一张折线图来展示，具体代码如下：

```
In [59]: plt.plot(shares_info['收盘价'])
         plt.title('股票每日收盘价')
         plt.show()
```

运行结果如图7-8所示。

通过图7-8中的折线图可以发现，五粮液股票从2004—2006年收盘价趋于比较平稳的趋势，自2014年起收盘价一直处于向上走的趋势。

不过，像这种根据每日统计的数据所绘制的折线图，线条显得非常尖锐不平滑，为了解决这个问题，我们适当地通过降采样来减少一些数据量，也就是说将采样的频率由每天改为每周。这里以2014—2017年的股票数据作为ARIMA模型中的训练数据，具体代码如下：

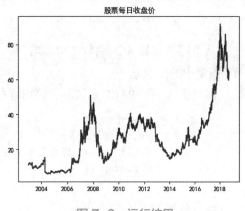

图 7-8　运行结果

```
In [60]: # 按周重采样
         shares_info_week=shares_info['收盘价'].resample('W-MON').mean()
         # 训练数据
         train_data=shares_info_week['2014': '2017']
         plt.plot(train_data)
         plt.title('股票周收盘价均值')
         plt.show()
Out[60]:
```

运行结果如图7-9所示。

通过股票周收盘价均值的时序图可以看出，它并不是一个稳定的时间序列，所以需要单独对其进行处理，也就是说利用ARIMA模型将非平稳序列转换为平稳序列。

在对时间序列进行平稳化之前，我们可以用图表来展示一下当前的ACF和PACF系数，其中，ACF 系数可以通过 plot_acf() 函数进行绘制，具体代码如下：

```
In [61]:  # 分析 ACF 系数
          acf=plot_acf(train_data,lags=20)
          plt.title('股票指数的 ACF')
          plt.show()
Out[61]:
```

运行结果如图 7-10 所示。

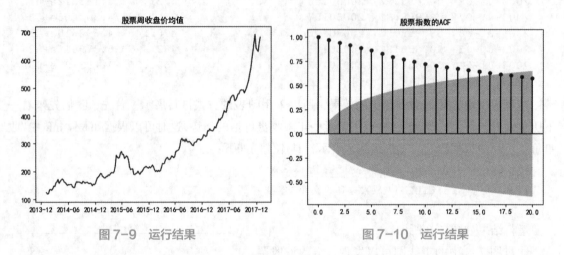

图 7-9　运行结果　　　　　　　　　　　　　图 7-10　运行结果

从上述绘制的 ACF 系数中可以看到，它的阶数仍然呈缓慢的下降趋势，所以不能用来确定 MA 模型中的阶数 q。

继续来看一下 PACF 系数图，可以通过 plot_pacf() 函数进行绘制，具体代码如下：

```
In [62]:  # 分析 PACF
          pacf=plot_pacf(train_data,lags=20)
          plt.title('股票指数的 PACF')
          plt.show()
Out[62]:
```

运行结果如图 7-11 所示。

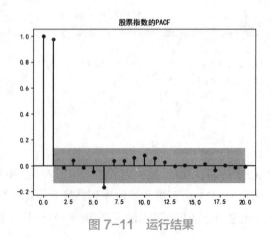

图 7-11　运行结果

从上述绘制的 PACF 系数中可以看到，它在 1 阶之后的数据就已经在置信区间之内了，可以用来确定 AR 模型中的阶数 p。

对于非平稳时间序列，需要通过差分算法，将非平稳序列的数据变成弱平稳或近似平稳的时间序列，具体代码如下：

```
In [63]: train_diff=train_data.diff()
         diff=train_diff.dropna()
         plt.figure()
         plt.plot(diff)
         plt.title('一阶差分')
         plt.show()
Out[63]:
```

运行结果如图 7-12 所示。

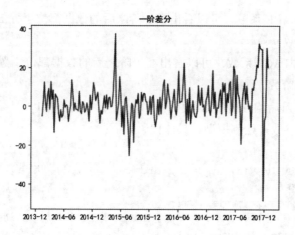

图 7-12　运行结果

通过绘制的折线图可以看出，经过一阶差分之后，时间序列数据基本上满足了弱平稳趋势，所以可以不用再进行差分。

时间序列数据经过平稳化处理之后，我们可以使用时序图来看一下 ACF 和 PACF 系数的变化，具体代码如下。

```
In [64]: acf_diff=plot_acf(diff,lags=20)
         plt.title('一阶差分的 ACF')
         plt.show()
Out[64]:
```

运行结果如图 7-13 所示。

```
In [65]: pacf_diff=plot_pacf(diff,lags=20)
         plt.title('一阶差分的 PACF')
         plt.show()
Out[65]:
```

运行结果如图 7-14 所示。

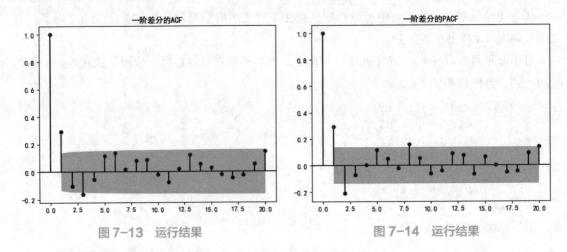

图 7-13　运行结果　　　　　　　　图 7-14　运行结果

　　通过绘制差分后的 ACF 系数，可以看出在 1 阶之后的数据都位于置信区间之内，所以可以用来确定 AR 模型的阶数 p。

　　通过绘制差分后的 PACF 系数，可以看出在 1 阶之后的数据都位于置信区间之内，因此可以用来确定 MA 模型的阶数 q。

　　AR、MA 模型在 1 阶后均在置信区间内，所以 p、q 可以定为 1，且只进行了一阶差分，所以 d 为 1，根据这三个参数来绘制模型，具体代码如下：

```
In [66]: # 创建 ARIMA 模型
         model=ARIMA(train_data, order=(1, 1, 1), freq='W-MON')
         # 拟合模型
         arima_result=model.fit()
         # 通过 summary() 方法输出关于 ARIMA 模型中的详细参数说明。
         arima_result.summary()
Out[66]:
```

运行结果如图 7-15 所示。

```
                         ARIMA Model Results
==============================================================================
Dep. Variable:             D.收盘价   No. Observations:              207
Model:                ARIMA(1, 1, 1)   Log Likelihood             -330.750
Method:                     css-mle   S.D. of innovations           1.195
Date:              Wed, 26 Sep 2018   AIC                         669.499
Time:                      17:31:14   BIC                         682.830
Sample:                  01-13-2014   HQIC                        674.890
                       - 12-25-2017
==============================================================================
                 coef    std err          z      P>|z|      [0.025      0.975]
------------------------------------------------------------------------------
const          0.3228      0.115      2.813      0.005       0.098       0.548
ar.L1.D.收盘价   0.0047      0.167      0.028      0.978      -0.323       0.332
ma.L1.D.收盘价   0.3762      0.148      2.547      0.012       0.087       0.666
                                   Roots
==============================================================================
                  Real          Imaginary           Modulus         Frequency
------------------------------------------------------------------------------
AR.1            214.6427           +0.0000j          214.6427           0.0000
MA.1            -2.6579            +0.0000j            2.6579           0.5000
------------------------------------------------------------------------------
```

图 7-15　ARIMA 模型参数说明

现在只剩下最后一步，那就是测试模型。使用 2018 年 1 月至 2 月的五粮液股票数据，对刚刚拟合后的 ARIMA 模型进行测试，具体代码如下：

```
In [67]: pred_vals=arima_result.predict('2018-01-01','2018-02-26',
                                         dynamic=True, typ='levels')
         stock_forcast=pd.concat([shares_info_week, pred_vals],
                                 axis=1,
                                 keys=['original', 'predicted'])
         plt.figure()
         plt.plot(stock_forcast)
         plt.title(' 真实值 vs 预测值 ')
         plt.show()
Out[67]:
```

运行结果如图 7-16 所示。

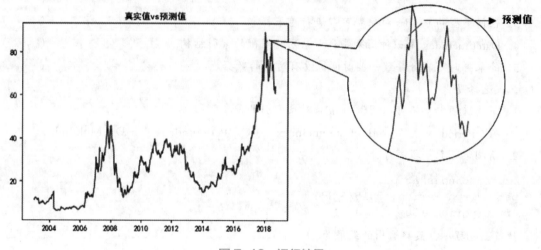

图 7-16　运行结果

从图 7-16 的折线图中可以看到，位于右上方的橘色线（图中右上角的短线）是通过 ARMA 模型预测的趋势。通过与蓝线进行比较，可以看到预测的结果与真实的结果还是存在一些出入的，比如，收盘价下降的时候模型中的预测趋势并没有下降。由此说明，使用模型只能模拟出一个大概的趋势，而不能达到精准预测。

小　结

本章主要介绍了 Pandas 中用于处理时间序列的相关内容，包括创建时间序列、时间戳索引和切片操作、固定频率的时间序列、时期及计算、重采样、滑动窗口和时序模型，最后开发了一个股票预测分析的案例。希望大家在学习知识的同时，能够多加练习，掌握时间序列处理的常见操作。

习　题

一、填空题

1. _____是指多个时间点上形成的数值序列。

2. ARIMA 模型是一种用于时间序列_____的常见统计模型。

3. Pandas 中的频率是由一个_____和一个乘数组成的，比如 7D。

4. _____是指将时间序列从一个频率转换到另一个频率的处理过程。

5. 在 Pandas 中，使用_____类表示一个标准的时间段或时期。

二、判断题

1. 最基本的时间序列类型是以时间戳为索引的 Series 对象。　　　　（　　　）

2. 如果相同频率的两个 Period 对象进行数学运算，那么计算结果为它们的单位数量。

　　　　（　　　）

3. 任何类型的 Pandas 对象都可以进行重采样。　　　　（　　　）

4. DatetimeIndex 是一种用来指代一系列时间戳的索引结构。　　　　（　　　）

5. 降采样时可能会导致一些时间戳没有对应的数据。　　　　（　　　）

三、选择题

1. 下列选项中，不可以用做 Pandas 对象索引的是（　　　）。

　　A. Period　　　　　B. DatetimeIndex　　　C. PeriodIndex　　　D. MultiIndex

2. 请阅读下面一段程序：

```
import pandas as pd
period1=pd.Period('2015/6/1')
print(period1+50)
```

执行上述程序，最终输出的结果为（　　　）。

　　A. 2015-07-18　　B. 2015-07-19　　C. 2015-07-20　　D. 2015-07-21

3. 请阅读下面一段程序：

```
import pandas as pd
import numpy as np
date_index=pd.date_range(start="2018/08/10", periods=5)
date_se=pd.Series(np.arange(5), index=date_index)
sorted_se=date_se.sort_index()
print(sorted_se.truncate(after='2018-8-11'))
```

执行上述程序，最终输出的结果为（　　　）。

A.		B.		C.		D.	
2018-08-12	2	2018-08-12	2	2018-08-10	0	2018-08-10	0
2018-08-13	3	2018-08-13	3	2018-08-11	1	2018-08-11	1
		2018-08-14	4	2018-08-12	2		

4. 下列函数中，用于创建固定频率 DatetimeIndex 对象的是（　　　）。

　　A. shift()　　　　　B. date_range()　　　C. period_range()　　　D. asfreq()

5. 关于重采样的说法中，下列描述错误的是（ ）。

    A. 重采样是将时间序列从一个频率转到另一个频率

    B. 升采样的时间颗粒是变小的

    C. 时间序列数据在降采样时，总体的数据量是增加的

    D. 时间序列数据在降采样时，总体的数据量是减少的

四、简答题

1. 时间序列的数据有哪几种？

2. 什么是降采样？什么是升采样？

五、程序分析题

阅读下面的程序，分析代码是否能够编译通过。如果能编译成功，请列出运行的结果，否则请说明编译失败的原因。

1. 代码一：

```
import pandas as pd
date_index=pd.date_range('2018/08/10')
ser_obj=pd.Series(11, date_index)
print(ser_obj)
```

2. 代码二：

```
import pandas as pd
period1=pd.Period('2017/1')
period2=pd.Period('2017/6')
print(period2-period1)
```

3. 代码三：

```
date_index=pd.date_range('2018/09/10', '2018/09/13')
ser_obj=pd.Series(11, date_index)
ser_obj['2018\09\12']
```

第8章

文本数据分析

学习目标

◆ 了解文本分析的工具 NLTK 与 jieba，会安装和使用这些工具。

◆ 掌握文本预处理的流程。

◆ 掌握文本情感分析，可以用 NLTK 分析情感倾向。

◆ 掌握文本相似度，可以结合 NLTK 与余弦相似度实现相似度分析。

◆ 掌握文本分类，可以结合 NLTK 与算法对文本进行分类。

自然语言处理（NLP）领域是计算机科学领域与人工智能领域中的一个重要方向，主要研究方向是实现人与计算机之间用自然语言进行有效通信的各种理论和方法。

在自然语言处理领域中，文本类型的数据占据着很大的市场，由于其自身具有半结构的特点，且自然语言的分类繁多，所以针对不同的语言，Python 分别提供了相应的库来处理，最常见的是处理英文的 NLTK 库，它自带的语料库都是英文的，由于中文要比英文的结构复杂得多，不适合用 NLTK 进行处理，所以提供了 jieba 库来更好地处理中文。

接下来，本章主要围绕着 NLTK 介绍一下文本预处理的过程，以及一些文本分析的经典应用，具体包括文本情感分析、文本相似度和文本分类。

8.1 文本数据分析工具

8.1.1 NLTK 与 jieba 概述

NLTK 全称为 Natural Language Toolkit，它是一套基于 Python 的自然语言处理工具包，可以方便地完成自然语言处理的任务，包括分词、词性标注、命名实体识别（NER）及句法分析等。

NLTK 是一个免费的、开源的、社区驱动的项目，它为超过 50 个语料库和词汇资源（如 WordNet）提供了易于使用的接口，以及一套用于分类、标记化、词干化、解析和语义推理的文本处理库。接下来, 通过一张表来列举 NLTK 中用于语言处理任务的一些常用模块, 具体如表 8-1 所示。

表 8-1　NLTK 中的常用模块

语言处理任务	nltk 模块	功 能 描 述
获取和处理语料库	nltk.corpus	语料库和词典的标准化接口
字符串处理	nltk.tokenize, nltk.stem	分词, 句子分解提取主干
搭配发现	nltk.collocations	用于识别搭配工具, 查找单词之间的关联关系
词性标识符	nltk.tag	包含用于词性标注的类和接口
分类	nltk.classify, nltk.cluster	nltk.classify 用类别标签标记的接口; nltk.cluster 包含了许多聚类算法如贝叶斯、EM、k-means
分块	nltk.chunk	在不受限制的文本识别非重叠语言组的类和接口
解析	nltk.parse	对图表、概率等解析的接口
语义解释	nltk.sem, nltk.inference	一阶逻辑, 模型检验
指标评测	nltk.metrics	精度, 召回率, 协议系数
概率与估计	nltk.probability	计算频率分布、平滑概率分布的接口
应用	nltk.app, nltk.chat	图形化的关键词排序, 分析器, WordNet 查看器, 聊天机器人
语言学领域的工作	nltk.toolbox	处理 SIL 工具箱格式的数据

GitHub 上有一段描述 Jieba 的句子:

"Jieba" (Chinese for "to stutter") Chinese text segmentation: built to be the best Python Chinese word segmentation module.

翻译: "Jieba" 中文分词: 最好的 Python 中文分词组件。

由此可见, jieba 最适合做中文分词, 这离不开它拥有的一些特点:

(1) 支持三种分词模式:

◆ 精确模式: 试图将句子最精确地切开, 适合文本分析。

◆ 全模式: 把句子中所有的可以成词的词语都扫描出来, 速度非常快, 但是不能解决歧义。

◆ 搜索引擎模式: 在精确模式的基础上, 对长词再次切分, 提高召回率, 适合用于搜索引擎分词。

(2) 支持繁体分词。

(3) 支持自定义词典。

(4) MIT 授权协议。

jieba 库中主要的功能包括分词、添加自定义词典、关键词提取、词性标注、并行分词等, 大家可以参考 https://github.com/fxsjy/jieba 网址进行全面学习。后期在使用到 jieba 库的某些功能时, 会再另行单独介绍。

8.1.2　安装 NLTK 和下载语料库

要想使用 NLTK 库处理自然语言, 前提是需要先安装。这里, 我们既可以在终端使用 pip

命令直接安装，也可以在 Jupyter Notebook 中直接使用。以前者为例，打开终端输入如下命令安装 NLTK 库：

```
>>> pip install -U nltk
```

安装完以后，在终端中启动 Python，然后输入如下命令测试是否安装成功：

```
>>> import nltk
```

按下【Enter】键，如果程序中没有提示任何错误的信息，则表示成功安装；否则表示安装失败。值得一提的是，Anaconda 中默认已经安装了 NLTK 库（但是没有安装语料库），可以用 import 导入使用，无须再另行安装。

NLTK 库中附带了许多语料库（指经科学取样和加工的大规模电子文本库）、玩具语法、训练模型等，完整的信息发布在 http: //nltk.org/nltk_data/ 上。如果希望在计算机上安装单独的数据包，或者是下载全部的数据包，则需要在 Jupyter Notebook（或者管理员账户）中执行以下操作：

```
In [1]: import nltk
        nltk.download()      # 打开 NLTK 下载器
Out[1]: True
```

此时，打开了一个 NLTK Downloader 窗口，如图 8-1 所示。

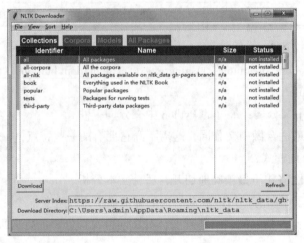

图 8-1　打开 NLTK Downloader 窗口

图 8-1 的窗口中包含以下选项：

（1）Collections：集合。

（2）Corpora：语料库。

（3）Models：模型。

（4）All Packages：所有包。

如果希望集中安装所有的选项，则需要单击"File"→"Change Download Directory"选择更新下载目录，这时图 8-1 中"Download Directory"对应的文本框处于可编辑状态，将其设置为 C:\nltk_data（Windows），然后单击"File"→"Download"开始下载，直至所有选项安装完成，这个过程需要等待的时间稍微有点长。

　　注意：如果没有将数据包安装到上述位置，则需要设置 NLTK_DATA 环境变量以指定数据的位置。

　　如果只是想单独安装某个库或模型等，比如 brown 语料库，则可以单击图 8-1 中的"Corpora"选项，从列表中选中"brown"，然后单击左下方的"Download"按钮进行下载。

　　下载完以后，可以测试语料库是否下载成功，可以按照如下方式进行检测（假设下载了布朗语料库）：

```
In [2]: from nltk.corpus import brown        # 导入 brown 语料库
        brown.words()                         # 查看 brown 库中所有的单词
Out[2]: ['The', 'Fulton', 'County', 'Grand', 'Jury', 'said', ...]
```

上述示例中输出了 brown 语料库中所有的单词，表明下载成功。

还可以通过 categories() 函数查看 brown 中包含的类别，示例代码如下。

```
In [3]: brown.categories()
Out[3]: ['adventure', 'belles_lettres', 'editorial', 'fiction',
         'government', 'hobbies', 'humor', 'learned', 'lore',
         'mystery', 'news', 'religion', 'reviews',
         'romance', 'science_fiction']
```

此外，还可以查看 brown 语料库中包含的单词或句子的总个数，示例代码如下。

```
In [4]: 'brown 中一共有 {} 个句子 '.format(len(brown.sents()))
Out[4]: 'brown 中一共有 57340 个句子 '
In [5]: 'brown 中一共有 {} 个单词 '.format(len(brown.words()))
Out[5]: 'brown 中一共有 1161192 个单词 '
```

8.1.3 jieba 库的安装

如果希望对中文进行分词操作，则需要借助 jieba 分词工具。安装 jieba 库的方式比较简单，可以直接使用如下 pip 命令进行安装：

```
pip install jieba
```

安装完成出现图 8-2 所示的提示信息。

图 8-2 提示 jieba 安装完成

为了验证 jieba 库是否成功安装，我们可以在 Jupyter Notebook 中通过 import jieba 来引用，如果没有提示错误信息，则表示安装成功。

8.2　文本预处理

导入文本数据后，并不能直接被用来分析，而是要进行一系列的预处理操作，主要包括分词、词形统一化、删除停用词等，这些都是文本预处理要完成的步骤。接下来，本节将针对文本预处理的相关内容进行详细地讲解。

8.2.1　预处理的流程

文本预处理一般包括分词、词形归一化、删除停用词，具体流程如图 8-3 所示。

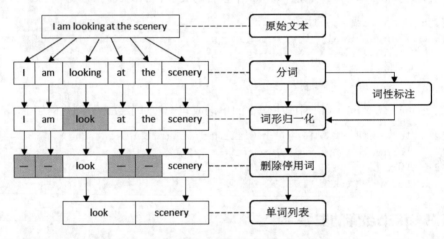

图 8-3　文本预处理的流程

图 8-3 中列出了文本预处理的每个步骤，其中左侧为示例，右侧为预处理流程。最开始的时候文本为"I am looking at the scenery"，它经过第一步分词处理之后，按空格将整个句子划分成多个单词，这里面有个别单词用的是将来进行时的形式，比如"looking"，这时可以执行下一步骤到词形归一化，把不影响词性的后缀（如 ing）去掉，提取词干"look"，然后继续下一步骤到删除停用词，比如 am、the 等都属于停用词，去除完以后将剩余的单词组合成一个列表进行返回。

接下来，针对文本预处理的流程进行具体介绍。

1. 文本分词

文本分词是预处理过程中必不可少的一个操作，它可以分为两步：第一步是构造词典，第二步是分词算法的操作。其中，词典的构造比较流行的是双数组的 trie 树，分词算法常见的主要有正向最大匹配、反向最大匹配、双向最大匹配、语言模型方法、最短路径算法等。

目前文本分词已经有很多比较成熟的算法和工具，在网上可以搜索到很多，本书使用的是 NLTK 库和 jieba 库，分别用作英文和中文的分词操作。

2. 词形归一化

基于英文语法的要求，文档中经常会使用单词的不同形态，比如 live、lives（第三人称单数）、living（现在分词），另外，也存在大量意义相近的同源词，比如 able、unable、disability。如果希望只输入一个词，就能够返回它所有的同源词文档，那么这样的搜索是非常有用的。

词形归一化包括词干提取和词形还原，它们的目的都是为了减少曲折变化的形式，将派生词转化为基本形式。例如：

am, are, is—be

cars, car's, cars'—car

不过，词干提取和词形还原所代表的意义不同，前者通常是一个很粗略的去除单词两端词缀的过程，而后者是指利用词汇表和词形分析去除曲折的词缀，以返回词典中包含的词的过程。

3. 删除停用词

删除停用词也是比较重要的，主要是因为并不是文本中的每个单词或字符都能够表明文本的特征，比如说"the""的""你""I""他"等，这些词应该从文本中清除掉。可以在网上下载一份中文或英文的停用词表来作为去停用词的参考。

8.2.2　分词

分词是指将由连续字符组成的语句，按照一定的规则划分成一个个独立词语的过程。不同的语言具有不同的语法结构，以常见的英文和中文举例，英文的句子中是以空格为分隔符的，所以可以指定空格为分词的标记，而中文并没有一个形式上的分界符，它只有字、句和段能通过明显的分界符来简单地划分。因此，中文分词要比英文分词困难很多。

根据中文的结构特点，可以把分词算法分为以下三类：

1. 基于规则的分词方法

基于规则的分词方法，又称为机械分词方法，它是按照一定的策略将待分析的中文句子与一个"充分大的"机器词典中的词条进行匹配。如果在词典中找到了某个字或词语，则表示匹配成功。

基于规则的分词方法，其优点是简单且易于实现，缺点是匹配速度慢，而且不同的词典产生的歧义也会不同。

2. 基于统计的分词方法

基于统计的分词方法，它的基本思想是常用的词语是比较稳定的组合。在上下文中，相邻的字同时出现的次数越多，就越有可能构成一个词，所以字与字相邻出现的频率能够较好地反映成词的可信度。当训练文本中相邻出现的紧密程度高于某个阈值时，便可以认为此字组可能构成了一个词。

基于统计的分词方法所应用的主要统计模型有：N 元文法模型（N-gram）、隐马尔可夫模型（Hiden Markov Model，HMM）、最大熵模型（ME）、条件随机场模型（Conditional Random Fields，CRF）等。

3. 基于理解的分词方法

基于理解的分词方法是通过让计算机模拟人对句子的理解，达到识别词的效果，它的基本思想就是在分词的同时进行句法、语义分析，利用句法信息和语义信息来处理歧义现象。这种分词方法需要使用大量的语言知识和信息。

由于汉语语言知识的笼统、复杂性，难以将各种语言信息组织成机器可直接读取的形式，因此目前基于理解的分词系统还处在试验阶段。

要想在 NLTK 中实现对英文分词，则可以调用 word_tokenize() 函数，基于空格或标点对文本进行分词，并返回单词列表。不过，需要先确保已经下载了 punkt 分词模型，否则函数是无法使用的。

比如现在有一句英文 "Python is a structured and powerful object-oriented programming language."，将这句话按空格进行划分，示例代码如下。

```
In [6]:  # 原始英文文本
         sentence='Python is a structured and powerful
                    object-oriented programming language.'
         # 将句子切分为单词
         words=nltk.word_tokenize(sentence)
         words
Out[6]:  ['Python', 'is', 'a', 'structured', 'and', 'powerful',
          'object-oriented', 'programming', 'language', '.']
```

从输出结果中可以看出，所有以空格分隔的英文字符被划分为多个子字符串，包括标点符号，这些子串存放在一个列表中。

jieba 分词是国内使用人数最多的中文分词工具，它基于中文分词的原理，提供了相应的操作模块或方法。

例如，将上述句子换成由汉字组成的字符串"传智专修学院推出颠覆式办学模式"，则可以通过 jieba.cut() 函数进行划分，该函数接收如下三个参数：

（1）需要分词的字符串。

（2）cut_all 参数用来控制是否采用全模式。

（3）HMM 参数用来控制是否使用 HMM 模型。

如果将 cut_all 参数设为 True，则表示按照全模式进行分词，若设为 False，则表示的是按照精确模式进行分词，示例代码如下。

```
In [7]:  import jieba
         # 原始中文文本
         sentence='传智专修学院推出颠覆式办学模式'
         # 全模式划分中文句子
         terms_list = jieba.cut(sentence, cut_all=True)
         print('【全模式】: '+ '/'.join(terms_list))
         # 精确模式划分中文句子
         terms_list = jieba.cut(sentence, cut_all=False)
         print('【精确模式】: '+ '/'.join(terms_list))
```

打印结果为：

```
【全模式】: 传 / 智 / 专修 / 修学 / 学院 / 推出 / 颠覆 / 式 / 办学 / 模式
【精确模式】: 传智 / 专修 / 学院 / 推出 / 颠覆 / 式 / 办学 / 模式
```

从输出结果中可以看出，整个句子按照某种规则划分成了多个不同的字或词语，不过在全模式下，词语中出现了重复的汉字，这表明全模式会把所有可能的分词全部输出，而在准确模式下，词语中不会再出现重复的汉字，并且划分的词语相对来说是比较精准的。

注意： 如果文本中出现了一些特殊的字符，比如 @、表情符号（如":)"）等，则可以使用正则表达式进行处理。

8.2.3 词性标注

词性是对词语分类的一种方式。现代汉语词汇大致可以分为名词、动词、形容词、数词、量词、代词、介词、副词、连词、感叹词、助词和拟声词等 12 种，英文词汇可以分为名词、形容词、动词、代词、数词、副词、介词、连词、冠词和感叹词等 10 种。

词性标注，又称词类标注，是指为分词结果中的每个单词标注一个正确的词性，也就是说确定每个单词是名词、动词、形容词或其他词性的过程。比如在"I love itcast"中，"I"为人称代词，"love"为动词，"itcast"为名词。

NLTK 库中使用不同的约定来标记单词，为了帮助大家快速地了解，接下来，通过一张表格来列举通用的词性标注集，具体如表 8-2 所示。

表 8-2 通用词性标注集

标　签	描　述	示　例
JJ	形容词	special，high，good
RB	副词	quickly，simply，hardly
CC	条件连词	and，or
DT	限定词	the，a
MD	情态动词	could，should
NN	单数名词	home，time，year
NNS	复数名词	birds，dogs，flowers
NNP	专有名词单数	Africa，April，Washington
CD	基本数量词	twenty-one，second，1997
PRP	人称代词	I，you，he，she
PRP$	所有格代词	my，your，his，her
IN	介词	on，of，at，by，under
TO	不定词	how to，what to do
UH	感叹词	ah，ha，wow，oh
VB	动词原型	see，listen，speak，run
VBD	动词过去时	did，told，made
VBG	动名词	going，working，making
VBN	动词过去分词	given，taken，begun
WDT	WH 限定词	which，whatever

在 NLTK 中，如果希望给单词标注词性，则需要先确保已经下载了 averaged_perceptron_tagger 模块，当下载了这个模块后，就可以调用 pos_tag() 函数进行标注，示例代码如下。

```
In [8]: words=nltk.word_tokenize('Python is a structured and powerful
                object-oriented programming language.')
        # 为列表中的每个单词标注词性
        nltk.pos_tag(words)
Out[8]: [('Python', 'NNP'),
         ('is', 'VBZ'),
         ('a', 'DT'),
         ('structured', 'JJ'),
         ('and', 'CC'),
         ('powerful', 'JJ'),
         ('object-oriented', 'JJ'),
         ('programming', 'NN'),
         ('language', 'NN'),
         ('.', '.')]
```

上述示例输出了一个列表，该列表里面包含了多个元组，其中元组的第一个元素为划分的单词，第二个元素为标注的词性。例如，第一个元组（'Python'，'NNP'）中，"Python"是一个专有名词，所以词性被标注为"NNP"。

8.2.4　词形归一化

在英文中，一个单词常常是另一个单词的变种，比如 looking 是 look 这个单词的一般进行式，looked 为一般过去式，这些都会影响语料库学习的准确度。一般在信息检索和文本挖掘时，需要对一个词的不同形态进行规范化，以提高文本处理的效率。

词形规范化过程主要包括两种：词干（由词根与词缀构成的，一个词除去词尾的部分）提取和词形还原，它们的相关说明如下：

（1）词干提取（stemming）：是指删除不影响词性的词缀（包括前缀、后缀、中缀、环缀），得到单词词干的过程。例如：

$$watching \longrightarrow watch$$
$$watched \longrightarrow watch$$

（2）词形还原（lemmatization）：与词干提取相关，不同的是能够捕捉基于词根的规范单词形式。例如：

$$better \longrightarrow good$$
$$went \longrightarrow go$$

对于词干提取来说，nltk.stem 模块中提供了多种词干提取器，目前最受欢迎的就是波特词干提取器，它是基于波特词干算法来提取词干的，这些算法都集中在 PorterStemmer 类中。下面是基于 PorterStemmer 类提取词干的示例，具体如下。

```
In [9]: # 导入 nltk.stem 模块的波特词干提取器
        from nltk.stem.porter import PorterStemmer
        # 按照波特算法提取词干
        porter_stem=PorterStemmer()
```

```
              porter_stem.stem('watched')
Out[9]: 'watch'
In [10]: porter_stem.stem('watching')
Out[10]: 'watch'
```

还可以用兰卡斯特词干提取器提取，它是一个迭代提取器，具有超过 120 条规则来具体说明如何删除或替换词缀以获得词干。兰卡斯特词干提取器基于兰卡斯特词干算法，这些算法都集中在 LancasterStemmer 类中。以下代码显示了 LancasterStemmer 类提取词干的用法，示例代码如下。

```
In [11]: from nltk.stem.lancaster import LancasterStemmer
         lancaster_stem=LancasterStemmer()
         # 按照兰卡斯特算法提取词干
         lancaster_stem.stem('jumped')
Out[11]: 'jump'
In [12]: lancaster_stem.stem('jumping')
Out[12]: 'jump'
```

还有一些其他的词干器，比如 SnowballStemmer，它除了支持英文以外，还支持其他 13 种不同的语言，用法示例如下。

```
In [13]: from nltk.stem import SnowballStemmer
         snowball_stem=SnowballStemmer('english')
         snowball_stem.stem('listened')
Out[13]: 'listen'
In [14]: snowball_stem.stem('listening')
Out[14]: 'listen'
```

注意： 在创建 SnowballStemmer 实例时，必须要传入一个表示语言的字符串给 language 参数。

词形还原的过程与词干提取非常相似，就是去除词缀以获得单词的基本形式，不过，这个基本形式称为根词，而不是词干。根词始终存在于词典中，词干不一定是标准的单词，它可能不存在于词典中。NLTK 库中提供了一个强大的还原模块，它使用 WordNetLemmatizer 类来获得根词，使用前需要确保已经下载了 wordnet 语料库。

WordNetLemmatizer 类里面提供了一个 lemmatize() 方法，该方法通过比对 wordnet 语料库，并采用递归技术删除词缀，直至在词汇网络中找到匹配项，最终返回输入词的基本形式。如果没有找到匹配项，则直接返回输入词，不做任何变化。

下面是一个基于 WordNetLemmatizer 的词形还原示例，代码如下。

```
In [15]: from nltk.stem import WordNetLemmatizer
         # 创建 WordNetLemmatizer 对象
         wordnet_lem=WordNetLemmatizer()
         # 还原 books 单词的基本形式
         wordnet_lem.lemmatize('books')
Out[15]: 'book'
In [16]: wordnet_lem.lemmatize('went')
Out[16]: 'went'
In [17]: wordnet_lem.lemmatize('did')
Out[17]: 'did'
```

从输出结果可以看出，复数形式的单词 books 已经还原为 book，不过单词 went 与 did 都没有还原，这主要是因为它们有多种词性，例如，went 作为动词使用时，代表单词 go 的过去式，但是作为名词使用的话，它表示的是人名文特。

为了解决这个问题，可以直接在词形还原时指定词性，也就是说在调用 lemmatize() 方法时将词性传入 pos 参数，示例代码如下。

```
In [18]: # 指定 went 的词性为动词
         wordnet_lem.lemmatize('went', pos='v')
Out[18]: 'go'
In [19]: wordnet_lem.lemmatize('did', pos='v')
Out[19]: 'do'
```

从输出结果中可以看出，所有过去式的单词已经被还原为基本形式了。

8.2.5 删除停用词

停用词是指在信息检索中，为节省存储空间和提高搜索效率，在处理自然语言文本之前或之后会自动过滤掉某些没有具体意义的字或词，这些字或词即被称为停用词，比如英文单词"I""the"或中文中的"啊"等。

停用词的存在直接增加了文本的特征难度，提高了文本数据分析过程中的成本，如果直接用包含大量停用词的文本作为分析对象，则还有可能会导致数据分析的结果存在较大偏差，通常在处理过程会将它们从文本中删除，如图 8-4 所示。

~~The~~ quick brown fox jumps over ~~the~~ lazy dog.

图 8-4　删除停用词示例

从图 8-4 中可以看出，即使从整个语句中删除了停用词，句子整体的意思并没有产生很大的影响。

停用词都是人工输入、非自动化生成的，生成后的停用词会形成一个停用词表，但是并没有一个明确的停用词表能够适用于所有的工具。对于中文的停用词，可以参考中文停用词库、哈工大停用词表、百度停用词列表，对于其他语言来说，可以参照 https://www.ranks.nl/stopwords 进行了解。

删除停用词常用的方法有词表匹配法、词频阈值法和权重阈值法，NLTK 库所采用的就是词表匹配法，它里面有一个标准的停用词列表，在使用之前要确保已经下载了 stopwords 语料库，并且用 import 语句导入 stopwords 模块，示例代码如下。

```
In [20]: from nltk.corpus import stopwords
         # 原始文本
         sentence='Python is a structured and powerful object-oriented
                   programming language.'
         # 将英文语句按空格划分为多个单词
         words=nltk.word_tokenize(sentence)
         words
Out[20]: ['Python', 'is', 'a', 'structured', 'and', 'powerful',
```

```
                'object-oriented', 'programming', 'language', '.']
In [22]: # 获取英文停用词列表
         stop_words=stopwords.words('english')
         # 定义一个空列表
         remain_words=[]
         # 如果发现单词不包含在停用词列表中，就保存在 remain_words 中
         for word in words:
             if word not in stop_words:
                 remain_words.append(word)
         remain_words
Out[22]: ['Python', 'structured', 'powerful', 'object-oriented',
          'programming', 'language', '.']
```

通过比较删除前与删除后的结果可以发现，is、a、and 这几个常见的停用词都被删除了。

8.3　文本情感分析

文本情感分析，又称为倾向性分析和意见挖掘，是指对带有情感色彩的主观性文本进行分析、处理、归纳和推理的过程。比如，从电影评论中分析用户对电影的喜恶，或者从商品评价中分析用户对商品的"价格""易用性"等属性的情感倾向。

情感分析还可以细分为情感极性（倾向）分析、情感程度分析及主客观分析等。其中，情感极性分析的目的在于，对文本进行褒义、贬义、中性的判断，比如对于"喜爱"和"厌恶"这两个词，就属于不同的情感倾向。

目前，常见的情感极性分析方法主要分为两种：基于情感词典和基于机器学习，有关它们的说明具体如下：

◆ 基于情感词典：主要通过制定一系列的情感词典和规则，对文本进行段落拆解、句法分析，计算情感值，最后通过情感值来作为文本的情感倾向依据。

◆ 基于机器学习：大多会把问题转换成分类问题来看待，是将目标情感分为两类：正、负，或者是根据不同的情感程度划分为 1~5 类，然后对训练文本进行人工标注，进行有监督的机器学习过程。

最简单的情感极性分析的方式就是情感词典，其实现的大致思路如下。

（1）对文本进行分词操作，从中找出情感词、否定词以及程度副词。

（2）判断每个情感词之前是否有否定词及程度副词，将它之前的否定词和程度副词划分为一组。如果存在否定词，则将情感词的情感权值乘以 –1；如果有程度副词，就乘以程度副词的程度值。

（3）将所有组的得分加起来，得分大于 0 的归于正向，小于 0 的归于负向。

例如，有这么一句商品评价："这款蓝牙耳机的款式比较好看，操作也比较简单，不过音质真的太烂了，耳塞也不好用。"

按照上面的思路，就是要先找出这句话中的情感词。其中，积极的情感词有："好看"、"简单"、"好用"，消极的情感词有"烂"，只要出现一个积极词就加 1，出现一个消极词就减 1。此时，这句话的情感分值为：1+1–1+1=2，这表明商品评价属于一条好评，很明显这个分值是不合理的。

接着，我们来看看这些情感词前面有没有程度词进行修饰，并且给不同的程度一个权值。比如，"太"表达的情感度更强，可以将情感分值设为 ×4，"比较"这个词表达的程度没有前面的强，可以将它的情感分值设为 ×2。此时，这句话的情感分值为：（1×2）+（1×2）-（1×4）+1=1。

不过，在"好用"一词的前面还有一个"不"字，所以在找到情感词的时候，需要往前找否定词，还需要数一下这些否定词出现的次数。如果出现的是单数，则情感分数值就 ×-1，如果是偶数，则情感分数值应该反转变为 ×1。这句话中在"好用"的前面只有一个"不"字，所以其情感分值应该为 ×-1。此时，这句话的情感分值为：（1×2）+（1×2）-（1×4）+（1×-1）=-1，这表明商品评价属于一条差评。

使用情感词典的方式虽然简单粗暴，但是非常实用，不过一旦遇到一些新词或者特殊词，就无法识别出来，扩展性非常不好。

还可以基于机器学习模型进行情感极性分析，其中，朴素贝叶斯是经典的机器学习算法之一，也是为数不多的基于概率论的分类算法，它的思想基础是：对于给出的待分类项，求解在此项出现的条件下各个类别出现的概率，哪个最大，就认为此待分类项属于哪个类别。

nltk.classify 模块中提供了用类别标签标记的接口，其内置的 NaiveBayesClassifier 类实现了朴素贝叶斯分类算法，该类中有一个类方法 train()，其语法格式如下：

```
train（cls, labeled_featuresets, estimator=ELEProbDist）
```

上述方法主要用于根据训练集来训练模型，其中 labeled_featuresets 参数表示分类的特征集列表。

为了能够让读者更好地理解，接下来，通过一个简单示例来演示如何基于 NaiveBayesClassifier 类实现文本情感极性分析。假设，现在有如下一些有关评论的英文文本，每个所表达感情倾向的程度都不一样，具体代码如下。

```
In [23]: # 用作训练的文本
         text_one='This is a wonderful book'
         text_two='I like reading this book very much.'
         text_thr='This book reads well.'
         text_fou='This book is not good.'
         text_fiv='This is a very bad book.'
```

接下来，导入专门用来预处理文本的模块，并且定义一个负责预处理文本的函数 pret_text()，以便于处理多个测试文本，具体代码如下。

```
In [24]: import nltk
         from nltk.stem import WordNetLemmatizer
         from nltk.corpus import stopwords
         from nltk.classify import NaiveBayesClassifier
         def pret_text(text):
             # 对文本进行分词
             words=nltk.word_tokenize(text)
             # 词形还原
             wordnet_lematizer=WordNetLemmatizer()
             words=[wordnet_lematizer.lemmatize(word) for word in words]
```

```
              # 删除停用词
              remain_words=[word for word in words if word not
                            in stopwords.words('english')]
              # True 表示该词在文本中
              return {word: True for word in remain_words}
```

上述函数中，先将文本按照空格划分为多个单词，然后将这些单词还原成基本形式，并根据英文的停用词表删除停用词，最后将剩下的单词以字典的形式进行返回，其中字典的键为单词，字典的值为 True，代表着单词存在于预处理后的文本中。

然后，将上述待训练的文本经过预处理之后，为其设定情感分值，即将积极情感词的分值设为 1，将消极情感词的分值设为 −1，根据这些训练数据构建一个训练模型，具体代码如下。

```
In [25]:  # 构建训练文本，设定情感分值
          train_data=[[pret_text(text_one), 1],
                      [pret_text(text_two), 1],
                      [pret_text(text_thr), 1],
                      [pret_text(text_fou), -1],
                      [pret_text(text_fiv), -1]]
          # 训练模型
          demo_model=NaiveBayesClassifier.train(train_data)
```

在训练文本中，前三个句子中都有表示积极情感的词汇，比如"wonderful""like""well"，因此分值设为 +1，而后两个句子里面包含了一些表示消极情感的词汇，比如"not""bad"，因此设分值为 −1。

根据这些训练文本构建了一个训练模型，意思是比如某个句子中出现了这个模型中的积极情感词汇，就将情感分值置为 1，否则就把情感分值置为 −1。

为了验证刚刚创建的情感模型是否可行，下面是一些测试的结果，具体代码如下。

```
In [26]:  # 测试模型
          test_text1='I like this movie very much'
          demo_model.classify(pret_text(test_text1))
Out[26]:  1
In [27]:  test_text2='The film is very bad'
          demo_model.classify(pret_text(test_text2))
Out[27]:  -1
In [28]:  test_text3='The film is terrible'
          demo_model.classify(pret_text(test_text3))
Out[28]:  1
```

从输出的结果中可以看出，根据训练的模型已经能够准确地辨识出部分带有情感色彩的固定单词，比如，like、bad，一旦有新的情感单词出现，比如 terrible，就无法辨识出来。

8.4　文本相似度

在自然语言处理中，经常会涉及度量两个文本的相似性的问题，在诸如信息检索、数据挖掘、机器翻译、文档复制检测等领域中，如何度量句子或短语之间的相似度显得尤为重要。

文本相似度的衡量计算主要包括如下三种方法：

（1）基于关键字匹配的传统方法，比如 N-gram 相似度。

（2）将文本映射到向量空间，再利用余弦相似度等方法进行计算。

（3）基于深度学习的方法，比如卷积神经网络的 ConvNet、用户点击数据的深度学习语义匹配模型 DSSM 等。

随着深度学习的发展，文本相似度的方法已经逐渐不再是基于关键词匹配的传统方法，而是转向了深度学习，目前结合向量的深度学习使用较多，因此，这里我们采用第二种方式来计算文本的相似度，一般实现的步骤如下。

（1）通过特征提取的模型或手动实现，找出这两篇文章的关键词。

（2）从每篇文章中各取出若干个关键词（比如 10 个），把这些关键词合并成一个集合，然后计算每篇文章中各个词对于这个集合中的关键词的词频。为了避免文章长度的差异，可以使用相对词频。

（3）生成两篇文章中各自的词频向量。

（4）计算两个向量的余弦相似度，值越大则表示越相似。

我们都知道，文本是一种高维的语义空间，要想计算两个文本的相似度，可以先将它们转化为向量，站在数学角度上去量化其相似性，这样就比较简单了。那么，如何把文本转化成向量呢？一般，我们会使用词频（某一个给定词语在文档中出现的次数）来表示文本特征，若某个词在这些文本中出现的次数最多，则表示这个单词比较具有代表性。

例如，现在有如下两个英文句子：

John likes to watch movies.

John also likes to watch football games.

要想找出上述两个句子中的关键词，则需要先统计一下每个单词出现的次数。为此，NLTK 库中提供了一个 FreqDist 类，主要负责记录每个词出现的次数。FreqDist 类的结构比较简单，可以用一个有序词典实现，所以 dict 类的方法在此类中也是适用的。例如，使用 FreqDist 类统计上述英文句子中每个单词的词频，具体代码如下。

```
In [29]: import nltk
         from nltk import FreqDist
         text1='John likes to watch movies'
         text2='John also likes to watch football games'
         all_text=text1 +" "+text2
         # 分词
         words=nltk.word_tokenize(all_text)
         # 创建 FreqDist 对象，记录每个单词出现的频率
         freq_dist=FreqDist(words)
         freq_dist
Out[29]: FreqDist({'John': 2, 'likes': 2, 'to': 2, 'watch': 2,
                   'movies': 1, 'also': 1, 'football': 1, 'games': 1})
```

上述输出了创建的 FreqDist 对象，它的里面是一个字典结构，其中字典的键为分词后的单词，字典的值为该词出现的频率。例如，获取字典里面单词 "John" 出现的频率，代码如下。

```
In [30]: freq_dist['John']
Out[30]: 2
```

　　这里将从这些单词中选出出现频率最高的若干个单词，构造成关键词列表。如果希望达到这个目的，则需要调用 FreqDist 类的 most_common() 方法，返回出现次数比较频繁的词与频率。

　　例如，从 freq_dist 中取出出现频率最高的五个单词，代码如下。

```
In [31]: # 取出 n 个常用的单词
         n=5
         # 返回常用单词列表
         most_common_words=freq_dist.most_common(n)
         most_common_words
Out[31]: [('John', 2), ('likes', 2), ('to', 2), ('watch', 2), ('movies', 1)]
```

　　选出关键词之后，我们需要记录一下这些单词的位置，为了简单起见，这里采用的是从字典中遍历取出每个单词，第一个单词的位置赋值为 1，第二个单词的位置赋值为 2，依此类推。

　　例如，查找常用单词的位置的示例如下。

```
# 查找常用单词的位置
In [32]: def find_position(common_words):
             result={}
             pos = 0
             for word in common_words:
                 result[word[0]]=pos
                 pos+=1
             return result
         # 记录常用单词的位置
         pos_dict=find_position(most_common_words)
         pos_dict
Out[32]: {'John': 0, 'likes': 1, 'to': 2, 'watch': 3, 'movies': 4}
```

　　上述示例输出了关键词与位置的字典，其中，"John"对应着位置 0，"likes"对应着位置 1……由此表明，根据这些位置可以确定一个关键词列表，也就是得到一个向量为 ['John', 'likes', 'to', 'watch', 'movies']。

　　如果句子中的某个单词存在于关键词列表中，就在关键词所在的位置上标记一次，结果为记录总次数，对于没有出现的单词则记为 0 即可，从而构成了一个词频列表。定义一个函数参照着关键词列表统计单词的词频，并以列表的形式进行返回，具体代码如下。

```
In [33]: def text_to_vector(words):
             '''
                 将文本转换为词频向量
             '''
             # 初始化向量
             freq_vec=[0]*n
             # 在 " 常用单词列表 " 上计算词频
             for word in words:
                 if word in list(pos_dict.keys()):
                     freq_vec[pos_dict[word]]+=1
             return freq_vec
```

　　将文本 text1 和 text2 转化为词频向量，示例代码如下。

```
In [34]: # 词频向量
```

```
        vector1=text_to_vector(nltk.word_tokenize(text1))
        vector1
Out[34]: [1, 1, 1, 1, 1]
In [35]: vector2=text_to_vector(nltk.word_tokenize(text2))
        vector2
Out[35]: [1, 1, 1, 1, 0]
```

现在只剩下最后一步，利用余弦相似度来比较两个向量的相似度。余弦相似度，又称为余弦相似性，通过计算两个向量的夹角余弦值来评估它们的相似度。计算两个向量的余弦相似度公式如下：

$$\cos \theta = \frac{A \cdot B}{\| A \| \cdot \| B \|}$$

求得两个向量的夹角，并得出夹角对应的余弦值，此余弦值就可以用来表征这两个向量的相似性，如图 8-5 所示。

余弦取值范围为 [-1,1]。夹角越小，趋近于 0 度，余弦值越接近于 1，它们的方向更加吻合，则越相似。当两个向量的方向完全相反，夹角余弦取最小值 -1。当余弦值为 0 时，两向量正交，夹角为 90°。由此可以看出，余弦相似度与向量的幅值无关，只与向量的方向相关。

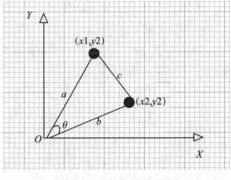

图 8-5　求余弦值图例

NLTK 库中提供了余弦相似度的实现函数 cosine_distance()，位于 cluster.util 模块中，所以这里需要使用 import 引入该模块，之后在调用 cosine_distance() 函数时只要传入两个向量值就行。

例如，求两个词频向量的夹角余弦值，代码如下。

```
In [36]: from nltk.cluster.util import cosine_distance
        cosine_distance(vector1, vector2)
Out[36]: 0.10557280900008414
```

从输出的余弦值可以看出，它接近于 0，表明向量 vector1 和 vector2 正交，夹角接近于 90°。由此表明，text1 和 text2 文本的相似度并不高。

8.5　文本分类

文本分类是指按照一定的分类体系或标准，用计算机对文本集进行自动分类标记，主要的目的是将文本或文档自动地归类为一种或多种预定义的类别。通俗来说，就是拿一篇文章问计算机，这篇文章说的究竟是美食、体育还是政治，示意如图 8-6 所示。

以某新闻网站举例，它通常会把新闻划分为几种类型：体育类、科技类、娱乐类等，即给这些新

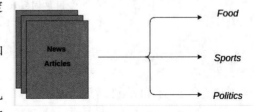

图 8-6　文本分类示意图

闻先打上标签，如果某个用户经常阅读科技类的新闻，则可以把科技类的新闻推荐给该用户。

文本分类被广泛应用于解决各种商业领域的问题，常见应用包括：

◆ 理解社交媒体用户的情感。

◆ 识别垃圾邮件与正常邮件。

◆ 自动标注用户的查询。

◆ 将新闻按已有的主题分类。

文本分类属于有监督的机器学习，主要是因为文本分类可以利用一个包含文本/文档以及其对应类标的数据集，训练一个分类器。一般文本分类的实现包括以下步骤：

（1）数据集准备：包括数据集以及基本的预处理工作，用于将原始语料格式化为同一格式，便于后续进行统一处理。

（2）特征抽取：从文档中抽取出反映文档主题的特征。

（3）模型训练：分类器模型会在一个有标注数据集上进行训练。

（4）分类结果评价：分类器的测试结果分析。

为了能够让读者更好地理解文本分类，接下来通过一个判断人名性别的示例，按上述步骤使用 NLTK 库进行实现，具体内容如下。

在 nltk.corpu 语料库的 names 模块中存放着大量的英文人名信息，并且这些人名按照性别分成了两个文件：male.txt 和 female.txt，它们就是收集的样本，收集数据的代码如下。

```
In [37]: import nltk
         from nltk.corpus import names
         import random
         # 收集数据，用一部分数据来训练，用一部分数据用来测试
         names = [(name,'male') for name in names.words('male.txt')] \
                 + [(name,'female') for name in names.words('female.txt')]
         # 将 names 的所有元素随机排序
         random.shuffle(names)
         names
Out[37]:
[('Barr', 'male'), ('Bill', 'male'), ('Israel', 'male'),
 ('Kamila', 'female'), ('Berny', 'female'), ('Sean', 'female'),
 ('Claudetta', 'female'), ('Dita', 'female'), ...]
```

从输出结果中可以看出，names 序列中的人名不再是按照性别排序，而是随机排列的，因此每次输出的结果都是不一样的。

准备好样本数据以后，接下来是选取区分性别的特征。如何辨别一个人的名字是哪个性别呢？最简单的一种方式是根据最后两个字母进行判断，这种方式虽然并不是最为可靠的方式，但是可以作为性别区分的一种可能性特征。

定义一个选取特征的函数，接收一个人名，返回这个名字中最后两个字母。然后遍历 names 中的每个姓名和性别，将姓名的后两个字母与性别整合成一个特征集，具体代码如下。

```
In [38]: # 特征提取器
         def gender_features(word):
             # 特征就是最后一个字母和倒数第二个字母
             return {'最后一个字母':word[-1],'倒数第二个字母':word[-2]}
```

```
         features=[(gender_features(n),g) for (n,g) in names]
         features
Out[38]:
[({'最后一个字母': 'r', '倒数第二个字母': 'r'}, 'male'),
 ({'最后一个字母': 'l', '倒数第二个字母': 'l'}, 'male'),
 ({'最后一个字母': 'l', '倒数第二个字母': 'e'}, 'male'),
 ({'最后一个字母': 'o', '倒数第二个字母': 'd'}, 'male'),
 ({'最后一个字母': 'a', '倒数第二个字母': 't'}, 'female'),
 ({'最后一个字母': 'a', '倒数第二个字母': 'r'}, 'female'),
 ({'最后一个字母': 'e', '倒数第二个字母': 'n'}, 'female'),
 ({'最后一个字母': 'n', '倒数第二个字母': 'a'}, 'female'),
 ({'最后一个字母': 'a', '倒数第二个字母': 't'}, 'female'),
 ({'最后一个字母': 'a', '倒数第二个字母': 't'}, 'female'),
 ...]
```

应用模型算法对数据进行训练，以得出相应算法的模型，这里选择的是朴素贝叶斯算法，前面我们也有所介绍，它主要的原理是采用最大可能性进行结果的选取。

通常在数据收集时，会分成两部分，一部分用来训练，一部分用来测试，测试的数据用来得出模型的准确率。接下来，从特征数据集 features 中选取前 500 个数据作为训练集，再选择后 500 个数据作为测试集，具体代码如下。

```
In [39]: train, test=features[500:],features[:500]
         # 使用训练集训练模型
         classifier=nltk.NaiveBayesClassifier.train(train)
```

最后一步就是测试模型，进而判断选取的特征是不是合理，是不是有效，测试的代码如下。

```
In [41]: # 通过测试集来估计分类器的准确性
         nltk.classify.accuracy(classifier, test)
Out[41]: 0.778
In [43]: # 如果一个人的名字是 Ella，那么这个人是男还是女
         classifier.classify({'last_letter': 'Ella'})
Out[43]: 'female'
In [44]: # 检查分类器，找出最能够区分名字性别的特征值
         classifier.show_most_informative_features(5)
Out[44]:
Most Informative Features
    最后一个字母 = 'a'              female : male  =37.1 : 1.0
    最后一个字母 = 'k'              male : female=30.6 : 1.0
    最后一个字母 = 'f'              male : female=17.2 : 1.0
    最后一个字母 = 'p'              male : female=11.8 : 1.0
    最后一个字母 = 'v'              male : female=10.5 : 1.0
```

多学一招：TF-IDF 算法

如果某个词或短语在一篇文章中出现的频率很高，并且在其他文章中很少出现，则认为此词或者短语具有很好的类别区分能力，适合用来分类。通过计算词语的权重，可以找出文档中的关键词，从而确定分类的依据。常用的词语权重计算方法为 TF-IDF 算法。

TF-IDF 算法的公式如下：

$$TF-IDF=TF（词频）\times IDF（逆文档频率）$$

词频 TF 的计算公式如下：

$$TF=\frac{当前词在文档中出现的次数}{文档中词的总数}$$

逆文档频率 IDF 的计算公式如下：

$$TF=\log\left(\frac{总文档个数}{当前词出现的文档个数}\right)$$

例如，一个文档中一共有 100 个单词，其中单词 flower 出现的次数为 5，则 TF=5/100，结果为 0.05。样本中一共有 10 000 000 个文档，其中出现单词 flower 的文档有 1 000 个，则 IDF=log(10 000 000/1 000)，结果为 4。因此，flower 的 TF-IDF 值为：TF-IDF=TF×IDF=0.05×4=0.2。

TF-IDF 值越大，则说明这个词对这篇文章的区分度就越高，取 TF-IDF 值较大的几个词，就可以当做这篇文章的关键词。

nltk.text 模块中提供了 TextCollection 类来表示一组文本，它可以加载文本列表，或者包含一个或多个文本语料库，并且支持计数、协调、配置等，例如创建一个 TextCollection 实例，代码如下。

```
import nltk.corpus
from nltk.text import TextCollection
# 首先，把所有的文档放到 TextCollection 类中
# 这个类会自动断句，做统计，做计算
corpus=TextCollection(['this is sentence one',
                       'this is sentence two',
                       'this is sentence three'])
```

如果想知道某个单词在文本中的权重，则需要调用 tf_idf() 方法实现，该方法会返回一个 tf_idf 值，示例代码如下。

```
# 直接就能算出 tf_idf
corpus.tf_idf('this', 'this is sentence four')
# 返回结果为
0.019307862229086497
```

8.6 案例——商品评价分析

伴随着互联网的普及，电子商务获得了迅速地发展，国内市场中知名的电商平台有淘宝、天猫、京东等，这使得网络购物成为一种趋势。但是，大家在网购时都会担心这样的问题：实物的质量是否与商品描述相符。通常大家会参考已购用户的评价进行判断。接下来，本章将针对某宝网站中某卫衣的用户评价进行简单的分析，并使用词云渲染一些关键词。

8.6.1 案例需求

词云就是对网络文本中出现频率比较高的"关键词"予以视觉上的突出，形成关键词渲染，

从而过滤掉大量的文本信息，使得浏览网页的人一眼扫过文本就可以领略文本的主旨，具体如图 8-7 所示。

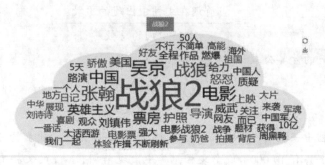

图 8-7　词云示例

本案例设计的目的在于，获取某网站中用户对某卫衣的评论，从这些评论文本中筛选出现频率较高的一些词语，并使用词云的方式进行展示，让有意向购买此商品的用户能够快速地了解到其他用户对该产品的感受，并为他们提供有效地参考依据。

8.6.2　数据准备

通过网络爬虫技术爬取某网站中某卫衣的评价信息，并保存到"商品评价信息 .csv"文件中，使用 Excel 工具打开后如图 8-8 所示。

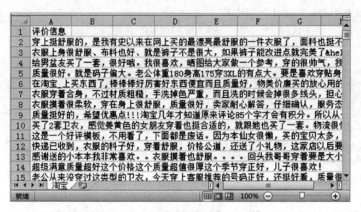

图 8-8　打开"商品评价信息 .csv"文件

在某宝平台的评价系统中，如果用户没有做出评价，会以"此用户未评价"的信息显示到评价板上，并且在交易完成的 15 天后系统自动默认给予卖家好评，所以，图 8-7 中可能会存在一些相同的评价、无意义的评价、未评价等文本，这类评价信息对我们后期的分析是没有任何意义的，所以需要将这些评价信息进行一些处理。

8.6.3　功能实现

使用 Pandas 中 read_csv() 函数读取"商品评价信息 .csv"文件，并转换成 DataFrame 对象进行展示，具体代码如下：

```
In [45]: import pandas as pd
         from nltk import FreqDist
         import jieba
         file_path=open(r'C:\Users\admin\Desktop\商品评价信息.csv')
         file_data=pd.read_csv(file_path)
         file_data
Out[45]:
                                                                        评价信息
0        穿上挺舒服的,是我有史以来在网上买的最漂亮最舒服的一件衣服了,面料也挺不错的...
1        衣服上身很舒服、布料也好、就是裤子不是很大,如果裤子能改进点就完美了;
2        给男朋友买了一套,很好哦。我很喜欢,晒图给大家做一个参考,穿得很帅气...
3        质量很好。就是码子偏大。老公体重180身高175穿3XL的有点大...
4        在淘宝_上买东西了,棒棒棒好厉害好东西便宜而且质量好,物美价廉买得放心用得开心...
...                              ...
1289     此用户没有填写评价。
1290     此用户没有填写评价。
1291     此用户没有填写评价。
1292     此用户没有填写评价。
1293     此用户没有填写评价。
[1294 rows x 1 columns]
```

从输出结果中可以看到,多条评价信息是没用的且重复的,所以,这里可以使用 pandas 中的 drop_duplicates() 方法删除重复的数据,具体代码如下:

```
In [46]: # 删除重复的评价
         file_data = file_data.drop_duplicates()
         file_data
Out[46]:
                                      评价信息
0        穿上挺舒服的,是我有史以来在网上买的最漂亮最舒服的一件衣服了,面料也挺不错的...
1        衣服上身很舒服、布料也好、就是裤子不是很大,如果裤子能改进点就完美了;
2        给男朋友买了一套,很好哦。我很喜欢,晒图给大家做一个参考,穿得很帅气...
3        质量很好。就是码子偏大。老公体重180身高175穿3XL的有点大...
4        在淘宝_上买东西了,棒棒棒好厉害好东西便宜而且质量好,物美价廉买得放心用得开心...
5        衣服穿着合身,不过材质粗糙,手洗掉色严重,而且洗的时候会掉很多线头...
...                              ...
1188     还好
1189     不错
1190     差
1198     呃呃
1203     大小合适,摸着比较薄,还送了我一个小本
[1087 rows x 1 columns]
```

通过比较两次输出的行数可以看到,后面输出的数据明显减少了 100 多行。

删除完重复的数据后,计算机仍然不能分析出这件商品的好坏,这主要是因为文本的信息量是比较庞大的,我们需要对这些文本进行分词等预处理操作,以便统计词频。

前期采集的评价文本大多是中文的,使用 NLTK 库处理中文又比较麻烦,因此,这里换成用 jieba 分词工具对评价文本进行前期处理,不过需要保证数据是字符串类型的。在这里,我们可以通过 lcut() 函数进行分词,该函数需要接收两个参数,第一个参数表示需要分词的字符串,cut_all 参数用来控制是否采用全模式分词,这里采用精确模式即可,具体代码如下:

```
In [48]:  # 使用精确模式划分中文句子
          cut_words=jieba.lcut(str(file_data['评价信息'].values),
                      cut_all=False)
          cut_words
Out[48]:
['[', "'", '穿', '上', '挺舒服', '的', ',', '是', '我', '有史以来', '在',
 '网上', '买', '的', '最', '漂亮', '最舒服', '的', '一件', '衣服', '了', ',',
 ·················部分省略·················
 '面料', '摸', '着', '比较', '薄', ',', '还', '送', '了', '我', '一个', '小',
 '本', "'", ']']
```

从输出的列表中可以看出，分词的结果中有很多诸如"了""一个""是"等字或词，它们对于分析用户的评价是没有意义的，需要参考中文停用词表，将这些没有无意义的词进行删除。

注意：由于中文的复杂性，大多数停用词表中的停用词并不是十分的齐全，所以，这里我们针对本案例中的文本稍微进行了一些调整，并整合到了"停用词表 .txt"文件中。

这里，可以使用准备好的停用词表进行过滤，具体的做法就是遍历分词后的结果，如果某个词或字在停用词表中出现，就直接删除，否则就保留下来，具体代码如下：

```
In [49]:  # 加载停用词表
          file_path=open(r'C:\Users\admin\Desktop\停用词表 .txt',
                      encoding='utf-8')
          stop_words=file_path.read()
          # 删除停用词
          # 新建一个空列表，用于存储删除停用词后的数据
          new_data=[]
          for word in cut_words:
              if word not in stop_words:
                  new_data.append(word)
          new_data
Out[49]:
['挺舒服', '有史以来', '网上', '买', '漂亮', '最舒服', '衣服', '面料', '挺不错',
 '建议', '喜欢', '立即', '购买', '衣服', '上身', '舒服', '布料', '裤子', '很大',
 '裤子', '改进', '完美', '男盆友', '买', '喜欢', '晒图', '做', '参考', '帅气',
 '满意', '图案', '个性', '比较', '符合', '气质', '感觉', '物美价廉', '棒棒',
 '衣服', '穿着', '舒适', '掉色', '不会', '闷', '质量', '不错', '适合', '运动',
 '男朋友', '简直', '开心', '还会来', '回购', '不够', '差', '大小', '合适', '摸',
 '比较', '薄', '送']
```

在删除停用词之后，从输出的结果中可以大致看出评价的特征信息，不过后期还是需要统计这些词语出现的次数，才能进一步知晓用户对商品的喜恶。

如果希望获得每个词语出现的次数，则可以使用 NLTK 库中的 FreqDist 类进行词频统计，具体代码如下：

```
In [50]:  # 词频统计
          freq_list=FreqDist(new_data)
          # 返回词语列表
          most_common_words=freq_list.most_common()
          most_common_words
Out[50]:
[('衣服', 3), ('买', 2), ('喜欢', 2), ('裤子', 2), ('比较', 2), ('挺舒服', 1),
 ('有史以来', 1), ('网上', 1), ('漂亮', 1), ('最舒服', 1), ('面料', 1),
```

```
('挺不', 1), ('建议', 1), ('立即', 1), ('购买', 1), ('上身', 1), ('舒服', 1),
('布料', 1), ('很大', 1), ('改进', 1), ('完美', 1), ('男盆友', 1), ('晒图', 1),
('做', 1), ('参考', 1), ('帅气', 1), ('满意', 1), ('图案', 1), ('个性', 1),
('符合', 1), ('气质', 1), ('感觉', 1), ('物美价廉', 1), ('棒棒', 1), ('穿着', 1),
('舒适', 1), ('掉色', 1), ('不会', 1),('闷', 1), ('质量', 1), ('不错', 1),
('适合', 1), ('运动', 1), ('男朋友', 1), ('简直', 1), ('开心', 1), ('还会来', 1),
('回购', 1), ('不够', 1), ('差', 1), ('大小', 1), ('合适', 1), ('摸', 1),
('薄', 1), ('送', 1)]
```

从返回的统计词频中，可以很直接地找到具有代表性的词语，比如"衣服""喜欢""挺舒服"等。

根据上述用户评价的特征信息，可以使用 wordcloud 模块进行词云展示，wordcloud 模块会将出现频率高的词语进行放大显示，而出现频率较低的词语进行缩小显示。要想使用 wordcloud 模块，则需要在终端中使用 pip 命令进行安装，具体命令如下：

```
pip install wordcloud
```

wordcloud 模块安装完成之后，将分词后的结果 new_data 使用 wordcloud 进行展示，具体代码如下：

```
In [52]:  # 导入所需要使用的包
          from matplotlib import pyplot as plt
          from wordcloud import WordCloud
          # 词云显示
          font=r'C:\Windows\Fonts\STXINGKA.TTF'      # 华文行楷
          wc=WordCloud(font_path=font, background_color='white',
                       width = 1000, height=800).generate(
                       " ".join(new_data))
          plt.imshow(wc)                              # 用 plt 显示图片
          plt.axis('off')                             # 不显示坐标轴
          plt.show()                                  # 显示图片
```

运行结果如图 8-9 所示。

图 8-9　运行结果

从图 8-9 中可以看出，"衣服""比较""喜欢""挺舒服"这几个词是最为突出的，这表明用户对商品是比较满意的。

小　结

本章主要介绍了文本分析的相关知识，具体包括文本分析工具的安装及基本使用、文本预处理、文本情感分析、文本相似度和文本分类，最后结合所学的知识开发了一个商品评价分析的案例。希望大家通过对本章的学习，可以理解文本数据分析的原理，以便后续能基于机器学习更深入地去探索。

习　题

一、填空题

1. 常见的情感极性分析方法主要有_____和_____方法。

2. 文本相似度的检测是根据_____公式进行检测。

3. 余弦相似度与向量的幅值_____，与向量的方向_____。

4. 文本分类属于_____的机器学习。

5. 文本分类的步骤包括_____、_____、_____、_____。

二、判断题

1. 导入的文本数据不需要任何处理就可以进行分析。　　　　　　　　　　（　　）

2. 文本分词的目的在于使用单词来表示文本特征。　　　　　　　　　　（　　）

3. 可以在停用词表中随意添加停用词。　　　　　　　　　　　　　　　（　　）

4. 词干提取和词性还原的目的是相同的。　　　　　　　　　　　　　　（　　）

5. jieba 分词只能用于中文分词。　　　　　　　　　　　　　　　　　（　　）

三、选择题

1. 下列选项中，关于 nltk 库的描述不正确的是（　　　）。

　　A. nltk 擅长处理英文文本

　　B. nltk 包括分词、词性标注、命名实体识别及句法分析等

　　C. nltk 是一个免费的、开源的、社区驱动的项目

　　D. nltk 库只能处理英文文本

2. 根据中文的特点以下不属于分词算法的是（　　　）。

　　A. 基于规则的分词方法　　　　　　　B. 基于统计的分词方法

　　C. 基于理解的分词方法　　　　　　　D. 基于动态的分词方法

3. 下列选项中，不属于 jieba 分词模式的是（　　　）。

　　A. 精确模式　　　　　　　　　　　　B. 全模式

　　C. 搜索引擎模式　　　　　　　　　　D. 繁体分词模式

4. 阅读下面一段程序：

```
from nltk.corpus import stopwords
import nltk
sentence='Life is short,you need Python.'
```

```
words=nltk.word_tokenize(sentence)
stop_words=stopwords.words('english')
remain_words=[]
for word in words:
    if word not in stop_words:
        remain_words.append(word)
print(remain_words)
```

执行上述程序，最终输出的结果为（　　　）。

    A.　['Life', 'short', ',', 'need', 'Python', '.']　　　B.　['Life', 'short', 'need', 'Python',]

    C.　['Life', 'is', 'short', ',', 'need', 'Python', '.']　　D.　['Life', 'short', ',', 'you' ,'need', 'Python', '.']

5.　阅读下面一段程序：

```
import jieba
sentence=' 人生苦短，我用 Pyhton'
terms_list=jieba.cut(sentence, cut_all=True)
print(' '.join(terms_list))
```

执行上述程序，最终输出的结果为（　　　）。

    A.　人生苦短　我用 Pyhton　　　　　　B.　人生苦短　我用 Pyhton

    C.　人生苦短　我用 Pyhton　　　　　　D.　人生苦短　我用 Pyhton

四、简答题

1.　什么是文本分析？

2.　请简述常用的文本情感分析方法。

3.　请简述检测文本相似度的流程。

8

第9章

数据分析实战——
北京租房数据统计分析

学习目标

- ◆ 掌握 Pandas 的读写操作。
- ◆ 会使用预处理技术过滤数据。
- ◆ 会使用 Matplotlib 库绘制各种图表。
- ◆ 了解百度地图 API 的使用。
- ◆ 会基于数据进行独立分析。

近年来随着经济的快速发展,一线城市的资源和就业机会吸引了很多外来人口,使其逐渐成为人口密集的城市之一。据统计,2017 年某城市常住外来人口已经达到了 2170.7 万人,其中绝大多数人是以租房的形式解决居住问题。

本章将租房网站上北京地区的租房数据作为参考,运用前面所学到的数据分析知识,带领大家一起来分析真实数据,并以图表的形式得到以下统计指标:

(1)统计每个区域的房源总数量,并使用热力图分析房源位置分布情况。

(2)使用条形图分析哪种户型的数量最多、更受欢迎。

(3)统计每个区域的平均租金,并结合柱状图和折线图分析各区域的房源数量和租金情况。

(4)统计面积区间的市场占有率,并使用饼图绘制各区间所占的比例。

9.1　数据来源

目前网络上有很多的租房平台,比如自如、爱屋吉屋、房天下、链家等,其中,链家是目前市场占有率最高的公司，通过链家平台可以便捷且全面地提供可靠的房源信息。访问 https://bj.lianjia.com/zufang/rs/ 地址打开链家官网的租房信息，如图 9-1 所示。

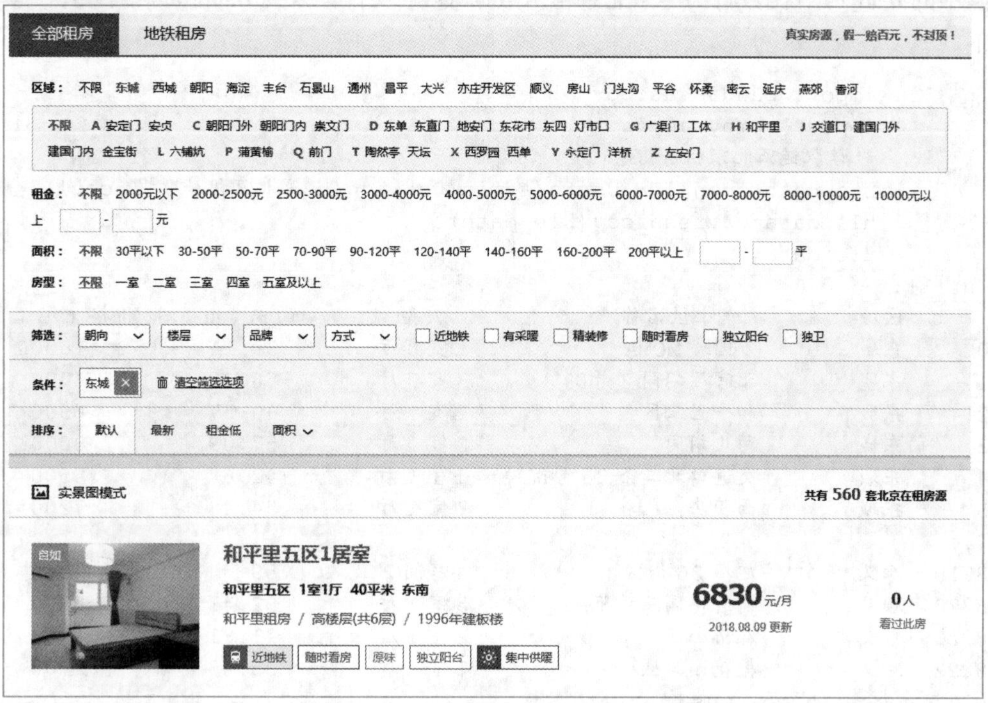

图 9-1　链家租房首页

通过网络爬虫技术，爬取链家网站中列出的租房信息（爬取结束时间为 2018 年 9 月 10 日），具体包括所属区域、小区名称、房屋价格、房屋面积、户型。需要说明的是，链家官网上并没有提供平谷、怀柔、密云、延庆等偏远地区的租房数据，所以本案例的分析不会涉及这四个地区。

将爬到的数据下载到本地，并保存在"链家北京租房数据 .csv"文件中，打开该文件后可以看到里面有很多条（本案例爬取的数据共计 8 224 条）信息，具体如图 9-2 所示。

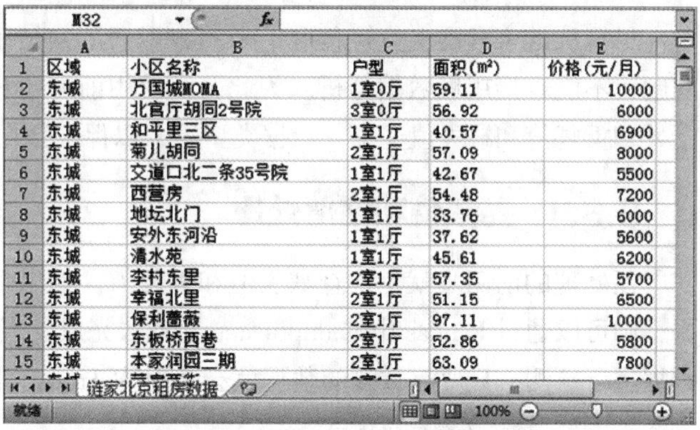

图 9-2　北京地区租房数据

9.2　数据读取

准备好数据后，我们便可以使用 Pandas 读取保存在 CSV 文件的数据，并将其转换成

DataFrame 对象展示，便于后续操作这些数据。

首先，使用 Jupyter Notebook 工具新建一个笔记本，取名为 "BJRent_info"，然后使用 Pandas 中的 read_csv() 函数将 "链家北京租房数据 .csv" 文件读入到 DataFrame 对象中，具体代码如下。

```
In [1]: import pandas as pd
        import numpy as np
        # 读取链家北京租房信息
        file_path=open('C:/Users/admin/Desktop/ 链家北京租房数据 .csv')
        file_data=pd.read_csv(file_path)
        file_data
Out[1]:
          区域         小区名称              户型        面积（㎡）    价格（元／月）
    0     东城     万国城 MOMA           1 室 0 厅      59.11      10000
    1     东城     北官厅胡同 2 号院         3 室 0 厅      56.92      6000
    2     东城     和平里三区            1 室 1 厅      40.57      6900
    3     东城     菊儿胡同             2 室 1 厅      57.09      8000
    4     东城     交道口北二条 35 号院     1 室 1 厅      42.67      5500
    5     东城     西营房             2 室 1 厅      54.48      7200
   ...    ...       ...             ...        ...        ...
  8219    顺义     旭辉 26 街区          4 房间 2 卫     59         5000
  8220    顺义     前进花园玉兰苑         3 室 1 厅      92.41      5800
  8221    顺义     双裕小区            2 室 1 厅      71.81      4200
  8222    顺义     樱花园二区           1 室 1 厅      35.43      2700
8223 rows × 5 columns
```

9.3　数据预处理

尽管从链家官网上直接爬取下来的数据大部分是比较规整的，但或多或少还是会存在一些问题，不能直接用做数据分析。为此，在使用前需要对这些数据进行一系列的检测与处理，包括处理重复值和缺失值、统一数据类型等，以保证数据具有更高的可用性。

9.3.1　重复值和空值处理

预处理的前两步就是检查缺失值和重复值。如果希望检查准备的数据中是否存在重复的数据，则可以通过 Pandas 中的 duplicated () 方法完成。接下来，通过 duplicated () 方法对北京租房数据进行检测，只要有重复的数据就会映射为 True，具体代码如下。

```
In [2]: # 重复数据检测
        file_data.duplicated()
Out[2]:
0        False
1        False
2        False
3        False
4        False
5        False
```

```
6         False
          ...
8193      False
8194      True
8195      True
8196      True
8197      True
8198      True
8199      True
          ...
8222      False
Length: 8223, dtype: bool
```

由于数据量相对较多,所以在 Jupyter NoteBook 工具中有一部分数据会省略显示,但是从输出结果中仍然可以看到有多条返回结果为 True 的数据,这表明有重复的数据。

这里,处理重复数据的方式是将其删除。接下来,使用 drop_duplicates() 方法直接删除重复的数据,具体代码如下。

```
In [3]:  # 删除重复数据,并对 file_data 重新赋值
         file_data=file_data.drop_duplicates()
         file_data
Out[3]:
```

	区域	小区名称	户型	面积(㎡）	价格(元/月）
0	东城	万国城 MOMA	1 室 0 厅	59.11	10000
1	东城	北官厅胡同 2 号院	3 室 0 厅	56.92	6000
2	东城	和平里三区	1 室 1 厅	40.57	6900
3	东城	菊儿胡同	2 室 1 厅	57.09	8000
4	东城	交道口北二条 35 号院	1 室 1 厅	42.67	5500
5	东城	西营房	2 室 1 厅	54.48	7200
6	东城	地坛北门	1 室 1 厅	33.76	6000
7	东城	安外东河沿	1 室 1 厅	37.62	5600
8	东城	清水苑	1 室 1 厅	45.61	6200
...	..	...	...	...	...
8215	顺义	恒华安纳湖	2 室 1 厅	90.43	3500
8216	顺义	石园北区	2 室 2 厅	90.67	3700
8217	顺义	江山赋	3 室 2 厅	146.92	17000
8218	顺义	怡馨家园	3 室 1 厅	114.03	5500
8219	顺义	旭辉 26 街区	4 房间 2 卫	59	5000
8220	顺义	前进花园玉兰苑	3 室 1 厅	92.41	5800
8221	顺义	双裕小区	2 室 1 厅	71.81	4200
8222	顺义	樱花园二区	1 室 1 厅	35.43	2700

5773 rows x 5 columns

与上一次输出的行数相比,可以很明显地看到减少了很多条数据,只剩下了 5 773 条数据。

对数据重复检测完成之后,便可以检测数据中是否存在缺失值,我们可以直接使用 dropna() 方法检测并删除缺失的数据,具体代码如下。

```
In [4]:  # 删除缺失数据,并对 file_data 重新赋值
         file_data=file_data.dropna()
         file_data
```

```
Out[4]:
        区域        小区名称              户型            面积（㎡）       价格（元/月）
0       东城        万国城 MOMA          1 室 0 厅       59.11        10000
1       东城        北官厅胡同 2 号院     3 室 0 厅       56.92        6000
2       东城        和平里三区           1 室 1 厅       40.57        6900
3       东城        菊儿胡同             2 室 1 厅       57.09        8000
4       东城        交道口北二条 35 号院  1 室 1 厅       42.67        5500
5       东城        西营房              2 室 1 厅       54.48        7200
6       东城        地坛北门             1 室 1 厅       33.76        6000
7       东城        安外东河沿           1 室 1 厅       37.62        5600
8       东城        清水苑              1 室 1 厅       45.61        6200
...     ..        ...                ...            ...          ...
8215    顺义        恒华安纳湖           2 室 1 厅       90.43        3500
8216    顺义        石园北区            2 室 2 厅       90.67        3700
8217    顺义        江山赋             3 室 2 厅       146.92       17000
8218    顺义        怡馨家园           3 室 1 厅       114.03       5500
8219    顺义        旭辉 26 街区        4 房间 2 卫      59           5000
8220    顺义        前进花园玉兰苑       3 室 1 厅       92.41        5800
8221    顺义        双裕小区           2 室 1 厅       71.81        4200
8222    顺义        樱花园二区          1 室 1 厅       35.43        2700
5773 rows x 5 columns
```

经过缺失数据检测之后，可以发现当前数据的总行数与之前相比没有发生任何变化。因此，我们断定准备好的数据中并不存在缺失的数据。

9.3.2 数据转换类型

在这套租房数据中，"面积（㎡）"一列的数据里面有中文字符，说明这一列数据都是字符串类型的。为了方便后续对面积数据进行数学运算，所以需要将"面积（㎡）"一列的数据类型转换为 float 类型，具体代码如下。

```
In [5]: # 创建一个空数组
        data_new=np.array([])
        # 取出"面积"一列数据，将每个数据末尾的中文字符去除
        data=file_data['面积（㎡）'].values
        for i in data:
            data_new=np.append(data_new, np.array(i[:-2]))
        # 通过 astype() 方法将 str 类型转换为 float64 类型
        data=data_new.astype(np.float64)
        # 用新的数据替换
        file_data.loc[:,'面积（㎡）']=data
        file_data
Out[5]:
        区域        小区名称              户型            面积（㎡）       价格（元/月）
0       东城        万国城 MOMA          1 室 0 厅       59.11        10000
1       东城        北官厅胡同 2 号院     3 室 0 厅       56.92        6000
2       东城        和平里三区           1 室 1 厅       40.57        6900
3       东城        菊儿胡同             2 室 1 厅       57.09        8000
4       东城        交道口北二条 35 号院  1 室 1 厅       42.67        5500
5       东城        西营房              2 室 1 厅       54.48        7200
```

6	东城	地坛北门	1室1厅	33.76	6000
...	..	...	...	...	...
8217	顺义	江山赋	3室2厅	146.92	17000
8218	顺义	怡馨家园	3室1厅	114.03	5500
8219	顺义	旭辉26街区	4房间2卫	59.00	5000
8220	顺义	前进花园玉兰苑	3室1厅	92.41	5800
8221	顺义	双裕小区	2室1厅	71.81	4200
8222	顺义	樱花园二区	1室1厅	35.43	2700

[5773 rows x 5 columns]

除此之外，在"户型"一列中，大部分数据显示的是"*室*厅"，只有个别数据显示的是"*房间*卫"（比如索引8219对应的一行）。为了方便后期的使用，需要将"房间"替换成"室"，以保证数据的一致性。

接下来，使用 Pandas 的 replace() 方法完成替换数据的操作，具体代码如下。

```
In [6]: # 获取"户型"一列数据
        housetype_data=file_data[' 户型 ']
        temp_list=[]
        # 通过 replace() 方法进行替换
        for i in housetype_data:
            new_info=i.replace(' 房间 ',' 室 ')
            temp_list.append(new_info)
        file_data.loc[:,' 户型 ']=temp_list
        file_data
Out[6]:
```

	区域	小区名称	户型	面积（㎡）	价格（元/月）
0	东城	万国城MOMA	1室0厅	59.11	10000
1	东城	北官厅胡同2号院	3室0厅	56.92	6000
2	东城	和平里三区	1室1厅	40.57	6900
3	东城	菊儿胡同	2室1厅	57.09	8000
4	东城	交道口北二条35号院	1室1厅	42.67	5500
5	东城	西营房	2室1厅	54.48	7200
...	..	...	...	...	..
8218	顺义	怡馨家园	3室1厅	114.03	5500
8219	顺义	旭辉26街区	4室2卫	59.00	5000
8220	顺义	前进花园玉兰苑	3室1厅	92.41	5800
8221	顺义	双裕小区	2室1厅	71.81	4200
8222	顺义	樱花园二区	1室1厅	35.43	2700

[5773 rows x 5 columns]

通过比较处理前与处理后的数据可以发现，索引为8219的户型数据已经由"4房间2卫"变成"4室2卫"，说明数据替换成功。

9.4　图表分析

数据经过预处理以后，便可以用它们来做分析了，为了能够更加直观地看到数据的变化，这里，我们采用图表的方式来辅助分析。

9.4.1 房源数量、位置分布分析

如果希望统计各个区域的房源数量，以及查看这些房屋的分布情况，则需要先获取各个区域的房源。为了实现这个需求，可以将整个数据按照"区域"一列进行分组。

为了能够准确地看到各区域的房源数量，这里只需要展示"区域"与"数量"这两列的数据即可。因此，先创建一个空的 DataFrame 对象，然后再将各个区域计算的总数量作为该对象的数据进行展示，具体代码如下。

```
In [7]: # 创建一个 DataFrame 对象，该对象只有两列数据：区域和数量
        new_df=pd.DataFrame({'区域':file_data['区域'].unique(),
                             '数量':[0]*13})
        new_df
Out[7]:
            区域      数量
0          东城       0
1          丰台       0
2        亦庄开发区      0
3          大兴       0
4          房山       0
5          昌平       0
6          朝阳       0
7          海淀       0
8         石景山       0
9          西城       0
10         通州       0
11        门头沟       0
12         顺义       0
```

接下来，通过 Pandas 的 groupby() 方法将 file_data 对象按照"区域"一列进行分组，并利用 count() 方法统计每个分组的数量，具体代码如下。

```
In [8]: # 按"区域"列将 file_data 进行分组，并统计每个分组的数量
        groupy_area=file_data.groupby(by='区域').count()
        new_df['数量']=groupy_area.values
        new_df
Out[8]:
            区域      数量
0          东城      282
1          丰台      577
2        亦庄开发区     147
3          大兴      362
4          房山      180
5          昌平      347
6          朝阳     1597
7          海淀      605
8         石景山      175
9          西城      442
10         通州      477
11        门头沟      285
12         顺义      297
```

通过 sort_values() 方法对 new_df 对象排序，按照从大到小的顺序进行排列，具体代码如下。

```
In [9]: # 按"数量"一列从大到小排列
        new_df.sort_values(by=[' 数量 '], ascending=False)
Out[9]:
              区域      数量
      6        朝阳     1597
      7        海淀      605
      1        丰台      577
      10       通州      477
      9        西城      442
      3        大兴      362
      5        昌平      347
      12       顺义      297
      11      门头沟      285
      0        东城      282
      4        房山      180
      8       石景山      175
      2      亦庄开发区     147
```

通过输出的排序结果可以看出，房源数量位于前三的区域分别是朝阳区、海淀区、丰台区。

接下来，结合百度热力图（以特殊高亮的形式显示该地区房源数量）采用图形化的方式来展示各区域房源数量的具体分布。

首先打开 http://lbsyun.baidu.com/ 进入百度地图开放平台，注册并登录账号（若已经申请百度账号，可直接登录）。滚动至首页底部可以看到"申请密钥"按钮，并提示用于注册成为开发者，如图 9-3 所示。

图 9-3 百度地图开放平台首页（底部）

单击"申请密钥"跳转到注册开发者的详细页面。在打开的详情页中，按要求填写开发者的信息，并激活开发者邮件，完成后会跳转到激活成功的页面，具体如图 9-4 所示。

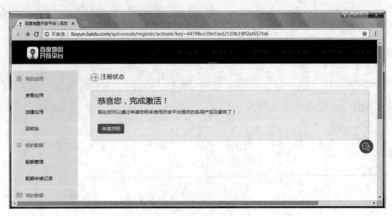

图 9-4　激活成功

单击图 9-4 中的"申请密钥"按钮，进入创建应用的页面，如图 9-5 所示。在当前页面中，可以填写应用的名称为"租房分析"，选择应用类型为"服务端"，并设置 IP 白名单为"0.0.0.0/0"。

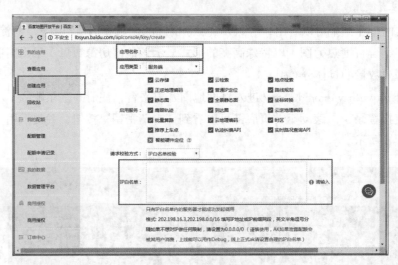

图 9-5　创建应用

填写完成后进行提交，会切换到"查看应用"的页面，该页面中显示了刚刚创建的应用信息，以及申请的 AK 码，如图 9-6 所示。

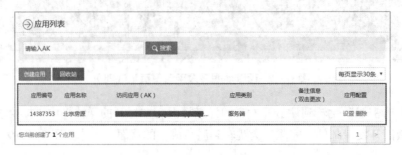

图 9-6　查看应用列表

至此，我们便可以用这个 AK 码来访问应用。

由于使用地图时需要定位房源的位置，获取小区准确的经纬度，所以我们可以将"区域"和"小区名称"这两列数据进行拼接，并作为新增列"位置"对应的数据，具体代码如下。

```
In [10]: # 增加位置一列
         file_data['位置'] = '北京市'+file_data['区域'].values +'区' +
                          file_data['小区名称'].values
         file_data
Out[10]:
   区域      小区名称       户型   面积（㎡） 价格（元/月）         位置
0  东城     万国城 MOMA   1室0厅   59.11   10000      北京市东城区万国城 MOMA
1  东城    北官厅胡同2号院   3室0厅   56.92    6000      北京市东城区北官厅胡同2号院
2  东城      和平里三区   1室1厅   40.57    6900        北京市东城区和平里三区
3  东城       菊儿胡同   2室1厅   57.09    8000         北京市东城区菊儿胡同
4  东城  交道口北二条35号院 1室1厅   42.67    5500   北京市东城区交道口北二条35号院
5  东城       西营房   2室1厅   54.48    7200         北京市东城区西营房
...  ..                ...     ...      ...
8218 顺义     怡馨家园   3室1厅  114.03    5500        北京市顺义区怡馨家园
8219 顺义   旭辉26街区   4室2卫   59.00    5000      北京市顺义区旭辉26街区
8220 顺义  前进花园玉兰苑   3室1厅   92.41    5800     北京市顺义区前进花园玉兰苑
8221 顺义     双裕小区   2室1厅   71.81    4200        北京市顺义区双裕小区
8222 顺义    樱花园二区   1室1厅   35.43    2700       北京市顺义区樱花园二区
 [5773 rows x 6 columns]
```

有了位置信息以后，接下来要如何将这些信息绘制到地图上呢？官方网站上已经给出了示例，可以按照"开发文档"→"Web 开发"→"JavaScript API"→"示例 DEMO>>"→"覆盖物示例"→"添加热力图"进行学习。这里，我们先将房源的经纬度信息保存到一个本地文件中，具体代码如下。

```
In [11]:
# coding=utf-8
import requests
import pandas as pd
import time
import json
class LngLat:
    # 获取位置一列的数据
    def get_data(self):
        house_names=file_data['位置']
        house_names=house_names.tolist()
        return house_names
    def get_url(self):
        url_temp="http://api.map.baidu.com/geocoder/v2/?address={}\
                "&output=json"\
                "&ak=申请的 AK 码"\
                "&callback=showLocation"
        house_names=self.get_data()
        return [url_temp.format(i) for i in house_names]
    # 发送请求
    def parse_url(self, url):
```

```
            while 1:
                try:
                    r=requests.get(url)
                except requests.exceptions.ConnectionError:
                    time.sleep(2)
                    continue
                return r.content.decode('UTF-8')
        def run(self):
            li=[]
            urls=self.get_url()
            for url in urls:
                data=self.parse_url(url)
                str=data.split("{")[-1].split("}")[0]
                try:
                    lng=float(str.split(",")[0].split(":")[1])
                    lat=float(str.split(",")[1].split(":")[1])
                except ValueError:
                    continue
                # 构建字典
                dict_data=dict(lng=lng, lat=lat, count=1)
                li.append(dict_data)
            f=open(r'C:\Users\admin\Desktop\ 经纬度信息 .txt', 'w')
            f.write(json.dumps(li))
            f.close()
            print(' 正在写入 ...')
            print(' 写入成功 ')
    if __name__=='__main__':
        execute=LngLat()
        execute.run()
```

此时，在保存的路径下可以看到写入的"经纬度信息 .txt"文件。注意，在编写代码时，需要将上述"申请的 AK 码"的标注替换成自己申请的 AK 码。

然后，参照百度地图提供的热力图示例，复制一份至 txt 记事本中，并按照自己的需求进行修改，改后的源码如下。

```
<!DOCTYPE html>
<html>
<head>
    <meta http-equiv="Content-Type" content="text/html; charset=utf-8" />
    <meta name="viewport" content="initial-scale=1.0, user-scalable=no" />
    <script type="text/javascript"\
    src="http://api.map.baidu.com/api?\ v=2.0&ak=ak值">
    </script>
    <script type="text/javascript"\
    src="http://api.map.baidu.com/library/Heatmap/2.0/src/Heatmap_min.js">
    </script>
    <script src="https://code.jquery.com/jquery-3.3.1.min.js"></script>
    <title>热力图功能展示 </title>
    <style type="text/css">
        ul,
```

```
        li {
            list-style: none;
            margin: 0;
            padding: 0;
            float: left;
        }
        html {
            height: 100%
        }
        body {
            height: 100%;
            margin: 0px;
            padding: 0px;
            font-family: " 微软雅黑 ";
        }
        #container {
            height: 800px;
            width: 100%;
        }
        #r-result {
            width: 100%;
        }
    </style>
</head>

<body>
    <div id="container"></div>
    <div id="r-result">
        上传文件 :  <input type="file" name="file" multiple id="fileId" />
        <button type="submit" name="btn" value=" 提交 " \
        id="btn1" onclick="check()"> 提交 </button>
        <input type="button" onclick="openHeatmap();" value=" 显示热力图 " />
        <input type="button" onclick="closeHeatmap();"value=" 关闭热力图 " />
    </div>
</body>
</html>
<script type="text/javascript">
    var points=[];
    function check() {
        var objFile=document.getElementById("fileId");
        if (objFile.value=="") {
            alert(" 不能空 ")
        }
        var files=$('#fileId').prop('files'); // 获取到文件列表
        console.log(files.length);
        if (files.length==0) {
            alert(' 请选择文件 ');
        } else {
            for (var i=0; f=files[i]; i++) {
                var reader=new FileReader(); // 新建一个 FileReader
```

```
                    reader.readAsText(files[i], "UTF-8"); // 读取文件
                    reader.onload=function (evt) { // 读取完文件之后会回来这里
                        points=jQuery.parseJSON(evt.target.result);
                    }
                }
            }
        }
        var map=new BMap.Map("container");              // 创建地图实例
        var point=new BMap.Point(116.418261, 39.921984);
        // 初始化地图，设置中心点坐标和地图级别
        map.centerAndZoom(point, 12);
        map.enableScrollWheelZoom(); // 允许滚轮缩放
        if (!isSupportCanvas()) {
            alert(' 热力图目前只支持有 canvas 支持的浏览器，您所使用的浏览器，\
                                    不能使用热力图功能~')
        }
        heatmapOverlay=new BMapLib.HeatmapOverlay({ "radius": 20 });
        map.addOverlay(heatmapOverlay);
        heatmapOverlay.setDataSet({ data: points, max: 15 });
        // 是否显示热力图
        function openHeatmap() {
            heatmapOverlay.setDataSet({ data: points, max: 15 });
            heatmapOverlay.show();
        }
        function closeHeatmap() {
            heatmapOverlay.hide();
        }
        closeHeatmap();
        function setGradient() {
            var gradient={};
            var colors=document.querySelectorAll("input[type='color']");
            colors=[].slice.call(colors, 0);
            colors.forEach(function (ele) {
                gradient[ele.getAttribute("data-key")] = ele.value;
            });
            heatmapOverlay.setOptions({ "gradient": gradient });
        }
        // 判断浏览区是否支持 canvas
        function isSupportCanvas() {
            var elem = document.createElement('canvas');
            return !!(elem.getContext && elem.getContext('2d'));
        }
    </script>
```

将上述源码文件另存为 HTML 网页格式，此时生成了一个热力图的 HTML 网页，双击打开后如图 9-7 所示。

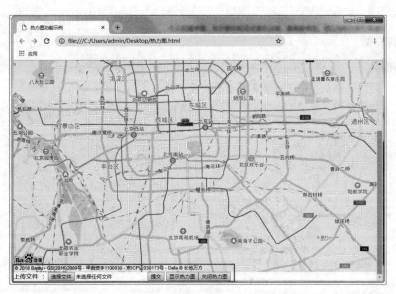

图 9-7 html 页面

接下来, 单击图 9-7 中的"选择文件"按钮, 找到刚才保存的"经纬度信息 .txt"文件, 单击"提交"按钮, 再单击"显示热力图"按钮即可生成如图 9-8 所示的房源分布热力图。

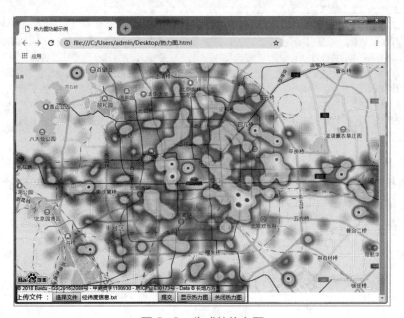

图 9-8 生成的热力图

到这里, 我们通过读取经纬度信息生成了热力图。在热力图中, 颜色越深 (接近红色) 的区域代表房源数量越多, 颜色越浅 (接近蓝色) 的区域代表房源数量越少。

9.4.2 户型数量分析

随着人们生活水平的提高, 以及各住户的生活需求, 开发商设计出了各种各样的户型供人们居住。接下来，我们来分析一下户型，统计租房市场中哪种户型的房源数量偏多，并筛选出数量大于 50 的户型。

首先，我们定义一个函数来计算各种户型的数量，具体代码如下。

```
In [12]: # 定义函数，用于计算各户型的数量
         def all_house(arr):
             arr=np.array(arr)
             key=np.unique(arr)
             result={}
             for k in key:
                 mask=(arr==k)
                 arr_new=arr[mask]
                 v=arr_new.size
                 result[k]=v
             return result
         # 获取户型数据
         house_array=file_data['户型']
         house_info=all_house(house_array)
         house_info
Out[12]:
{'0室0厅': 1,'1室0卫': 10,'1室0厅': 244,'1室1卫': 126,'1室1厅': 844,
 '1室2厅': 13,'2室0卫': 1,'2室0厅': 23,'2室1卫': 120,'2室1厅': 2249,
 '2室2卫': 22,'2室2厅': 265,'2室3厅': 1,'3室0卫': 3,'3室0厅': 12,
 '3室1卫': 92,'3室1厅': 766,'3室2卫': 48,'3室2厅': 489,'3室3卫': 1,
 '3室3厅': 10,'4室1卫': 15,'4室1厅': 58,'4室2卫': 24,'4室2厅': 191,
 '4室3卫': 5,'4室3厅': 9,'4室5厅': 2,'5室0卫': 1,'5室0厅': 1,'5室1卫': 3,
 '5室1厅': 7,'5室2卫': 7,'5室2厅': 49,'5室3卫': 3,'5室3厅': 24,
 '5室4厅': 1,'5室5厅': 1,'6室0厅': 1,'6室1卫': 1,'6室1厅': 1,
 '6室2厅': 5,'6室3卫': 2,'6室3厅': 6,'6室4卫': 2,'7室1厅': 1,
 '7室2厅': 2,'7室3厅': 3,'7室4厅': 1,'8室4厅': 2,'9室1厅': 2,
 '9室2厅': 1,'9室5厅': 2}
```

程序输出了一个字典，其中，字典的键表示户型的种类，值表示该户型的数量。

使用字典推导式将户型数量大于 50 的元素筛选出来，并将筛选后的结果转换成 DataFrame 对象，具体代码如下。

```
In [13]: # 使用字典推导式
         house_type=dict((key, value) for key, value
                         in house_info.items() if value > 50)
         show_houses=pd.DataFrame({'户型':[x for x in house_type.keys()],
                         '数量':[x for x in house_type.values()]})
         show_houses
Out[13]:
       户型     数量
0    1室0厅     244
1    1室1卫     126
2    1室1厅     844
3    2室1卫     120
4    2室1厅     2249
5    2室2厅     265
```

```
6    3室1卫     92
7    3室1厅    766
8    3室2厅    489
9    4室1厅     58
```

为了能够更直观地看到户型数量间的差异，我们可以使用条形图进行展示，其中，条形图的纵轴坐标代表户型种类，横坐标代表数量，具体代码如下。

```
In [14]: import matplotlib.pyplot as plt
         import matplotlib
         matplotlib.rcParams['font.sans-serif']=['SimHei']
         matplotlib.rcParams['axes.unicode_minus']=False
         house_type=show_houses[' 户型 ']
         house_type_num=show_houses[' 数量 ']
         plt.barh(range(11), house_type_num, height=0.7,
                 color='steelblue', alpha=0.8)
         plt.yticks(range(11), house_type)
         plt.xlim(0,2500)
         plt.xlabel(" 数量 ")
         plt.ylabel(" 户型种类 ")
         plt.title(" 北京地区各户型房屋数量 ")
         for x, y in enumerate(house_type_num):
             plt.text(y+0.2, x-0.1, '%s' % y)
         plt.show()
Out[14]:
```

运行结果如图 9-9 所示。

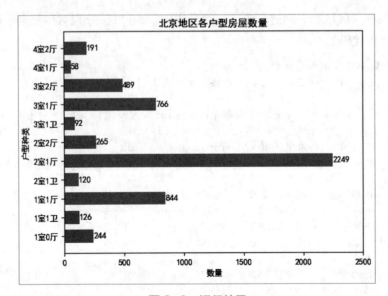

图 9-9　运行结果

通过图 9-9 可以清晰地看出，整个租房市场中户型数量较多分别为"2 室 1 厅""1 室 1 厅""3室 1 厅"的房屋，其中，"2 室 1 厅"户型的房屋在整个租房市场中是数量最多的。

9.4.3　平均租金分析

为了进一步剖析房屋的情况，接下来，我们来分析一下各地区目前的平均租金情况。计算各区域房租的平均价格与计算各区域户型数量的方法大同小异，首先创建一个 DataFrame 对象，具体代码如下。

```
In [15]: # 新建一个 DataFrame 对象，设置房租总金额和总面积初始值为 0
         df_all=pd.DataFrame({'区域':file_data['区域'].unique(),
                              '房租总金额':[0]*13,
                              '总面积（㎡）':[0]*13})
         df_all
Out[15]:
            区域      房租总金额    总面积（㎡）
0          东城            0         0
1          丰台            0         0
2       亦庄开发区          0         0
3          大兴            0         0
4          房山            0         0
5          昌平            0         0
6          朝阳            0         0
7          海淀            0         0
8          石景山          0         0
9          西城            0         0
10         通州            0         0
11        门头沟          0         0
12         顺义            0         0
```

接下来，按照"区域"一列进行分组，然后调用 sum() 方法分别对房租金额和房屋面积执行求和计算，具体代码如下。

```
In [16]: # 求总金额和总面积
         sum_price=file_data['价格（元／月）'].groupby(
                                        file_data['区域']).sum()
         sum_area=file_data['面积（㎡）'].groupby(file_data['区域']).sum()
         df_all['房租总金额']=sum_price.values
         df_all['总面积（㎡）']=sum_area.values
         df_all
Out[16]:
            区域      房租总金额     总面积（㎡）
0          东城       3945550     27353.99
1          丰台       4404893     50922.79
2       亦庄开发区     1318400     15995.53
3          大兴       2286950     35884.15
4          房山        726750     15275.41
5          昌平       2521515     35972.92
6          朝阳      20281396    166921.72
7          海淀       7279350     57210.39
8          石景山      1156500     13956.67
9          西城       5636975     37141.64
10         通州       2719600     46625.23
```

11	门头沟	1048300	20258.20
12	顺义	2190900	33668.97

计算出各区域房租总金额和总面积之后，便可以对每平方米的租金进行计算。在 df_all 对象的基础上增加一列，该列的名称为"每平方米租金（元）"，数据为求得的每平方米的平均价格，具体代码如下。

```
In [17]: # 计算各区域每平米房租价格，并保留两位小数
         df_all['每平方米租金（元）']=round(df_all['房租总金额']
                                    / df_all['总面积（㎡）'], 2)
         df_all
Out[17]:
          区域      房租总金额    总面积（㎡）    每平方米租金（元）
0         东城       3945550    27353.99      144.24
1         丰台       4404893    50922.79       86.50
2       亦庄开发区    1318400    15995.53       82.42
3         大兴       2286950    35884.15       63.73
4         房山        726750    15275.41       47.58
5         昌平       2521515    35972.92       70.09
6         朝阳      20281396   166921.72      121.50
7         海淀       7279350    57210.39      127.24
8         石景山      1156500    13956.67       82.86
9         西城       5636975    37141.64      151.77
10        通州       2719600    46625.23       58.33
11        门头沟      1048300    20258.20       51.75
12        顺义       2190900    33668.97       65.07
```

为了能更加全面地了解到各个区域的租房数量与平均租金，我们可以将之前创建的 new_df 对象（各区域房源数量）与 df_all 对象进行合并展示，由于这两个对象中都包含"区域"一列，所以这里可以采用主键的方式进行合并，也就是说通过 merge() 函数来实现，具体代码如下。

```
In [18]: # 合并 new_df 与 df_all
         df_merge=pd.merge(new_df, df_all)
         df_merge
Out[18]:
          区域      数量    房租总金额    总面积（㎡）    每平方米租金（元）
0         东城      282    3945550    27353.99      144.24
1         丰台      577    4404893    50922.79       86.50
2       亦庄开发区   147    1318400    15995.53       82.42
3         大兴      362    2286950    35884.15       63.73
4         房山      180     726750    15275.41       47.58
5         昌平      347    2521515    35972.92       70.09
6         朝阳     1597   20281396   166921.72      121.50
7         海淀      605    7279350    57210.39      127.24
8         石景山     175    1156500    13956.67       82.86
9         西城      442    5636975    37141.64      151.77
10        通州      477    2719600    46625.23       58.33
11        门头沟     285    1048300    20258.20       51.75
12        顺义      297    2190900    33668.97       65.07
```

合并完数据以后，就可以借用图表来展示各地区房屋的信息，其中，房源的数量可以用柱

状图中的条柱表示，每平方米租金可以用折线图中的点表示，具体代码如下。

```
In [19]: import matplotlib.ticker as mtick
         from matplotlib.font_manager import FontProperties
         num=df_merge['数量']                  # 数量
         price=df_merge['每平米租金（元）'] # 价格
         l=[i for i in range(13)]
         plt.rcParams['font.sans-serif']=['SimHei']
         lx=df_merge['区域']
         fig = plt.figure()
         ax1 = fig.add_subplot(111)
         ax1.plot(l, price,'or-',label='价格')
         for i,(_x,_y) in enumerate(zip(l,price)):
         plt.text(_x,_y,price[i],color='black',fontsize=10)
         ax1.set_ylim([0, 200])
         ax1.set_ylabel('价格')
         plt.legend(prop={'family':'SimHei','size':8},loc='upper left')
         ax2 = ax1.twinx()
         plt.bar(l,num,alpha=0.3,color='green',label='数量')
         ax2.set_ylabel('数量')
         ax2.set_ylim([0, 2000])
         plt.legend(prop={'family':'SimHei','size':8},loc="upper right")
         plt.xticks(l,lx)
         plt.show()
Out[19]:
```

运行结果如图 9-10 所示。

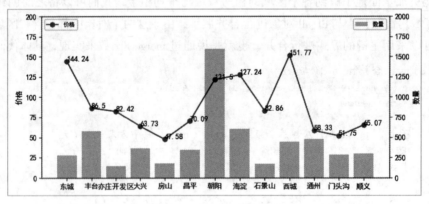

图 9-10 运行结果

从图 9-10 中可以看出，西城区、东城区、海淀区、朝阳区的房租价格相对较高，这主要是因为东城区和西城区作为北京市的中心区，租金相比其他几个区域自然偏高一些，而海淀区租金较高的原因推测可能是海淀区名校较多，也是学区房最火热的地带，朝阳区内的中央商务区聚集了大量的世界 500 强公司，因此这四个区域的房租相对其他区域较高。

9.4.4 面积区间分析

下面我们将房屋的面积数据按照一定的规则划分成多个区间，看一下各面积区间的占比情况，便于分析租房市场中哪种房屋类型更好出租，哪个面积区间的租房人数最多。

要想将数据划分为若干个区间，则可以使用 Pandas 中的 cut() 函数来实现。首先，使用 max() 与 min() 方法分别计算出房屋面积的最大值和最小值，具体代码如下。

```
In [20]: # 查看房屋的最大面积和最小面积
         print('房屋最大面积是%d平方米'%(file_data['面积（㎡）'].max()))
         print('房屋最小面积是%d平方米'%(file_data['面积（㎡）'].min()))
         # 查看房租的最高值和最小值
         print('房租最高价格为每月%d元'%(file_data['价格（元/月）'].max()))
         print('房屋最低价格为每月%d元'%(file_data['价格（元/月）'].min()))
Out[20]:
         房屋最大面积是1133平方米
         房屋最小面积是11平方米
         房租最高价格为每月150000元
         房屋最低价格为每月566元
```

在这里，我们参照链家网站的面积区间来定义，将房屋面积划分为 8 个区间，然后使用 describe() 方法显示各个区间出现的次数（counts 表示）以及频率（freqs 表示），具体代码如下。

```
In [21]: # 面积划分
         area_divide=[1, 30, 50, 70, 90, 120, 140, 160, 1200]
         area_cut=pd.cut(list(file_data['面积（㎡）']), area_divide)
         area_cut_data=area_cut.describe()
         area_cut_data
Out[21]:
                    counts    freqs
         categories
         (1, 30]        41   0.007102
         (30, 50]      710   0.122986
         (50, 70]     1566   0.271263
         (70, 90]     1094   0.189503
         (90, 120]    1082   0.187424
         (120, 140]    381   0.065997
         (140, 160]    274   0.047462
         (160, 1200]   625   0.108263
```

接着，使用饼图来展示各面积区间的分布情况，具体代码如下。

```
In [22]: import numpy as np
         area_percentage=(area_cut_data['freqs'].values)*100
         # 保留两位小数
         np.set_printoptions(precision=2)
         labels=['30平方米以下', '30-50平方米', '50-70平方米', '70-90平方米',
                 '90-120平方米','120-140平方米','140-160平方米','160平方米以上']
         plt.axes(aspect=1)
         plt.pie(x=area_percentage, labels=labels, autopct='%.2f %%',
         shadow=True, labeldistance=1.2, startangle = 90,pctdistance = 0.7)
         plt.legend(loc='upper right')
         plt.show()
Out[22]:
```

运行结果如图 9-11 所示。

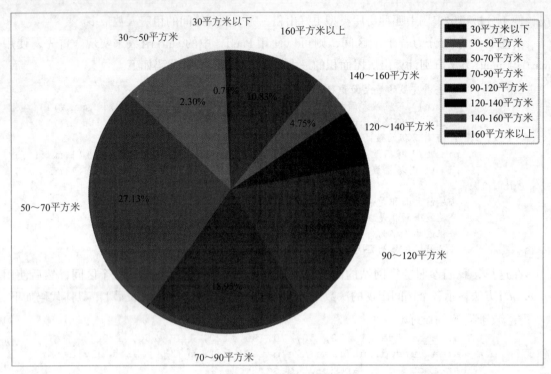

图 9-11　运行结果

通过图 9-11 可以看出，50~70 平方米的房屋在租房市场中占有率最大。总体看来，租户主要以 120 平方米以下的房屋为租住对象，其中 50~70 平方米以下的房屋为租户的首先对象。

注意： 由于笔记本式计算机展示的图表尺寸过小，图例很有可能会遮住部分文字，为此我们可以用其他编辑工具（如 PyCharm）全屏查看。

小　　结

本章运用前面所学的知识，开发了一个相对比较完整的数据分析项目——北京租房分析。希望读者通过对本章的学习，能够熟练地掌握数据分析工具的使用，举一反三，以具备开发数据分析项目的能力。